机械设备维修问答丛书

空调制冷设备管理与维护问答
第 2 版

中国机械工程学会设备与维修工程分会
"机械设备维修问答丛书"编委会   组编

主　编　杨申仲

副主编　岳云飞　李德峰

机械工业出版社

本书是机械设备维修问答丛书中的一本,由中国机械工程学会设备与维修工程分会组织编写。

本书共7章。第1章空调制冷设备的运行及管理;第2章空调制冷基础知识;第3章活塞式制冷压缩机的维护;第4章螺杆式、离心式制冷压缩机的维护;第5章中央空调及整体空调机的维护;第6章空调与制冷系统辅助设备及系统的维护;第7章电冰箱、冷藏箱及低温箱的维护。

本书取材广泛,由现行的法规、技术标准及空调制冷设备安全运行、维护工作实践等资料汇集而成,可供广大设备维护、操作、管理人员和专业工程技术人员参考使用。

图书在版编目 (CIP) 数据

空调制冷设备管理与维护问答/中国机械工程学会设备与维修工程分会,"机械设备维修问答丛书"编委会组编;杨申仲主编. —2版. —北京:机械工业出版社,2019.8
(机械设备维修问答丛书)
ISBN 978-7-111-61550-7

Ⅰ.①空… Ⅱ.①中… ②机… ③杨… Ⅲ.①空气调节器-制冷装置-设备管理-问题解答②空气调节器-制冷装置-维护-问题解答 Ⅳ.① TB657-44

中国版本图书馆 CIP 数据核字(2018)第 278642 号

机械工业出版社(北京市百万庄大街22号 邮政编码100037)
策划编辑:沈 红 责任编辑:沈 红 王彦青
责任校对:王明欣 封面设计:张 静
责任印制:张 博
北京铭成印刷有限公司印刷
2019 年 2 月第 2 版第 1 次印刷
169mm×239mm · 20.75 印张 · 422 千字
0001—3000 册
标准书号:ISBN 978-7-111-61550-7
定价:79.00 元

凡购本书,如有缺页、倒页、脱页,由本社发行部调换
电话服务 网络服务
服务咨询热线:010-88361066 机工官网:www.cmpbook.com
读者购书热线:010-68326294 机工官博:weibo.com/cmp1952
　　　　　　　010-88379203 金 书 网:www.golden-book.com
封面无防伪标均为盗版 教育服务网:www.cmpedu.com

序　言

由中国机械工程学会设备与维修工程分会主编，机械工业出版社 1964 年 12 月出版发行的《机修手册》（8 卷 10 本），深受设备工程技术人员和广大读者的欢迎。为了满足广大设备管理和维修工作者的需要，经机械工业出版社和中国机械工程学会设备与维修工程分会共同商定，从《机修手册》中选出部分常用的、有代表性的机型，充实新技术、新内容，以丛书的形式重新编写。

从 2000 年开始，中国机械工程学会设备与维修工程分会组织四川省设备维修学会、中国第二重型机械集团公司、中国航天工业总公司第一研究院、兵器工业集团公司、沈阳市机械工程学会、陕西省设备维修学会、陕西鼓风机厂、上海市设备维修专业委员会、上海重型机器厂、天津塘沽设备维修学会、大沽化工厂、大连海事大学、广东省机械工程学会、广州工业大学、山西省设备维修学会、太原理工大学、北京化工大学、江苏省特检院常州分院等单位进行编写。

从 2002 年到 2010 年已经陆续出版了 26 本，即《液压与气功设备维修问答》《空调制冷设备维修问答》《数控机床故障检测与维修问答》《工业锅炉维修与改造问答》《电焊机维修问答》《机床电器设备维修问答》《电梯使用与维修问答》《风机及系统运行与维修问答》《发生炉煤气生产设备运行与维修问答》《起重设备维修问答》《输送设备维修问答》《工厂电气设备维修问答》《密封使用与维修问答》《设备润滑维修问答》《工程机械维修问答》《工业炉维修问答》《泵类设备维修问答》《锻压设备维修问答》《铸造设备维修问答》《空分设备维修问答》《工业管道及阀门系统维修问答》《焦炉机械设备安装与维修问答》《压力容器设备管理与维护问答》《压缩机维修问答》《中小型柴油机使用与维修问答》《电动机维修问答》等。

根据工业经济持续发展趋势，结合企业对设备运行中出现的新情况、新问题，针对第 1 版量大面广的《液压与气动设备维修问答》《压力容器管理与维护问答》《工业管道及阀门维修问答》《工厂电气设备维修问答》《工业锅炉维修与改造问答》《泵类设备维修问答》《空调制冷设备维修问答》《数控机床故障检测与维修问答》等进行了修订。

我们对积极参加组织、编写和关心支持丛书编写工作的同志表示感谢，也热忱欢迎从事设备与维修工程的行家积极参加丛书的编写工作，使这套丛书真正成为从事设备维修人员的良师益友。

中国机械工程学会
设备与维修工程分会

前　言

　　随着经济的持续发展以及人民生活水平的提高，我国空调制冷设备数量迅速增加，种类越来越多，结构越来越复杂。由于空调制冷设备运行时间长，所以要消耗大量能源，同时空调制冷设备系统中，运行还存在一定的压力等，如果管理上存有缺陷，会导致事故发生，给人身安全和国家财产带来重大损失。

　　为了提高我国空调制冷设备整体使用以及管理维护水平，确保空调制冷设备安全可靠、经济合理及高效运行，保障人身安全和保护国家财产，中国机械工程学会设备与维修工程分会对本书进行了修订再版，以适应新时代形势的需要。

　　本书共7章，即空调制冷设备的运行及管理；空调制冷基础知识；活塞式制冷压缩机的维护；螺杆式、离心式制冷压缩机的维护；中央空调及整体空调机的维护；空调与制冷系统辅助设备及系统的维护；电冰箱、冷藏箱及低温箱的维护等内容，针对性与实用性强。

　　本书取材广泛，由最新的法规、技术标准及空调制冷设备安全运行、维护工作实践等资料汇集而成，可供广大设备维护人员、操作人员、管理人员和专业工程技术人员参考使用。

编　者

目 录

第1章

空调制冷设备的运行及管理

1-1 现代设备的特点是什么？

答：设备是现代化生产企业的生命线和生产支柱，先进的设备是保障生产良性发展的基础。但要发挥设备的最大功效，提高设备的利用率，实现经济效益的最大化，就必须提高企业设备管理整体水平，做好设备运行工作。只有在不断创新设备管理模式的基础上，将先进的设备管理理念与企业的实际情况相结合，才能充分发挥设备的应有性能。

现代化工业生产设备越来越大型化、复杂化，并且要求连续生产，如果发生故障停机，将造成严重损失，甚至于产生极大不良后果；现代化工业生产对设备的依赖程度越来越高，对设备管理人员、现场操作人员全面掌握设备技术状态的要求越来越高；现代化工业生产设备与产品质量、安全环保、能耗等关系越来越密切。因此，加强对现代设备管理具有特别重要的意义。

现代设备的特点如下：

1）大型化。大型化即指设备的容量、规模和能力越来越大。例如，我国石油化工工业中乙烯生产装置的最大规模，现建成的大型装置年产量已达 80 万 t；原单台起重机械最大起重量为 400t，现已建成的最大单台起重机的起重量可达 1250t；冶金工业的宝山钢铁集团的高炉容积已达到 4063m³；发电设备国内已能生产 60 万 kW 的火电成套设备；三峡电站水电成套机组已达 68 万 kW。设备的大型化带来了明显的经济效益。

2）高速化。高速化即设备的运转速度、运行速度以及化学反应速度等大大加快，从而使生产效率显著提高。例如，纺织工业中国产气流纺纱机的转速达 6 万 r/min，现在可达 10 万 r/min 以上。在计算机方面，国产银河 Ⅱ 型计算机运算速度达 10 亿次/s，近年由联想集团研制成功的"深腾 6800"超级计算机运算速度达 4 万亿次/s。

3）精密化。设备精密化是指最终加工精度越来越高、表面质量越来越好。例如，制造业中的加工设备在 20 世纪 80 年代提高到了 0.05mm。到 2005 年其主轴的回转精度达 0.02mm，2014 年已达 0.01mm。

4）电子化。由于自动控制与计算机科学的高度发展，以机电一体化为特色的新一代设备，如数控机床、加工中心、柔性制造系统等已广泛用于生产。

5）自动化。自动化是指对产品生产的自动控制、包装、设备工作状态的实时监测、报警、反馈处理。在我国汽车制造业已拥有多条锻件、铸件生产自动线；冶金工业中有连铸、连轧、型材生产自动线；宝山钢铁集团二锻钢二连铸单元采用了四级计算机系统进行控制和管理。

以上情况表明，现代设备为了适应现代经济发展的需要，广泛应用了现代科学技术成果，正向着性能更高级、技术更加综合、结构更加复杂、作业更加连续、工作更加可靠的方向发展，为经济发展、社会进步提供了更强大的创造物质财富的能力。

1-2　当前设备发展存在的问题和动向有哪些内容？

答：当前设备发展存在的问题和动向内容如下：

现代设备给企业和社会带来了很多好处，如提高产品质量，增加产量和品种，减少原材料消耗，充分利用生产资源，减轻工人劳动强度等，从而创造了巨大的财富，取得了良好的经济效益。但是，现代设备也给企业和社会带来一系列新问题和新动向。

（1）存在的主要问题

1）购置设备费用越来越高。由于现代设备技术先进、结构复杂、设计和制造费用高昂，一台大型、精密设备的价格一般都达数十万元之多，高级的进口设备价格更加高昂，有的高达数百万美元。在现代企业里设备投资一般要占固定资产总额的 60%~75%。

2）设备正常运转成本日益增大。现代设备的能源、资源消耗很大，运用费用也高，同时设备维护保养、检查修理费用也十分可观，我国冶金企业的维修费一般占生产成本的 10%~15%。

3）故障停机造成经济损失巨大。由于现代设备的工作容量大、生产效率高、作业连续性强，一旦发生故障停机造成生产中断，就会带来巨额的经济损失。例如，某钢铁集团公司的半连续热轧板厂，停产一天损失利润 50 万元；某石化公司乙烯设备停产一天，产值损失 300 万元。

4）发生事故带来严重后果。设备往往是在高速、高负荷、高温、高压状态下运行，设备承载的压力大，设备的磨损、腐蚀也大大增加，一旦发生事故极易造成设备损坏、人员伤亡、环境污染，并导致灾难性的后果。

5）社会化协作发展迅猛。设备从研究、设计、制造、安装调试到使用、维修、改造、报废，各个环节往往要涉及不同行业的许多单位、企业，同时改善设备性能，提高素质，优化设备效能，发挥设备投资效益，不仅需要企业内部有关部门的共同努力，而且也需要社会上有关行业、企业的协作配合，设备工程已经成为一项社会系统工程。

（2）发展的动向

1）设备工程理论的应用扩展。设备工程管理以设备的一生为研究对象，企业对设备实行自上而下的纵向管理以及各个有关部门之间的横向管理，这些都是系统理论的体现。通过对系统进行分析、评价和综合，从而建立一个以生命周期费用最经济为目标的系统，保证用最有效的手段达到系统预定的目标。

设备工程管理已成为多学科的交叉，包括运筹学、后勤工程学、系统科学、综合工程学、行为科学、可靠性工程、管理科学、工程经济学、人机工程学等。

2）全员生产维修。全员生产维修是近年来我国设备战线上广泛应用的设备管理体制，是一种以使用者为中心的设备管理和维修制度，其理念就是全效率、全系统、全员参加。

3）加快更新改造，提高设备技术素质。加快设备更新改造，也是设备管理中的当务之急。其主要内容为合理的设备配置以及合理的设备折旧、技术改造和更新等。

设备更新与改造是提高生产技术水平的重要途径。有计划地进行设备更新改造，对充分发挥老企业的作用，提高劳动生产率具有重大意义。近几年来，设备更新在世界工业发达国家日益受到重视，其主要特点是更新规模越来越大，更新速度越来越快，效果也越加显著。由于设备长期使用，磨损严重，构成落后，必然带来生产率低、消耗大、产品质量差、各项经济指标不高等问题。因此要实现现代化，必须加快设备的更新改造，提高设备技术素质。

4）节能减排成为设备管理的主要环节。节能减排已影响或危及政治、经济、文化等各个方面，低能耗、低排放、少排污是设备设计和制造的主要指标之一，能源的消耗主要来自设备。因此，在现代设备管理中，节能减排这一工作显得更为重要。

1-3　国内外空调设备的使用情况如何？

答：国内外空调设备的使用情况如下：

（1）国外空调设备的使用情况

1）目前占据美国市场最大份额的空调产品是单元式系统空调（窗式空调和单元式空调机组），占据美国市场的86%，其次是多联机系统（包括变频VRF）。由于美国幅员辽阔，不同地区的自然条件各异，所以热泵型空调也在美国市场占了一席之地（20%）。小型分体式空调只占到美国空调市场2%~3%的份额。

2）在欧洲市场上，分体式空调依旧占据主导地位，市场份额约为60%，其中90%集中在意大利、西班牙和土耳其市场。热泵型空调越来越流行，现在占销售量的80%。变频空调占整个欧洲空调市场份额的42%。其中，欧盟国家所占的市场份额最高，达80%，东欧及俄罗斯的份额则较低。相对于高端产品，价格不那么高昂的空调目前在欧洲市场更受欢迎。从地域来分：南欧市场，热泵型空调占据市场的 70%；西欧市场，采暖型和热泵型空调约占据市场的 86%；北欧和中欧市场，采暖型和直接制冷型空调占据市场份额的 76%。

3）日本市场基本上均为变频空调，占到整个市场的 90% 以上，国外品牌基本上很难进入日本市场。东南亚的大多数国家逐步从窗式空调向分体式和单元式空调市场发展，目前都在执行 HCFCs（R22）淘汰计划，但是目前使用 R22 制冷剂的产品在市场中仍占据较大份额。一些国家出台了限制采用 R22 制冷剂空调的安装等法令，试图以此达到 2013 年 HCFCs 排放量减少 10% 的目标，东南亚市场大约为 300 多万台，其中印度尼西亚市场居首位，其次是泰国和越南。

（2）国内空调设备的使用情况　随着居民生活水平的提高，空调已成为生活必需品。据统计，截至 2011 年年底，我国城镇居民空调拥有量为 122 台/100 户，农村为 23.6 台/100 户，相比 2010 年增加了 6.6 台/100 户。目前我国变频空调已占绝对主导地位，从匹数来看，1 匹和 1.5 匹的小功率空调销量占比已超过 82% 份额，另外专门针对空气污染类型的健康空调占空调总销量的 40% 以上。

目前，民族品牌不断崛起，格力、美的、海信、海尔、志高、奥克斯六大品牌的市场零售份额总和已经接近 80%，剩下 20% 左右的市场空间，由 20 多家空调企业来占据。原本计划以高端市场为主导的日韩空调品牌，在中国本土企业的高端化升级转型浪潮中，已经找不到规模和利润的平衡点。

1-4　国内外电冰箱的使用情况如何？

答：国内外电冰箱的使用情况如下：

1. 国外电冰箱的使用情况

目前美国市场上对开门电冰箱和双开门电冰箱为主流产品。大容积的电冰箱依然受到美国消费者的欢迎。其典型结构是上部为对开门冷藏室，下部为抽屉式冷冻室。而近年来，对开门电冰箱也逐渐受到美国消费者的追捧。随着新能源政策的推行、实施，以及能效标准的逐渐提高、对变频优势认识的加深，变频电冰箱也开始被美国消费者所接受。

欧洲市场向来是全球电冰箱企业争夺的重点市场之一。长期以来，双开门电冰箱占据着市场的主流。随着全球金融危机爆发后，欧洲市场的消费需求发生了重大变化，不再是一味追求功能简单的双开门电冰箱，而是更多地关注电冰箱的多开门、抽屉式等能够满足需求的电冰箱产品。而且由于金融危机爆发后，人们的心态发生了变化，拥有复古外形，但仍能满足当下节能环保要求的电冰箱也开始受到欧洲消费者的追捧。

在亚洲的日本，变频、大容量电冰箱已经占据了大半的日本市场，日本的畅销电冰箱类型主要为多开门与双开门电冰箱两种，家庭人口多的用户主要选择多开门产品，而单身或者年轻人群则会选择容量较小的双开门产品，目前日本消费者对电冰箱的要求较高，通常集中在节能、低噪声、合理的储藏空间等方面。

2. 国内电冰箱的使用情况

随着人们生活水平的日益提高，绿色、健康、环保、节能已经成为人们对高品质生活的新追求。家用电器产品不仅仅扮演生活必需品的角色，也开始引领时尚健康的生活方式，传统的双开门电冰箱已经不能满足中国消费者的需要，而大容量对开门电冰箱占地面积过大，受我国现有居住面积的限制，多数消费者也不会考虑，三开门及多开门电冰箱除了拥有更大的容量外，还有冷藏室或冷冻室分区多，让消费者能合理有效地利用电冰箱内部空间。目前三开门电冰箱占我国整体冰箱市场的26%，在城市市场中，变频多开门冰箱占市场份额的15%，变频对开门电冰箱占据市场份额的36%。

我国地域广，南北气候差异较大，各地区发展不平衡，经济文化、生活习惯不同，对电冰箱的具体需求也不同。例如，以北京为代表的广大北方用户喜欢豪华气派的大冷冻室抽屉式电冰箱，以满足他们一次性采购大量食品的需要；以上海为代表的华东沿海用户则喜欢精致美观的电冰箱；以广州为代表的岭南用户则注重营养保鲜功能，喜欢有冰温保鲜室、大果菜室、能自动除臭的无霜电冰箱。

1-5 当前能源使用的严峻形势如何？

答： 尽管近期我国能源发展取得了巨大成绩，但也面临着能源要求压力巨大、能源供给制约较多，能源生产和消费对生态环境损害严重，能源技术水平总体落后等挑战。我们必须从国家发展和安全的战略高度，审时度势，借势而为，做好全社会的节能减排工作。

当前能源使用的严峻形势具体表现为：能源供需矛盾突出、能源结构亟须调整、能源利用水平不高、能源环境亟待改善、能源安全重视不够等方面。

1. 能源供需矛盾突出

能源消耗仍逐年增长：2008 年我国能源消费总量为 28.20 亿 t 标煤，占世界能源消费总量的 15.2%；2009 年为 30.68 亿 t 标煤；2010 年为 32.50 亿 t 标煤，同比增长 6%；2011 年为 34.78 亿 t 标煤，同比增长 7%；2012 年为 36.5 亿 t 标煤，同比增长 4.9%；2013 年为 37.6 亿 t 标煤，同比增长 3.01%；2014 年为 42.6 亿 t 标煤，同比增长 13.3%；2015 年能源消费总量为 43.0 亿 t 标煤，同比增长 0.9%，其中煤炭消费量下降 3.7%，原油消费量增长 5.6%，天然气消费量增长 3.3%，电力消费量增长 0.5%，如图 1-1 所示。

随着国内生产总值不断增长，能耗强度进一步下降，单位产值能源消费量继续在下降，图 1-2 所示为 2011—2015 年万元国内生产总值能耗降低率。从图 1-2 中可以看到，"十二五"节能呈现下降幅度逐渐趋好的态势，2015 年应是最好成绩，"十二五"累计节能降耗 19.7%，完成既定指标。但仍要看到我国能源消耗密度（万元国内生产总值能耗）仍偏高，是美国的 3 倍、日本的 5 倍。从 1985—2014 年，我国能源消费弹性系数从 0.6 降到 0.48，也就是说国民经济翻了两番，而能

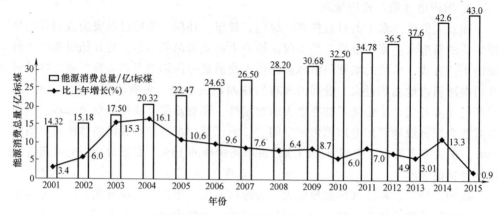

图 1-1 近年来我国能源消费增长情况

源消费翻了一番；我国经济发展更依赖于能源消费增长，能源消费增速已大大提升。近几年来，我国经济连续高速增长，2011 年国内生产总值增长 18.4%，2012年国内生产总值增长 10.1%，2013 年国内生产总值增长 9.53%，2014 年国内生产总值增长 11.5%，但每年能源消费总量要增加 2 亿多 t 标煤，给能源供应增加了巨大的压力。

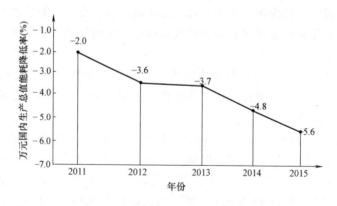

图 1-2 2011—2015 年万元国内生产总值能耗降低率

如果按目前能源消费增长趋势的发展，2020 年我国能源消耗需求量将要超过48 亿 t 标煤，如此巨大的需求，在煤炭、石油、天然气、电力供应上，对能源结构、能源环境、能源安全等方面都会带来严重问题。

2. 能源结构亟须调整

据世界能源统计（BP）公布的数据，2015 年全球一次能源消费仅增加了1.0%，低于 2014 年增长 1.1% 的水平，更低于 10 年间平均水平的 1.9%。2015 年世界部分国家和地区的一次能源消费结构见表 1-1。我国 1980—2015 年间的一次能源消费结构见表 1-2。

表 1-1　2015 年世界部分国家和地区的一次能源消费结构

国别和地区	原油	天然气	原煤	核能、水电、再生能源及其他
中国	18.6%	5.9%	63.7%	11.8%
印度	27.9%	6.5%	58.1%	7.5%
日本	42.3%	22.8%	26.6%	8.3%
新西兰	35.7%	19.5%	6.7%	38.1%
韩国	41.1%	14.2%	30.5%	14.2%
亚太地区	27.3%	11.5%	50.9%	10.3%
美国	37.3%	31.3%	17.3%	14.1%
北美地区	37.1%	31.5%	15.3%	16.1%
巴西	46.9%	12.6%	5.9%	34.6%
中南美地区	46.1%	22.5%	5.3%	26.1%
法国	31.9%	14.8%	3.6%	49.7%
德国	34.4%	21.0%	24.4%	20.2%
俄罗斯	21.4%	52.8%	13.3%	12.5%
瑞典	26.6%	1.5%	4.0%	67.9%
英国	37.4%	32.1%	12.2%	18.3%
欧洲地区	30.4%	31.9%	16.5%	21.2%
非洲地区	42.1%	28.0%	22.3%	7.6%
世界平均合计	32.9%	23.8%	29.2%	14.1%

表 1-2　我国 1980—2015 年间的一次能源消费结构

年份	占能源消费总量的比重（%）			
	煤炭	石油	天然气	水电、核电、风电
1980	72.2	20.7	3.1	4.0
1985	75.8	17.1	2.2	4.9
1990	76.2	16.6	2.1	5.1
1995	74.6	17.5	1.8	6.1
2000	67.8	23.2	2.4	6.6
2001	66.7	22.9	2.6	7.8
2002	66.3	23.4	2.6	7.7
2003	68.4	22.2	2.6	6.8
2004	68.0	22.3	2.6	7.1
2005	69.1	21.0	2.8	7.1
2006	69.4	20.4	3.0	7.2

（续）

年份	占能源消费总量的比重（%）			
	煤炭	石油	天然气	水电、核电、风电
2007	68.3	21.1	3.4	7.2
2008	70.2	18.8	3.6	7.4
2009	71.2	17.7	3.7	7.4
2010	70.5	17.6	4.0	7.9
2011	70.5	17.6	4.5	7.4
2012	68.5	17.7	4.7	9.1
2013	67.5	17.8	5.1	9.6
2014	66.0	17.5	5.6	10.9
2015	63.7	18.6	5.9	11.8

2015 年我国能源消费具体情况：①我国仍是世界上能源消费最多的国家，消费能量总量达 43.0 亿 t 标准煤。②我国原油生产居世界第 4 位，仅次于沙特阿拉伯、美国和俄罗斯，而原油进口量居世界第二，仅次于美国，但我国原油消费在一次能源消费中的比例为 18.6%。低于世界平均水平 32.9%。③我国天然气生产居世界第 6 位，天然气消费居世界第 3 位，但在一次能源消费中占 5.9%，低于世界平均值 23.8%。④我国是原煤生产和消费大国，但原煤在一次能源消费中占 63.7%。⑤我国是世界上在建的核反应堆最多的国家，但目前核能在我国一次能源消费中仅占 1.3%。⑥水力发电是各国发展再生能源的重点，我国水力发电支撑着我国的再生能源发展，但在一次能源消费中仅占 8.5%。而挪威为 66%、瑞典为 31.9%、瑞士为 30.4%、巴西为 27.9%、新西兰为 26.7%、加拿大为 26.3%。⑦尽管再生能源在我国一次能源消费中仅占 2.1%，但再生能源装机容量和发电量均居世界第一，另外水力发电、光伏发电、风力发电、太阳能热水器、地热加热等都居世界第一。

目前，我国人口众多，一次能源资源的特点是"富煤、贫油、少气"，且能源资源很贫乏，在满足经济发展需求的同时，应加速向清洁能源发展。

3. 能源利用水平不高

（1）单位产值能耗　单位 CDP 由 2010 年的 1.034t 标煤下降到 2015 年的 0.869t 标煤，下降了 16%，"十二五"期间，实现节约能源 6.7 亿 t 标煤。2000 年按当时汇率计算的每百万美元国内生产总值能耗，我国为 1274t 标煤，比世界平均水平高 2.4 倍，分别是美国、欧盟、日本、印度的 2.4 倍、4.9 倍、8.7 倍和 0.43 倍，能源利用产出效益远远低于发达国家。我国国内生产总值用"CDP"表示，万元国内生产总值能耗也可用单位产值能源消耗量或能源消耗强度表示。

（2）单位产品能耗　2000 年与 2015 年相比，我国火电供电煤耗由 392g 标煤/

（kW·h）下降到 325g 标煤/（kW·h）；煤油综合加工能耗下降到 63kg 标准油/t；吨钢综合能耗由 906kg 标煤/t 下降到 580kg 标煤/t；水泥综合电耗由 118（kW·h）/t 下降到 86（kW·h）/t；乙烯综合能耗由 0.75t 标煤/t 下降到 0.58t 标煤/t，详见表 1-3。但与国际水平相比尚存较大差距，如火电供电煤耗平均约高 22.5%；大型企业吨钢综合能耗平均约高 21.4%；铜冶炼综合能耗约高 65%；水泥综合能耗约高 45.3%；大型企业综合能耗约高 31.2%；纸和纸板综合能耗约高 120%。

表 1-3　主要产品单位能耗指标及趋势

能耗指标	2000 年	2005 年	2010 年	2015 年	2020 年（预测）
火电供电煤耗/[g 标煤/（kW·h）]	392	377	360	325	320
吨钢综合能耗/（kg 标煤/t）	906	760	720	580	700
电解铝耗电/[（kW·h）/t]	16500	15100	14400	14300	13500
铜综合能耗/（t 标煤/t）	4.707	4.388	4.256	—	4.14
合成氨综合能耗/（t 标煤/t）	1.78	1.59	1.49	1.42	1.41
乙烯综合能耗/（t 标煤/t）	0.75	0.69	0.65	0.58	0.56
烧碱综合能耗/（t 标煤/t）	1.55	1.44	1.34	—	1.31
水泥综合电耗/[（kW·h）/t]	118	110	102	86	84
平板玻璃综合能耗/（kg 标煤/重量箱）	24	22	19	—	18
建筑陶瓷综合能耗/（kg 标煤/t）	320	295	270		260
印染布可比综合能耗/（kg 标煤/100m）	50	42	35		32
卷烟综合能耗/（kg 标煤/箱）	40	36	32		30
炼油单位能耗/（kg 标煤/t）	14	13	12		10
铁路运输综合能耗/[t 标煤/（t·km）]	1.04	0.97	0.94		0.90

（3）能源利用率　2014 年，我国能源利用率为 36.3%，2000 年，我国能源利用率为 33%，2014 年比 2000 年提高了 10%，但是比国际先进水平低 10%。

（4）主要耗能设备效率　“十二五”期间，燃煤工业锅炉平均运行率约为 70%，比国际先进水平低 10%~25%；中小电动机平均效率为 87%；风机、水泵平均设计效率为 75%，均比国际先进水平低 5%，系统运行效率低 20%；机动车燃油经济性水平比欧盟低 25%，比日本低 20%，比美国低 10%；载货汽车百吨千米油耗 7.6L，比国外先进水平高 1 倍以上，内河运输船舶油耗比国外先进水平高 10%~20%。表 1-4 为主要耗能设备能耗指标。

表 1-4　主要耗能设备能耗指标

名称	2000 年	2010 年
燃煤工业锅炉运行效率（%）	65	72
中小电动机设计效率（%）	87	90

（续）

名称	2000 年	2010 年
风机设计效率(%)	75	82
泵设计效率(%)	75	85
气体压缩机设计效率(%)	75	82
汽车(乘用车)平均油耗/(L/100km)	9.6	9.0
房间空调器(能效比)	2.4	3.2
电冰箱能效指数(%)	—	62
家用燃气灶热效率(%)	55	65
家用燃气热水器热效率(%)	80	92

4. 能源环境亟待改善

2015 年全年能源消费总量为 43.0 亿 t 标煤，比 2014 年增长了 0.9%，"十二五" 年均增长了 3.6%。其中，煤炭消费量占能源消费总量的 63.7%，比 2010 年下降了 6.8%；石油占 18.6%，比 2010 年上升了 1.0%；天然气占 5.9%，比 2010 年上升了 1.9%；非化石能源消费比重达到 11.8%，比 2010 年上升了 3.9%。2015 年全国万元国内生产总值能耗比 2014 年下降了 5.6%。"十二五" 期间，全国万元国内生产总值能耗累计下降 18.2%；火电供电标准煤耗由 2010 年的 360g 标煤/(kW·h) 下降至 2015 年的 325g 标煤/(kW·h)。

2015 年，全国 338 个地级以上城市中，有 73 个城市环境空气质量达标，占 21.6%；265 个城市环境空气质量超标，占 78.4%。338 个地级以上城市平均达标天数比例为 76.7%；平均超标天数比例为 23.3%，其中轻度污染天数比例为 15.9%，中度污染为 4.2%，重度污染为 2.5%，严重污染为 0.7%。480 个城市（区、县）开展了降水监测，酸雨城市比例为 22.5%，酸雨频率平均为 14.0%，酸雨类型总体仍为硫酸型，酸雨污染主要分布在长江以南—云贵高原以东地区。

目前，我国所面临的环境污染问题比世界上其他经济体所遭遇的环境问题更为复杂。长期以来，我国的生态环境质量一直是"局部改善、整体恶化"的发展态势。在当前全面建成小康社会的历史阶段，实现生态环境质量总体改善，需要全面改善范围和领域，并从改善程度上落实。

随着汽车数量的快速增长，城市的空气污染已由煤烟型向煤烟、机动车尾气混合型发展，污染源由点型向面型发展，如图 1-3 和图 1-4 所示。我国农村人口众多，由于商品能源短缺，农村能源大部分燃用生物质能源，其数量估计为商品能源的 22%，这种落后的用能方式带来的生物质能源过度消耗，森林植被不断减少，水土流失和沙漠化严重，农田有机质下降等问题。燃烧中 SO_2、CO_2、CO 等温室气体的大量排放已造成臭氧层破坏，气候发生变化，全球变暖，对人类生存构成极大影响，已成为 21 世纪能源领域面临挑战的关键因素。因此，采用先进燃烧技术、改变落后用能方式、强化节能减排、减轻能源消费的增长给环境保护带来的巨大压力、改善环境质量，已成为亟待解决的问题。

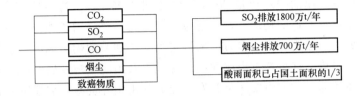

图1-3　煤燃烧排出大量有害物

立足于国内资源，走以煤炭为主、多源化、高效清洁的能源发展道路，在适当提高石油和天然气及水电、核电比例的同时，改变目前煤炭的生产和消费方式，提高能源利用技术水平和利用率，强化节能，加快开发新能源和可再生能源，已成为我国能源结构调整的重点。

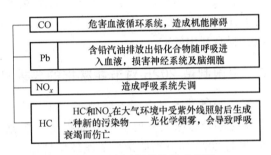

图1-4　汽车尾气排放造成污染

在能源消费方式上，不断提高煤炭用于发电的洁净技术，提高电力占终端能源消费比例；对小型燃煤锅炉在有天然气丰富资源的地区，应鼓励使用天然气进行替代；在无天然气或天然气资源不足的地区应鼓励使用优质洗选加工煤或其他优质能源，并采用先进的节能环保型锅炉，减少燃煤污染。

因此，积极开展清洁生产，发展循环经济，建设生态工业园是实现可持续发展的重要途径，也是当前节能减排的有效措施。

5. 能源安全重视不够

能源安全主要是指石油供应的可靠度。石油、天然气是当今世界最主要的能源，也是涉及国家安全的战略物资。战略石油储备已成为世界各国能源保障体系的重点。预计到2020年，世界石油产量将逐步下降，而消费仍将不断增加，将出现供不应求的局面，世界油气资源争夺将加剧。中东地区的石油运抵我国需要经过漫长的海路，运输通道能否畅通将成为能源安全的隐患。由于我国对石油进口的依存度递增，石油输出国的稳定与否、运输安全及不可抗拒的自然灾害等均会带来隐患。因此扩大供应渠道（如从俄罗斯、印度尼西亚、南美及非洲进口石油）已成为石油安全保障的重要措施之一。

能源供应暂时中断、严重不足或价格暴涨对一个国家的经济损害，主要取决于经济对能源的依赖程度、能源价格和国际能源市场及应变能力（包括战略储备、备用资源、替代能源、能源效率、技术能力等）。为争夺油气资源，各国都付出了沉重的代价，能源购买的外部成本远远高于能源售价。例如，美国为确保中东石油，在该地区投入了巨额军事和经济援助，每桶原油平均支出的费用约为原油市场价格的 3 倍。我国原油净进口量 2015 年已达到 3. 28 亿 t，进口依存度突破 60%。油源的安全、运输通道的畅通，都要通过外交努力，势必增长外交附加成本；油源远距离运输加大了运输成本；多方面的因素均会增加原油购买成本。油气价格的攀升已成为必然趋势，这将严重影响我国产品成本及国民经济发展，以及国防安全。

解决石油问题，一方面要注重开发，充分利用国外资源，加强国内油气资源开发，积极发展替代产品（当前古巴及一些南美国家，他们利用国内丰富的生物资源——甘蔗、玉米生产乙醇，已形成规模生产，并已部分替代汽油，已引起世界各国的关注）；另一方面必须节约优先，积极提倡公交优先，以减少汽车用油，降低消耗，提高利用效率。

1-6 中国制造 2025 对节能减排的要求是什么？

答： 2015 年 5 月由国务院颁布 "中国制造 2025"，主要从创新能力、质量效益、两化融合、绿色发展四个方面提出今后制造业的主要发展方向，其中明确到 2020 年与 2025 年分别应达到节能环保目标。

未来能源发展趋势：

1. 全球未来能源发展趋势

（1）能源版图发生深刻变化

1）能源消费增长重心加速向发展中国家转移。

2）油、气供应呈现出中东、亚洲、非洲等多点供应局面。

3）随着全球供需形势变化，使用方有更多选择权。

（2）世界能源格局不变

1）油气作为战略资源与国际政治经济矛盾交织格局没有改变。

2）金融资本对石油价格波动影响力没有改变。

3）发达国家能源科技的优势地位没有改变。

2. 我国未来能源发展趋势

1）继续实施节约优先战略，依靠能源绿色、低碳、智能发展，走清洁、高效、安全、可持续发展之路。

2）传统能源要清洁发展，清洁能源要规模发展。强调煤炭集中高效利用代替粗放使用。

3）建设一批重大能源工程，提高能源保障能力。

① 东部沿海地区启动核电重点项目建设。

② 加强陆上、海洋油气勘探开发，促进页岩气、页岩油、煤层气等开发。

③ 加强风能、太阳能发电基地建设。

4）鼓励各类投资主体有序进入能源开发领域，电力体制改革实现厂网分开，深化煤炭资源税改革。

根据资料表明：2000—2010 年我国能源消费年均增速为 9.4%，2011—2014 年平均增速降至 4.3%，预计"十三五"期间能源消费增速将进一步回落至 3% 左右。

节能减排的目标：

根据我国经济发展的情况，表 1-5 是"十二五"期间节能减排的目标，在"中国制造 2025"中反映了节能环保的目标要求，具体见表 1-6。

表 1-5　"十二五"期间节能减排的目标

项目（目标值）	2010 年	2015 年
万元国内生产总值能耗下降 16%（按 2005 年价值计算）	1.034	0.869
化学需氧量排放总量下降 8%	2551.7 万 t	2347.6 万 t
SO_2 排放总量下降 8%	2267.8 万 t	2086.4 万 t
氨氮排放总量下降 10%	264.4 万 t	238 万 t
氮氧化物排放总量下降 10%	2273.6 万 t	2046.2 万 t

表 1-6　中国制造 2025——节能环保目标

项目（目标值）	2020 年	2025 年
规模以上单位工业增加值能耗下降幅度	2020 年比 2015 年下降 18%	2025 年比 2015 年下降 34%
单位工业增加值 CO_2 排放量	2020 年比 2015 年下降 22%	2025 年比 2015 年下降 40%
单位工业增加值使用水量	2020 年比 2015 年下降 23%	2025 年比 2015 年下降 41%
工业固体废弃物综合利用率（2013 年为 62%，2015 年为 65%）	73%	79%

总之，新时期是我国全面深化改革的攻坚期。随着国内经济步入新常态，能源发展也将增速换档。目前我国能源消费总量约占全球的 22.9%，居全球第一。我国能源消费总量、速度和结构的变化，必将对全球能源市场产生三个方面的重要影响：①全球化石能源市场供需形势和格局将面临新的调整；②我国有责任引领全球可再生能源的发展，同时进一步拓展清洁能源的发展空间；③加快传统化石能源的高效清洁利用，为世界能源科技革命提供巨大的市场空间。

在新时期能源规划中强化规划引导，弱化项目审批，并阐述了油气、煤炭、可再生能源、核电等能源领域的发展方向和目标。

（1）弱化项目审批，优化能源结构　近年来，我国能源生产能力稳步提高，但能源形势依然复杂严峻，能源利用方式粗放问题突出。数据显示，2013—2016 年，我国单位 GDP 能耗从世界平均水平的 1.8 倍回落到 1.2 倍，但仍是发达国家平均水平的 2.1 倍。我国能源结构中化石能源比重偏高，非化石能源占能源消费总量的比重仅为 13.2%。面对这些矛盾，遵照"十三五"能源规划，推进能源节约，大力优化能源结构，增强能源科技创新能力，推动能源消费革命、供给革命、技术革命和体制革命。

（2）清洁高效开发利用煤炭　煤炭作为我国主体能源的地位近期不会改变，而清洁高效利用煤炭是保障能源安全的重要基石。积极实施煤电节能减排升级改造行动计划，如新建燃煤机组供电煤耗低于 300g 标煤/（kW·h），污染物排放接近燃气机组排放水平；现役 60 万 kW 及以上机组力争 5 年内供电煤耗降至 300g 标煤/（kW·h）。要制订煤炭消费总量中长期控制目标，加快淘汰分散燃煤小锅炉。因地制宜稳步推进"煤改电""煤改气"替代改造。

此外，在油气方面，要创新勘探体制机制，大幅提高油气储采比。同时，重点突破页岩气等非常规油气资源和海洋油气勘探开发。力争到 2020 年，页岩气和煤层气产量分别达到 300 亿 m³。

（3）大幅提高可再生能源比重　大力发展可再生能源是推动能源结构优化的重要方面。截至 2015 年年末，全国发电装机总量达 15.08 亿 kW，其中，水电装机 3.2 亿 kW，火电 9.9 亿 kW，核电 2717 万 kW，并网风电 1.28 亿 kW，并网太阳能发电装机容量 4158 万 kW。

发展可再生能源的具体要求：①在做好生态环境保护和移民安置的前提下，积极发展水电。到 2020 年，力争常规水电装机达到 3.5 亿 kW 左右。②坚持集中式与分布式并重、集中送出与就地消纳相结合，在资源丰富地区规划建设大型风电基地和光伏基地，在其他地区加快风能分散开发和分布式光伏发电。到 2020 年，风电和光伏发电装机分别达到 2 亿 kW 和 1 亿 kW 以上；风电价格与煤电上网电价相当，光伏发电与电网销售电价相当。

1-7　经济发展与节能减排的关系是什么？

答：能源是经济的命脉，人类社会对能源的需求，首先表现为经济发展的需求，同时能源消耗方式改变促进人类社会进步，也促进经济的发展。经济发展与节能减排的关系一般用能源消费弹性系数来表示。

一个国家的能源消耗水平，直接关系到国民经济的发展水平和速度，发达国家人口占世界总人口的 20%，而能源消费总量占世界总能源消费量的 2/3 以上。尽管世界各国的经济结构、生产水平、地理条件和自然资源条件不同，但在能源消费与国民经济之间却存在明显的趋势和规律，这就是能源消费的增长与国民经济发展之间，存在着一定的比例关系，这个关系称为能源消费弹性系数指标，国家统计的计算公式为

$$能源消费弹性系数 = \frac{能源消费量平均增长速度}{国民经济平均增长速度}$$

它的数学表达式为能源消费增长率与经济增长率之比，即

$$\tau = \frac{G}{E} \times \frac{\mathrm{d}E}{\mathrm{d}G}$$

式中，τ 为能源消费弹性系数；E 为前期能源消费量；dE 为本期能源消费量的增量；G 为前期的经济产量；dG 为本期经济产量的增量。

能源消费弹性系数表示一个国家或地区某一年度能源消费增长率与经济增长率之比。经济增长率通常采用国民生产总值或国内生产总值的增长率。

能源消费弹性系数，又可分为一次能源消费弹性系数和电力消费弹性系数两种。

一次能源消费弹性系数，一般简称为能源消费弹性系数。换言之，能源消费弹性系数是指一次能源消费增长与经济增长的关系，一次能源的范围仅限于商品能源。

电力消费弹性系数，一般采用发电量作为电力消费指标，它是表示电力消费增长率与经济增长率之比。

弹性系数的概念应用很广，可根据研究问题的需要灵活选择。例如电力与经济增长的关系应选择与能源消费弹性系数相同的指标，电力与工业生产的关系应选择工业总产值指标等。能源消费弹性系数也适合于分析某一部门、行业或某一地区能源消费与经济增长的关系。这样，只需把系数分子和分母相应调整为该部门和地区能源消费增长率和经济增长指标即可。

一般来说，工业发达国家，能源消费弹性系数小于1，发展中国家能源消费弹性系数大于1。表1-7 为 1980—2010 年间各类国家能源消费弹性系数。

表 1-7　1980—2010 年间各类国家能源消费弹性系数

国家类别	弹性系数
低收入国家	1.26
中等收入国家	1.24
石油输出国	1.17
发达国家	0.95

1-8　国际空调制冷设备使用的节能减排技术有哪些？

答：国际空调制冷设备使用的节能减排技术主要有：

（1）采用新型高效压缩机　压缩机是空调的核心部件，目前国外采用的高效制冷空调压缩机主要包括高效涡旋压缩机和三螺杆压缩机。高效涡旋压缩机没有往复运动机构，所以其优点是结构简单、体积小、重量轻、零件少（特别是易损件少）、可靠性高、转矩变化小、平衡性高、振动小、运转平稳，从而操作简便，易于实现自动化。在其相应的制冷量范围内具有较高的效率。空调厂商比较常用的高效涡旋压缩机有三种，一种是两级涡旋式压缩机：它利用两个可以开闭的旁通口来调节容量，当旁通口打开时，涡旋压缩机动静涡盘形成的工作容积变小；当旁通口关闭时，涡旋压缩机形成常规的工作模式；而旁通口的开闭则是由一个电磁线圈根据负荷信号来控制的。除了效率高、运行费用低、运行时噪声和振动小以外，它在调节容量时没有电流的转换，也不用起停压缩机。另外一种是数码涡旋压缩机，是涡旋压缩机的一种技术延伸产品，压缩机交替处于两种状态：负载状态和卸载状态，数码涡旋系统与定速系统相比，能量节省超过20%。第三种是直流变频涡旋压缩机，简单地说，就是把普通直流电动机由永久磁铁组成的定子变成转子，把普通直流电动机需要换向器和电刷提供电源的绕组转子变成定子。这种结构既克服了传统直流电动机的一些缺陷，如电磁干扰、噪声、火花、可靠性差、寿命短等，又具有交流电动机所不具有的一些优点，如运行效率高、调速性能好、无涡流损耗等。

除了涡旋压缩机，常采用的高效压缩机还有三螺杆压缩机，利用一个阳转子和两个阴转子形成两个封闭的齿间容积来完成工质的吸入、压缩和排出。从而解决了双螺杆压缩机轴向受力不均的问题，减少了轴承的负载，也延长了压缩机的寿命。另外，由于它形成了两个封闭的工作容积，缩短了转子的长度，在相同排气量的情况下，提高了压缩效率。这种三螺杆压缩机采用高效的VFD转速控制技术取代滑阀结构来调节容量，简化了压缩机的结构，采用密封电动机，使之一直处在低温的纯工质中，使得电动机不会因为过热造成损耗，另一方面也避免了轴封引起的工质、润滑油的泄漏。采用了两级直接驱动方式、磁悬浮轴承和变频控制技术的磁悬浮离心压缩机，其转速为18000～48000r/min，起动电流只需要2A，远小于典型螺杆压缩机的500～600A；磁悬浮轴承的使用也降低了能量损耗，且噪声也比较低。

（2）高效换热技术　制冷空调系统中的换热器，如蒸发器、冷凝器和风机盘管是进行空气调节的主要部件。其优化的依据是材料的选择、换热面积的增加和传热性能的改善。目前使用较多的是铜管，但由于铜材料的价格上涨，现多用铜管铝翅片的结合来降低成本。

增加换热面积有很多选择：增加迎面换热面积；增加管的排数；增加翅片的密度；增加冷凝器的过冷度等。

改善传热性能的技术，以采用各种强化的换热管为主，例如低翅片管、矩形翅片管、斜翅片管等。还有改进管路设计，对翅片表面进行特殊处理，将冷凝物喷至冷凝器等。

（3）采用膨胀机技术　节流过程造成很大的能量损耗，在普通制冷剂研究的过程中，节流过程一直没有引起人们足够的重视。小型制冷机以毛细管、节流阀和膨胀阀为主，大型制冷机组以孔板进行节流。随着对自然工质二氧化碳的研究，节流过程逐渐被重视，带膨胀机的二氧化碳跨临界压缩循环系统的性能系数（COP）比带膨胀阀时提高约25%；对普通制冷剂，带膨胀机的压缩循环系统的COP比带膨胀阀时提高约10%（R134a）。同时，如果将膨胀机的回收功加以利用，还可以进一步降低能耗。

（4）采用环保制冷剂　为了减少制造设备在生产、使用、贮存或运送制冷剂时产生的排放，不少空调厂商、制冷剂厂商都最大限度减少它们对环境潜在的影响。从目前的研究和应用情况看，全球制冷剂替代主要存在两个流派，以德国和瑞典等欧盟国家为代表的一派主张采用 R744（二氧化碳）、碳氢化合物作制冷剂，认为采用生态系统中现有的天然物质作为制冷剂，可以从根本上避免环境问题，其中呼声最高的是 R717、R744、R290 和 R600a 四种，尤其是在严格限制可燃性和毒性的场合，二氧化碳的应用也有很好的前景，但目前国内对二氧化碳相关的应用技术还不够成熟；而以美国和日本为代表的另一派主张采用 HFC 等人工合成制冷剂。

（5）热回收技术　热回收技术根据应用场合进行分类可以分为冷凝热回收和排风冷、热回收两类。前者主要是将空调使用中产生的热能回收再利用，减少直接排放带来的能源浪费；后者主要用于减少制冷机组的负载，以实现节能。热回收技术的本质是对空调运行中的余热进行再利用。

1-9　我国空调制冷设备使用的节能减排技术有哪些？

答：我国的空调制冷设备使用的节能减排技术有：

我国的空调制冷设备节能减排技术通过引进先进的制造技术、低污染涂装设备，自主研发一些高效率高可靠性的电动机、高效率压缩机等，也取得了一定的成效，并且部分技术也走在了世界的前沿。但关键部件的核心技术依然掌握在国外厂商手中，国内厂商研发能力仍较弱。

（1）采用新型高效压缩机　由我国自主研发的变频变容压缩机结合了变频及变容技术的双重优点，采用机械式排气量调节，省略了变频器，其成本和可靠性也有大幅度的改善。

（2）采用环保制冷剂　我国自主研发的绿色环保 DYR-3 制冷剂是适用于R410A 系统的节能环保替代品，已经大量应用于许多空调产品。

（3）强化换热器传热方式　提高换热器的传热能力，减小换热器内工质和周围环境温度的温差，有利于提高压缩机的制冷能力。

使用中的节能减排技术：

1）多数空调厂商均在说明书上标注出空调型号、功率大小以及适用面积，以便于消费者根据房间大小选购空调。每个房间都不是完全密封的，房屋要吸收外面的热量。只有当空调完全满足房间的制冷需求时，才不会给空调造成太大的负载，从而减少耗电。

2）目前国家推荐家用空调夏季设置的温度为 26~27℃，空调每调高 1℃，可降低 7%~10% 的用电负载。也有不少空调厂商已经推出当房间温度下降到 26~27℃时，空调保持"休眠"状态，待到房间温度再次发生变化时，又重新开始运转、降温。

3）不少空调厂商已经在空调上设计了"睡眠模式"，由于人在睡觉时，散发的热量少，对温度变化不敏感。这种"睡眠模式"能使空调在人入睡一定时间后，自动调高温度，通常可以起到20%的节电效果。

4）配合电风扇使用空调。在使用空调时使用电风扇，电风扇的吹动力将使室内冷空气加速循环，冷气分布均匀，可不需降低设定温度，而达到较佳的冷气效果。既有舒适感，也能节电。

5）使用空调前，提前将房间的空气换好，如果开着窗户，缝隙不要超过2cm。

6）选择合理的出风位置。使用空调时选择适宜的出风角度会使空气的温度降得更快。由于冷气流比空气重，易下沉，暖气流则相反，易上升。空气温度变低后，冷气流容易往下走，制冷时出风口向上，这样的制冷效果好。而在冬天时，热气都是往上走，制热时出风口应该向下。这样也能达到节能的效果。所以制冷时出风口向上，制热时则向下，可以使空气自然流通，起到类似于电风扇的效果。这样采用自然的流动也会大大提高空调的效率。

7）定期清扫过滤网。每隔半个月，最好将空调过滤网拿下来清洗，可以保证空调在良好的状态下运行。若积尘太多，应把它放在不超过45℃的温水中清洗干净。清洗完可以吹干后按上，使空调的送风通畅，降低能耗的同时，对人的健康也有利。

1-10　我国空调制冷设备有什么能效标准和规定？

答：我国的空调制冷设备的能效标准和规定如下：

能效标准是实施终端用能产品能效管理的基础，对企业而言，可以规范市场、促进企业间的良性竞争和节能技术的开发，使企业在全球市场中更具竞争力；对国家而言，可以减少能源供应基础设施的投资，提高国家的经济实力，从根本上减少污染，保护环境。强制性的能效标准与标识制度是市场经济条件下推进节能的有效办法，也是提高国家总体能效水平的重要途径。我国能效标准的主要内容包括：

1）能效限定值：规定了产品的市场准入指标。

2）能源效率等级：规定了产品的能源效率标识用指标。

3）节能评估值：规定了产品的节能认证用指标。

4）目标能效限定值：规定了产品的未来市场准入指标。

5）测试方法：规定了产品能效指标的测试依据。

我国的能效标准均为强制性标准，表1-8列出了目前涉及家用电冰箱、房间空气调节器设备等的能效标准。

表1-8　我国已颁布实施的能效标准

序号	标准号	标准名称
1	GB 12021.2—2015	家用电冰箱耗电量限定值及能效等级
2	GB 12021.3—2010	房间空气调节器能效限定值及能效等级

电冰箱、房间空调器的能效标准：

1）电冰箱的能效标准见表1-9和表1-10。

表1-9 我国电冰箱的耗电量限定值

序号	类别	电冰箱耗电量限定值 $E_{MAX}/[(kW \cdot h)/24h]$
1	无星级室的冷藏箱	$0.8(0.221V_{adj}+233+CH)S_t/365$
2	带1星级室的冷藏箱	$0.8(0.611V_{adj}+181+CH)S_t/365$
3	带2星级室的冷藏箱	$0.8(0.428V_{adj}+233+CH)S_t/365$
4	带3星级室的冷藏箱	$0.8(0.624V_{adj}+233+CH)S_t/365$
5	冷藏冷冻箱	$0.7(0.697V_{adj}+272+CH)S_t/365$

表1-10 电冰箱的能效等级

能效等级	能效指数 η	
	冷藏冷冻箱	其他类型
1	$\eta \leqslant 40\%$	$\eta \leqslant 50\%$
2	$40\% < \eta \leqslant 50\%$	$50\% < \eta \leqslant 60\%$
3	$50\% < \eta \leqslant 60\%$	$60\% < \eta \leqslant 70\%$
4	$60\% < \eta \leqslant 70\%$	$70\% < \eta \leqslant 80\%$
5	$70\% < \eta \leqslant 80\%$	$80\% < \eta \leqslant 90\%$

2）房间空调器的能效标准见表1-11和表1-12。

表1-11 我国房间空调器的能效限定值

类型	额定制冷量 CC/W	能效比 EER/(W/W)
整体式	—	2.90
分体式	CC≤4500	3.20
	4500<CC≤7100	3.10
	7100<CC≤14000	3.00

表1-12 我国房间空调器的能效等级 （单位：W/W）

类型	额定制冷量 CC/W	能效等级		
		1	2	3
整体式	—	3.30	3.10	2.90
分体式	CC≤4500	3.60	3.40	3.20
	4500<CC≤7100	3.50	3.30	3.10
	7100<CC≤14000	3.40	3.20	3.00

1-11 如何做好设备状态管理工作？

答：设备状态管理是指正确使用和精心维护设备，这是设备管理工作中的重要环节。设备使用期限的长短、生产效率和工作精度的高低，固然取决于设备本身的结构和精度性能，但在很大程度上也取决于对它的使用和维护情况。正确使用设备可以保持设备的良好技术状态，防止发生非正常磨损和避免突发性故障，延长使用寿命，提高使用效率；而精心维护设备则对设备起到"保健"作用，可改善其技术状态，延缓劣化进程，消灭隐患于萌芽状态，从而保障设备的安全运行。为此，必须明确工厂与使用人员对设备使用维护的责任与工作内容，建立必要的规章制度，以确保设备使用维护各项措施的贯彻执行。

设备状态管理工作包括：制定设备完好标准、设备使用基本要求、设备操作维护规程、设备的日常维护与定期维护、设备点检、设备润滑、设备的状态监测和故障诊断、区域维修责任制、开展群众性设备维护竞赛和评比活动、设备事故紧急预案、设备事故处理等。

设备的技术状态是指设备所具有的作业能力，包括：性能、精度、效率、运动参数、安全、环保、能源消耗等所处的状态及其变化情况。设备是为满足生产工艺要求或为完成工程项目而配备的，设备技术状态良好与否，不仅体现着它在生产活动中存在的价值与对生产的保证程度，而且是企业生产活动能否正常进行的基础。设备在使用过程中，由于生产性质、加工对象、工作条件及环境等因素对设备的影响，使设备在设计制造时所确定的功能和技术状态将不断发生变化，预防和减少故障发生，除应由员工严格执行操作维护规程、正确合理使用设备外，还必须加强对设备使用维护的管理，定期进行设备状态检查。

1-12 制冷站（空调机房）完好标准检查评分有什么内容？

答：制冷站（空调机房）完好标准检查评分的主要内容：

1）对制冷站（空调机房）的完好标准采用考核得分进行评定，总分达到85分或85分以上，即可评为完好设备、完好站房。

2）对各类站房评分时，一般分为技术管理、设备状况、经济运行、安全生产、环境整洁等几个方面进行检查考核。其中设备状况一项，应先按单台（套）设备进行考核计分，再按规定比例计算总分。

3）由于空调制冷设备的附属设备和设施较多，构成情况不一，检查评分时可根据企业的具体情况进行综合计算，或先按单台设备进行评分，然后再按比例进行综合折算。

4）如主要项目不合格，即为不完好设备。进行检查时，对完好程度达不到标准要求的设备，若能在现场立即整改（1天之内）并达到标准，仍可作为完好设备。

5）对于正式办理降级、降压等手续的空调制冷设备，按批准降级、降压后的标准进行检查评分。

1-13　空调制冷设备完好标准有什么要求？

答：空调制冷设备完好标准的要求主要有：

1）制冷设备完好标准检查见表 1-13。

表 1-13　制冷设备完好标准检查

序号	检 查 内 容	定分	考核得分
1	制冷量基本达到设计要求或满足工艺需要	12	
2	各传动系统运转正常,滑动面无严重拉伤、磨损,运行时噪声不超过《工业企业噪声卫生标准》规定	10	
3	操作、电气和控制系统工作可靠,安全保护装置齐全,接地措施可靠	10	
4	安全阀、压力表、温度表、液位计等装置齐全,灵敏可靠,有定期校验记录	12	
5	管道和附件符合技术要求,保温及色标达到要求	16	
6	设备运行参数符合技术要求,无超温、超压现象,无泄漏现象	15	
7	润滑系统工作正常,油标醒目,油质符合要求,冷却系统齐全,运转正常	15	
8	设备内外整洁	10	
	小计	100	

注：第3项、第4项为主要项目。

2）空调柜（恒温设备）完好，标准检查见表 1-14。

表 1-14　空调柜（恒温设备）完好标准检查

序号	检 查 内 容	定分	考核得分
1	运行基本达到要求或满足工艺需要	15	
2	通风系统、冷却系统布置合理,运行参数不超过规定值(压力、温度、湿度等)	15	
3	主机系统运行正常,无异常声响,运行时噪声不超过《工业企业噪声卫生标准》的规定	20	
4	各阀门、管系(膨胀阀等)齐全、可靠,无堵塞及泄漏现象,过滤装置符合要求	20	
5	自控装置运行可靠,各仪表指示数值正确,并定期进行校验,安全附件运行安全可靠	20	
6	设备外表整洁,涂装明亮	10	
	小计	100	

注：第5项为主要项目。

1-14 制冷站（空调机房）完好标准有什么要求？

制冷站（空调机房）完好标准检查见表1-15。

表1-15 制冷站（空调机房）完好标准检查

序号	项目	检 查 内 容	定分	考核得分
1	技术管理	站房内设备及附属设施布置合理,符合设计规范	5	
		各种技术资料齐全,各种规章制度齐全,并贯彻执行;有点检或巡视制度,并认真执行	5	
		有全厂制冷及空调送风管道平面布置图,各种运行、维修记录齐全	5	
2	设备	按各单台设备考核所得平均分数的50%作为本项的计算分数	50	
3	经济运行	各种管道与管道基本达到无泄漏,工质严禁泄漏	5	
		有各种单耗定额指标,执行中不超耗,有经济核算制度,计量装置齐全、准确	5	
4	安全生产	各项设备及附属设施有可靠防护装置,电气线路布置合理,接地良好	10	
		有安全操作规程和安全保卫制度,一年内无设备、人身伤亡事故	5	
5	环境整洁	站房清洁明亮,道路通畅,通风良好	5	
		站房噪声不超过《工业企业噪声卫生标准》的规定	5	
		小计	100	

1-15 空调装置（系统）完好标准有什么要求？

答：空调装置（系统）完好标准检查见表1-16。

表1-16 空调装置（系统）完好标准检查

序号	检 查 内 容	定分	考核得分
1	运行参数符合设计要求	20	
2	通风管道和热水、冷水管道保温良好,安装合理,色标走向醒目	16	
3	风阀、水阀及自动调节阀齐全,开闭灵活,淋水喷嘴、滤水器完好齐全,没有堵塞或脱落现象	16	
4	过滤器完整,能按时更换,无漏风现象,过滤器后风道及风室清洁	16	
5	自控装置的一次仪表灵敏可靠,二次仪表指示准确,执行机构工作可靠	20	
6	调节箱外壳保温完好、清洁,无漏风、漏水现象	12	
	小计	100	

注：第5项为主要项目。

1-16 如何加强制冷设备管理？

答： 加强企业制冷设备管理是十分重要的。

某企业根据多年管理情况进行总结。

1. 提升对制冷设备的管理维修思路

随着时代发展和科技进步，工厂的制冷设备越来越多，共分为三大类：生产设备的附属制冷机组；中央空调类；为进口设备配制的空调和除湿机。由于制冷设备专业维修性强，公司没有配备专职维修人员，都是定点专业制冷设备维修单位进行专业维修，造成在维修技术方案、维修方式、维修及时性、维修质量控制上有较大的差异。因所处位置是温润潮湿地区，加上周围小型化工厂空气污染，空气酸化程度较高，多数设备出现了不同程度的腐蚀。通过改进制冷设备的管理维修思路和方法，使上述问题得到了较好解决。

2. 采取综合措施

1）改善公司周围环境。公司周边的两家小型化工厂排放酸雾酸烟，经常能闻到刺鼻的气味。模具分厂的 7 台中央空调机组在使用 1 年后，主机铜管焊接点开始维修，3 年后散热片腐蚀黏连在一起，主机内压缩机、储液罐、连接分支管道表层黑化脱层，严重漏氟，无法焊补而报废。经环保局治理整顿以及多方协调后，酸烟酸雾得到了治理，空气质量有所改善，缓解了腐蚀程度。

2）对新进制冷设备预先防腐处理。在刀片压制大厅、粉末超细碳化钨的中央空调更新时，一是要求制造厂家做专项防腐处理，如框架部分选用不锈钢外壳，铜翅散热片采用浸聚氨酯处理，主机内部的压缩机、外露铜管、连接分支铜管及管接头外露部分刷防腐剂。二是改变安装方式，如将所有主机安装在离地面 300m 高的塑钢支架上，不与地面接触，中央空调不受潮气。三是要遮雨防腐，在中央空调主机上制作 1.5m 高的雨棚，防止雨水淋湿主机，可以得到良好的散热。四是调整安装地点，如安装在背风处，配备简易防风隔离墙，挡住从化工厂方向吹过来的风。经过治理，腐蚀情况得到缓解，维修频率降低。

3）用 5P 柜机代替中央空调。模具分厂的中央空调报废后，考虑到室外环境太过恶劣，再次安装中央空调的购置、维护费用较高等问题，于是用 20 台 5P 空调代替，并将空调外机安装在地下室，在地下室墙上安装轴流风机，极大地减小了环境对空调外机的腐蚀作用。

4）空压机配套的冷干机原来使用的是生产用水，此水取用于河水，含有大量悬浮物、有机物及鳞化物，虽然采取了过滤和软化处理，但水质净化问题未能解决，长时间使用使换热管道内部容易结垢，有时还有微生物堵塞，导致散热效果不好，水温高影响压缩机高压报警不制冷。为此专门购置一套水净化系统并将其封闭式循环使用，改善了水质，减少了堵塞，降低了故障频次。

5）寻找专业厂家进行制冷机组维护保养。如为 5 台喷雾塔配套的 7 台冷水机组，与专业厂家进行维护保养。维护保养内容首次进行全面检查、清洗及除锈刷漆等维护保养工作，然后每月一次定期维护检查和保养，包括主机的电气、自控、润滑系统、压缩机制冷循环系统等综合全面检查和相关保养。每年对每台主机的冷凝器进行清洗，更换一次冷冻油、制冷剂与干燥过滤器。维护保养实行半包，即维护保养厂家收取人工费用，材料费用则由我方支付；在维护保养期间发现需要维修、更换材料或者备件，要求提供生产厂家配件，维修费用单独进行核算。

6）中央空调每年要求专业维修厂家进行定期维护保养，定期清理风管过滤网，检查冷风保温效果，检查主机内压缩机、储液罐、四通阀、过滤器、连接铜管腐蚀情况、计算机板、控制板、电子元器件以及定期维护维修，减少设备故障停机时间。在每年的3~4月，根据去年运行状况和维护保养检查情况制订检修方案，提前实施，保障正常运行。

3. 管理逐步改进

1）优选维护单位。结合专业维修资质、维修与技术人员配备以及维修工程案例等，不断优选维修单位，选择的依据是根据设备现状、维修工作量、维修及时性、维修质量、收费标准与工时定额等，筛选出本市两家维修单位作为中央空调、空调、冷干机、水冷机、冰柜的专业维修单位。制冷机组则优选专业对口单位进行维护保养和维修。进口设备则首选原厂在中国的代理服务商。与定点维修单位应每年签订年度维修协议，内容包括双方的权利和义务、维修设备种类、维修质量、检修单的填写和确认、结算方式与付款方式、安全责任、维修工时定额标准、维修材料价格标准、安全承诺书、现场施工告知书等内容。维修材料的价格以当年的市场价为准。

2）建立维修工作流程。生产单位报修，设备管理部门联系外委维修单位，维修人员到场诊断后，应告知其维修内容和估价。更换重要备件时，管理人员需在维修现场，并对维修方案进行评判。试机正常后，维修人员在检修单上记录修理内容，由管理员存档。审核维修费用时，根据年度维修协议或市场价格确定。单笔维修金额超过5000元时，需单独签订维修合同，并与年度协议保持一致。

3）重视安全问题。维修作业涉及安全问题，有些生产现场属于易燃易爆岗位，维修操作涉及高空作业、动火作业，设备管理部门需要通知安全保卫部门进行防火与安全监督以及协调设备停机处理提前告知和维修准备时间等，同时生产单位管理人员与维修单位协调维修时间与办理安全手续，并进行现场维修安全管理。

4）管理部门每季度要收集：①维修单位的技术水平、质量、及时性、满意度、收费价格等。②维护不当问题，如使用不当、安装环境不好、长时间运行、欠氟、温度设定不合理等。③本地市场的材料价格，如压缩机、冷凝器、蒸发器、四通阀、制冷剂、室内外电动机、风机电容与风叶、纯铜管等。通过收集上述信息并不断修改和完善维修协议内容，利于维修费用的控制和谈判。

5）抓好技改。如中央空调属于生产线技改设备，而技改与设备管理是两个部门，因此制冷设备前期管理与维修管理存在脱节问题；技改部门认为制冷设备是附属设备，设备论证主要在生产设备上，因此维修管理没有参与选型和安装。腐蚀严重、使用寿命短、维修费用高问题较为严重。因此设备管理人员应参与前期论证与选型，对设备安全运行有较大益处。

6）制冷设备维修属于专业维修，公司和各生产分厂只有一名设备管理人员，既要参与制冷设备的现场管理，又要参与判断和决定维修方案，更要寻找合理的维修厂家、节约维修费用，对管理人员的素质和技术水平要求较高。为了掌握制冷设备的性能、各种维护保养要点，合理选择维修方案、评定维修技术水平，有效节约维修费用，需在制冷设备专业技术上加强培训和学习，参与制冷设备维修过程，提高技术素质、拓宽视野，才能更好地适应制冷设备的管理要求。

第2章

空调制冷基础知识

2-1 什么叫制冷循环？

答：在蒸气压缩式制冷系统中，制冷剂从某一状态开始，经过各种状态变化，又回到初始状态。在这一周而复始的变化过程中，每一次都消耗一定机械功而从低温物体中吸热，并将此热移至高温物体。这种通过制冷剂状态的变化完成制冷作用的全过程，称为制冷循环。

在图 2-1 所示的制冷循环中，由某一状态变成另一状态的一个变化被称为一个过程。制冷循环共有 4 个过程：

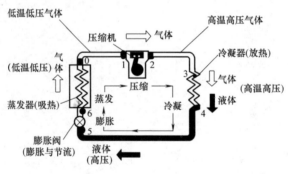

图 2-1　制冷循环

（1）蒸发过程　通过膨胀阀节流后的低压湿蒸气，在蒸发器中从周围介质吸热制冷，并逐渐增加其干度。这样，从蒸发器出来的气体就已经成为干饱和蒸气或稍有过热度的过热蒸气了。在蒸发过程中，制冷剂温度和压力保持不变。

（2）压缩过程　完成制冷作用后从蒸发器出来的蒸气进入制冷压缩机，经压缩后，温度和压力急剧升高。所以压缩机排出的气体就变成了过热度较大的热蒸气。压缩气体时，压缩机要消耗一定的压缩功，但制冷剂熵值不变。

（3）冷凝过程　从制冷机排出的高温高压过热蒸气，进入冷凝器后同冷却水或空气进行热交换，使过热蒸气逐渐变成饱和蒸气，进而变成饱和液体。当用冷却水冷却时，饱和液体温度将继续降低，出现过冷。冷凝过程中压力保持不变。

（4）节流过程　从冷凝器出来的液体通过膨胀阀被节流，成为低温低压的湿蒸气。节流过程中制冷剂焓值不变。

上述 4 个循环过程依次不断循环，进而达到制冷目的。

2-2　什么叫汽化与冷凝？

答：汽化与冷凝介绍如下：

（1）汽化　沸腾和蒸发是汽化的两种形式。沸腾是指在一定温度（沸点）下，液体内部和表面同时发生剧烈的汽化过程。这时，液体内部形成许多小气泡上升至液面，迅速汽化并吸收周围介质的热量。

蒸发是指在任何温度下，液体外露表面的汽化过程称为蒸发。蒸发在日常生活中到处可见。如放在杯子中的酒精很快会蒸发掉。湿衣服晒在日光下会变干等。物质的蒸发过程伴随着吸热。

在制冷技术中，习惯上把制冷剂在蒸发器中的沸腾称为蒸发。这种换热器叫蒸发器也来源于此。

（2）冷凝　冷凝又称液化，是指物质从气态变成液态的过程。例如，水蒸气遇冷就会凝结成水珠。水蒸气液化很容易，但有些气体的液化要在较低温度和较高压力下才能实现，例如电冰箱中制冷剂 R12 在室温下液化需加压到 0.6MPa 以上，才能在冷凝器中放热液化。冷凝（液化）都伴随着放热。

冷凝和汽化的过程相反，在一定的压力下，蒸气的冷凝温度与液体的沸腾温度（沸点）相同，汽化潜热与液化潜热的数值相等。

2-3　什么叫饱和、过冷和过热？

答：饱和、过冷和过热介绍如下：

（1）饱和状态　装在敞开容器里的液体，它的分子总是不断地从液体表面蒸发出去，并不断地向周围扩散，所以，液体就逐渐蒸发干了。而装在密闭容器里的液体，从液面蒸发出来的分子不可能扩散到其他地方去，只能聚积在液体上面的空间里作无规则运动。由于它们相互作用以及它们和器壁及液体表面的碰撞，其中一部分又回到液体中去，一部分新的分子又从液面上蒸发到气体空间。当两者达到平衡时，空间里的气体比体积不再变化，液体和它的蒸气处于动态平衡状态，蒸气中的分子数不再增加，这种状态称为饱和状态。

饱和状态下的蒸气称为饱和蒸气，饱和蒸气或饱和液体的温度称为饱和温度。饱和蒸气的压力称为饱和压力。

液体和它的蒸气达到动态平衡是有条件的，是建立在一定的温度（或压力）条件下的。如温度（或压力）改变时，平衡就被破坏，经过一段时间后，又会出现在新的条件下的饱和状态。

（2）过冷和过热　在饱和压力条件下，继续对饱和蒸气加热，使其温度高于饱和温度，这种状态称为过热，这种蒸气称为过热蒸气。饱和液体在饱和压力不变的条件下，继续冷却到饱和温度以下称为过冷，这种液体称为过冷液体。

如果物质汽化后，继续吸热，使该气体温度升高，升高后的温度称为过热温度，过热温度与饱和温度之差称为过热度。

如果物质液化后，继续放热，使该液体温度下降，下降后的温度称为过冷温度，饱和温度与过冷温度之差称为过冷度。

2-4　制冷剂的压焓图（lg$p$-h 图）有什么用途？其结构是什么？

答：制冷剂的压焓图（lg$p$-h 图）是反映制冷剂状态变化的工具图，在实际中经常用到。

1）在制冷系统中，进行制冷循环的分析和计算，需要知道制冷剂的状态参数。如温度、压力、比体积等基本物理参数是可以通过直接或间接方法测量出来，但其他的参数如内能、焓、熵，尤其是焓在使用中经常遇到，计算起来很复杂。为方便起见，使用制冷剂的压焓图来查得到制冷剂的状态变化参数。

2）压焓图是以焓（h）值作为横坐标，以绝对压力（p）为纵坐标所组成的直角坐标系。为了方便起见，便于图形的展开，避免图下部分线条过分拥挤，所以纵坐标又以对数 lg$p$ 标度排列（图上标的压力值，不是压力的对数值），如图 2-2 所示。

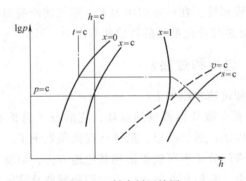

图 2-2　制冷剂压焓图

图中有两条较粗的曲线，左边一条是 $x=0$ 的饱和液体线，右边一条是 $x=1$ 的干饱和蒸气线。这两条线若向上延长将交于一点，这一点就是制冷剂的临界点。因为一般制冷循环都远离临界点，所以有的（lg$p$-h）图上未表示出来。

$x=0$ 与 $x=1$ 两条曲线将整幅图分成 3 个区域：

① $x=0$ 的左边为过冷液体区。

② $x=0$ 为饱和液体。

③ $x=0$ 与 $x=1$ 之间为湿饱和蒸气区。由 $x=0$ 向 $x=1$ 方向移动时，则干度 x 也相应增加，即气体成分越来越多。

④ $x=1$ 为干饱和气体。

⑤ $x=1$ 的右边为过热蒸气区。

在 $x=0$ 和 $x=1$ 以及两者之间，均为饱和状态。此时制冷的温度线与压力线重合，因此，在饱和状态时，制冷剂确定一个压力，便有一个并且只有一个温度与之相对应。

3）制冷系统中，蒸发器及冷凝器中的制冷剂绝大部分处于饱和状态，因此，有一个蒸气压力，便有一个蒸发温度与之对应；有一个冷凝压力，便有一个冷凝温度与之对应。

非饱和状态区域，制冷剂温度与压力的参数线是分开的，也就是说不再相对应了。

图中共有 8 条制冷剂参数线：

① 饱和液体线　　　　$x=0$
② 干饱和蒸气线　　　$x=1$
③ 等干度线　　　　　$x=c$
④ 等焓线　　　　　　$h=c$
⑤ 等压线　　　　　　$p=c$
⑥ 等温线　　　　　　$t=c$
⑦ 等熵线　　　　　　$s=c$
⑧ 等比体积线　　　　$v=c$

对任何状态的制冷剂，只要知道上述参数中的任何两个，就可以在 $\lg p\text{-}h$ 图上找出该状态点的其他参数。

若已知压缩机吸入的为绝对压力 0.24MPa 的干饱和蒸气，在图中查出吸气状态的其他参数值，如图 2-3 所示（制冷剂为氨）。图中纵坐标采用对数坐标。

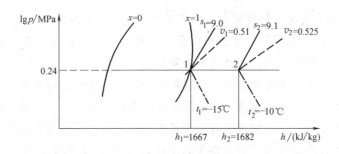

图 2-3　吸气状态

在图中由 $p=0.24$MPa 等压线，找与 $x=1$ 干饱和蒸气线的交点 1，再通过 1 点找出：

$t_1=-15℃$　　　　　$v_1=0.51\text{m}^3/\text{kg}$

$h_1=1667\text{kJ/kg}$

$s_1 = 9.0 \text{kJ/(kg·K)}$ 若压缩机的吸入压力不变，吸入蒸气温度为 $-10℃$，用 $\lg p\text{-}h$ 图读出吸入蒸气的焓 h_2、熵 s_2 及比体积 v_2 的数值，并说明压缩机吸入蒸气状态。

从图 2-3 中，已知 $p = 0.24\text{MPa}$，吸入蒸气温度为 $-10℃$，在压焓图上查。

先由 $p = 0.24\text{MPa}$ 等压线找与 $t_2 = -10℃$ 等温线交点 2，通过 2 点查出：

$$h_2 = 1682\text{kJ/kg} \qquad s_2 = 9.1\text{kJ/(kg·K)}$$

$$v_2 = 0.525\text{m}^3/\text{kg}$$

其吸气过热为 $\Delta t_{过热} = t_2 - t_1 = [-10 - (-15)]℃ = 5℃$

2-5　什么叫单级压缩制冷机的理论循环？它与实际循环有什么区别？

答：单级压缩制冷机主要是由压缩机、冷凝器、蒸发器、节流阀（又称膨胀阀）4 大件所组成的。单级压缩主要是指从蒸发器出来的低压蒸气，经压缩机一次压缩到冷凝压力。单级压缩制冷机的理论循环原理如图 2-1 所示。

1）单级压缩制冷机理论循环的条件是：

① 压缩过程 1-2 是绝热压缩过程。

② 不考虑制冷剂在流动时摩擦、阻力等损失，即制冷剂在流经冷凝器、蒸发器及连接管道中的压力保持不变，冷凝过程 2-3-4 中冷凝压力 p_k 保持不变；蒸发过程 5-1 中，蒸发压力 p 保持不变。

③ 液态制冷剂的节流前后焓值不变，即在节流过程 4-5 中，$h_4 = h_5$。

2）单级压缩制冷机实际循环与理论循环之间主要有着以下四方面差别：

① 压缩过程是不可逆的，即不是等熵过程。

② 节流过程不是绝热节流，故节流后焓值是增大的。

③ 制冷剂在蒸发器与冷凝器内传热过程中，制冷剂的温度是渐变的。

④ 制冷剂在流经阀门、管道和设备时因有阻力存在，为使循环得以实现，故使压缩机的排气压力增大，而吸气压力降低。

由于存在着上述 4 方面差别，所以单级压缩制冷机的实际循环不仅存在外部不可逆，同时也存在内部不可逆，使实际循环的单位质量压缩功增大，单位质量制冷量减少，制冷系数与热力完善度都低于理论循环。由于实际过程比较复杂，存在机械摩擦、阻力及热损失等，很难将实际循环表示在 $\lg p\text{-}h$ 图上。在工程计算时，通常是先按理论循环计算，然后用各种系数进行修正。

2-6　什么是双级压缩制冷？在制冷剂的压焓图上如何表示其过程？

答：1）单级压缩制冷因为受到压缩比（冷凝压与蒸发压之比叫压缩比，$p_k/p_0 = k$）的限制只能得到 $-25℃$ 的低温，若要取得更低的制冷温度只有采用双级压缩，将两台压缩机串联起来使用，使制冷剂依次进行压缩以提高压缩比。双级压缩制冷循环如图 2-4a 所示，相应的 $\lg p\text{-}h$ 图则如图 2-4b 所示。

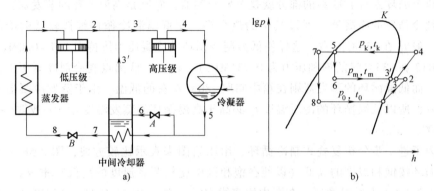

图 2-4　双级压缩制冷循环

a）原理图　b）$\lg p\text{-}h$ 图

2）双级压缩制冷循环过程为：从高压级压缩机排出的高温高压过热蒸气 4，进入冷凝器中被冷凝成液体 5。从冷凝器流出后分为两路，一路通过膨胀阀 A 进行节流，节流后降温至状态 6，然后进入中间冷却器吸热，使中间冷却器内维持在中间温度 t_{m}。从中间冷却器中汽化分离出来的干蒸气 3′与从低压级排出的压力为 p_{m} 的过热气 2 混合成压力为 p_{m}、温度为 t_3（介于 t_2 与 t_{m} 之间）的过热蒸气 3。在高压级中维持状态 3 压缩至 4，这是一路循环。另一路以饱和液体 5 进入中间冷却器中的盘管进行再冷却，成为温度较低的过冷液 7，然后经膨胀阀 B 的节流以状态 8 进入蒸发器，在 t_0 温度下汽化吸热至状态 1，在低压级压缩机中进行 1 至 2 的压缩过程，排出的过热蒸气 2 与从中间冷却器出来的蒸气 3′混合成 3 而进入高压级压缩机，最后成为状态 4 被排出，这一路循环是主循环。假若循环过程连续发生，就能不断获得低温，达到制冷目的。

从图 2-4 中可以看出，3-4-5-6-3 的循环是在中间冷却器中制得冷量，供另一循环饱和液体的过冷（5-7）及过热蒸气的冷却（2-3）之用。而 1-2-3-4-5-6-7-8-1 的循环，就是供制取低温冷量的，它经过高低压压缩机的两次压缩。

整个系统有 3 个压力，一段为 4-5-7，其压力为 p_{k}（冷凝压力），称高压段；一段为 8-1，其压力为 p_0（蒸发压力），称低压段；另一段是 6-3-2，其压力为 p_{m}，为中间压力，它是低压级的排气压力，又是高压级的吸气压力。

2-7　复叠式制冷循环的原理是什么？在制冷剂的压焓图上如何表示其制冷循环过程？

答：复叠式制冷循环通常由两个或 3 个独立的单级制冷循环组合而成，其中每一循环都是一个完整的单级或两级压缩系统，图 2-5a 所示为由两个单级压缩循环组成的复叠式制冷原理图。高温循环使用 R12、R22 等中温制冷剂，而低温循环则采用如 R13、R14 等低温制冷剂。高温循环所制取的冷量供低温制冷循环冷凝用，所以两个循环系统有联系的部分就是蒸发冷凝器，它既是高温循环的蒸发器，又是低温制冷循环的冷凝器。通过其中的热交换，使低温制冷循环维持较低的冷凝温度，一般 t_k 在 $-35℃$ 左右，这样使低温制冷循环的冷凝压力维持在 $0.7 \sim 0.8MPa$ 左右（R13 在 $-35℃$ 时的饱和压力为 $0.731MPa$），解决了低沸点制冷剂冷凝压力高的矛盾。而低温循环的蒸发器则在箱中制取 $-80℃$ 左右的低温。由于蒸发冷凝器有传热温差，所以低温循环的冷凝温度 t_k 必高于高温循环的蒸发温度 t_0'，一般取 $t_k - t_0' = 5 \sim 10℃$。

为了进一步分析复叠式制冷循环，用压焓图来表示比较方便，图 2-5b 把两个制冷循环按饱和温度的高低（以便在饱和区中比较两者温度的高低）重叠在一起，其中 1-2-3-4-1 为低温循环，在图中用实线表示；而 1′-2′-3′-4′-1′ 为高温循环，在图中用点画线表示。图 2-5a 与 b 中用数字表示的状态是相互对应的。复叠式制冷循环的理论计算就是两个单级制冷循环，但设计计算时，高温循环的制冷量应等于低温循环的冷凝热量。

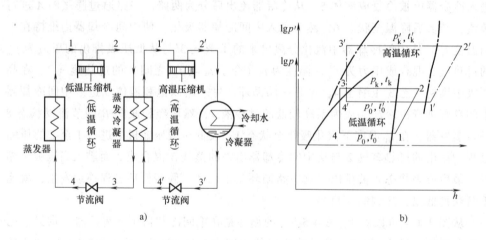

图 2-5　复叠式压缩制冷循环

a）原理图　b）$\lg p$-h 图

2-8　什么叫制冷剂？制冷剂应具备哪些基本要求？

答：制冷剂是在制冷设备中完成制冷循环的工作介质，也叫工质。在制冷循环中，借助于制冷剂的状态变化来进行热量的转移。在压缩机制冷系统中，制冷剂在蒸发器内沸腾汽化向周围物质吸热，从而制冷。在冷凝器中制冷剂放热，这个热量由外界冷却物质（水、空气）吸收带走。在这个循环过程中，热量由低温向高温转移是由于消耗了外界的能量，即靠压缩机做功来实现的。

对制冷剂总的要求是价格便宜、无毒、制冷效果好、物理化学性质稳定。制冷剂应具有以下特性：

1）在标准大气压力下，制冷剂的沸点要低。一般要在-20℃以下，例如，R12的沸点为-29.8℃，R22为-40.8℃，R717为-33.4℃。

2）冷凝压力低。一般冷凝压力不超过1.47MPa，冷凝压力低可以减少容器的耐压强度，可以减少泄漏，也可降低压缩机的功耗。

3）蒸发潜热大。制冷剂的蒸发潜热大，单位容积制冷剂的制冷量大，循环量小，压缩机可做小些，减少金属材料的消耗，提高经济性。

4）临界温度要较高。使之在常温下或普通低温下可以液化。凝固温度要低些，以便取得较低的蒸发温度。

5）化学性质稳定、腐蚀性小。制冷剂应具有较好的化学稳定性和惰性，在高温下，应不发生化合或分解反应。对制冷装置使用的材料不起腐蚀作用，与润滑油不起化学反应。

6）其他要求：无毒、不易燃、不易爆、黏性小、传热性能好、安全可靠等。

2-9　制冷剂如何分类？

答：现在可用作制冷剂的物质有几十种，但常用的不过十几种。目前在压缩式制冷机中，广泛使用的制冷剂是氨、氟利昂和烃类，按化学成分制冷剂可以分为5类；按冷凝器内的冷凝压力 p_k 制冷剂可分为3类。

（1）按化学成分分类

1）无机化合物制冷剂，如氨、水、空气等很早已被采用，有的已被淘汰，由新的制冷剂所代替，其中R717和R718至今仍被广泛使用，如水，它没有毒，不会燃烧和爆炸，是最容易得到的物质。但水在正常压力下蒸气饱和温度较高（100℃）而饱和蒸气压力很低，比体积很大，而且蒸发温度只能在0℃以上。所以水的应用范围受到一定的限制，一般只用于蒸气喷射式制冷机及吸收式制冷机中。

氨，目前仍主要用于大型的制冷装置中，如冷库、工业生产和空调用的制冷装置等。

2）卤、碳化合物，这类制冷剂统称为氟利昂，都是从甲烷、乙烷和丙烷的氟、氯、溴衍生物而得来。最常用的有R12、R22以及R11、R13。此类制冷剂由于无毒、无臭味、安全、不燃烧和不爆炸而被广泛地使用。

3）碳氢化合物制冷剂，主要用于石油化工工业。这些制冷剂的优点是易于获得、价格低廉、凝固点低，主要缺点是易于燃烧和爆炸，能溶于润滑油中，使油的黏度降低。在使用这一类制冷剂时，蒸发压力应保持在大气压以上，以防空气渗入系统而引起爆炸。

4）不饱和有机化合物制冷剂，有乙烯和丙烯两种。

5）共沸混合制冷剂，由两种或两种以上不同制冷剂混合而成。其性质和单一化合物一样，在一定的压力下蒸发时保持一定的蒸发温度，即沸点相同，它的气态和液态保持相同的比例成分。此类制冷剂有一些显著的优点，即将被广泛地采用。

（2）按冷凝压力来分　在工程上制冷剂的分类是按照制冷剂在冷凝器内的压力高低来分。

1）低压制冷剂（高温制冷剂）。其冷凝压力 p_k 为 0.196～0.294MPa；蒸发温度 $t_0 \geq 0℃$，常用的有 R11、R114、R113。它们适用于高温环境下工作的制冷装置以及小型自动化机组的离心式压缩机和空调机上。

2）中压制冷剂（中温制冷剂）。其冷凝压力 p_k 为 1.47～1.96MPa；蒸发温度 $-60℃ < t_0 < 0℃$，如 R12、R22、R717、R142。这类制冷剂适用的温度范围较广，一般适用于蒸发温度 t_0 为 0～-60℃ 的活塞式制冷压缩机和蒸发温度更低的透平式压缩机。

3）高压制冷剂（低温制冷剂）。冷凝压力 p_k 为 1.96～3.92MPa；蒸发温度 t_0 低于-70℃，如 R13、R23、乙烷、乙烯。一般用于复叠式低温冷藏设备的低温部。

2-10　选用制冷剂应遵循什么原则？

答：在制冷设备维修中，往往会因某种制冷剂缺乏，而需要其他制冷剂代替。制冷剂的改换是否会影响到制冷系统的工作，设备、管道的强度是否允许，电动机功率是否能承担，这些问题都要考虑。

制冷剂的选择原则：

1）制冷剂的蒸发压力不应太小，我们知道，制冷系统的高压是由冷凝器冷却水确定的，而蒸发温度由生产工艺所决定。假如制冷剂改变之后，系统会得到不同的蒸发压力和冷凝压力，所以在选用制冷剂时希望蒸发压力不要太小，最好不低于一个大气压，这样可防止空气的漏入。当然对于低温冷藏设备的制冷系统，不能绝对避免蒸发压力出现低于一个大气压的情况，但仍希望蒸发压力不要太小。

2）选用制冷剂冷凝压力不应太大，一般在 156.8×10^4Pa 以下为宜。对一般空调设备多选用高温制冷剂。用于复叠式冷藏设备的冷温部分，多选用低温制冷剂。而中温制冷剂广泛地用于普通的单级和双级冷藏设备，以及复叠式制冷设备的高温部分。

3）为了使制冷压缩机效率提高，工作情况改善，尽可能选用冷凝压力和蒸发压力的压力比值小的制冷剂。

4）制冷剂的单位容积冷量越大越好。这样可以在相同制冷量的制冷系统中产生较大的冷量，压缩机可以造得小一些，节省金属材料和能源。

5）还需考虑制冷剂的经济性以及安全性等。

常用制冷剂的使用范围见表 2-1。

表 2-1 常用制冷剂的使用范围

制冷剂名称	化学分子式	使用压力范围	使用温度范围	制冷机种类	用途	备注
氨	NH_3	中压	低、中	活塞式、离心式、吸收式、螺杆式	制冰、冷藏及其他	温度范围： 高：$-1\sim10℃$ 中：$-18\sim-1℃$ 低：$-60\sim-18℃$ 超低：$-90\sim-60℃$ 压力范围： 高：$196\times10^4\sim686\times10^4$ Pa 中：$29.4\times10^4\sim196\times10^4$ Pa 低：29.4×10^4 Pa 以下
R11	CCl_3F	低压	高	离心式、回转式	空调	
R12	CCl_2F_2	中压	低—高	活塞式、离心式螺杆式	冷藏空调	
R13	$CClF_3$	高压	超低	活塞式	低温研究低温化学	
R14	CF_4	高压	超低	活塞式	低温研究低温化学	
R21	$CHCl_2F$	低压	中、高	回转式、活塞式、离心式	工艺上稍有使用	
R22	$CHClF_2$	中压	超低—高	活塞式、离心式、螺杆式	低温制冷、小型制冷机、空调	
R113	$C_2Cl_3F_3$	低压	高	离心式	空调	
R114	$C_2Cl_2F_4$	低压	中、高	回转式、离心式	小型制冷机	
R12 和 R115 的共沸溶液	CCl_2F_2 和 $CClF_2\text{-}CF_3$	中压	低、中	活塞式	冷藏及其他	
R502	$CHClF_2$ $CClF_2\text{-}CF_3$	中压	低、中	活塞式	冷藏及其他	R22:48.8%（质量分数） R115:51.2%（质量分数）
R500	CCl_2F_2 $CH_3\text{-}CHF_2$	低压	中、高	活塞式	冷藏、空调、船舶及其他	R12:73.8%（质量分数） R152a:26.2%（质量分数）
甲烷	CH_4	高压	超低	活塞式	低温化学	
乙烯	C_2H_4	高压	超低	活塞式、离心式	低温化学工业	
丙烯	CH_3CHCH_2	中压	超低	活塞式、离心式	低温化学工业	—
水	H_2O	低压	高	吸收式、蒸气喷射式	空调化工	

2-11 氟利昂制冷剂具有哪些共同特性?

答：氟利昂是饱和碳氢化合物的氟、氯、溴衍生物的总称。目前用作制冷剂的主要是甲烷（CH_4）和乙烷（C_2H_6）的氟、氯、溴衍生物，也就是以氟、氯、溴的原子取代甲烷或乙烷中的全部或一部分氢原子而形成的化合物。氟利昂制冷剂可分为甲烷系、乙烷系和混合型三大类。

1）氟利昂蒸气或液体都具有五色透明、没有气味、大多对人体无毒害、不易燃烧和爆炸的特点。

氟利昂化学分子式中，氢原子数越少，可燃性越差，不含氢原子的氟利昂不燃烧；氟原子数越多，对人体的不良影响越轻，对金属的化学作用也越小，同时水在其中的溶解性也越低；含有氯原子的氟利昂与明火接触时，会分解成有毒的光气（$COCl_2$），氟利昂的标准沸腾温度随氯原子数的增加而升高，单位容积制冷量随标准沸腾温度的升高而减少。

2）氟利昂和水几乎完全互不相溶，对水分的溶解度极小。从低温侧进入装置的水分呈水蒸气状态，它和氟利昂蒸气一起被压缩进入冷凝器，再冷凝成液态水，水以液滴状混于氟利昂液体中，在膨胀阀处因低温而冻结成冰，堵塞阀门，使制冷装置不能正常工作。水分还能使氟利昂发生水解而产生酸性物质氯化氢和氟化氢，会腐蚀镁及镁合金，故氟利昂制冷设备不能采用镁及含镁超过2%（质量分数）的镁合金，否则会发生腐蚀。所以，水分是制冷系统内的有害因素。

3）氟利昂液一般是易溶于润滑油的，但氟利昂蒸气却不能溶解于润滑油。润滑油能很好地溶于与其接触的氟利昂液，还能吸收氟利昂蒸气，使蒸气溶于润滑油，但在高温时，油就不容易溶解氟利昂。氟利昂和润滑油在常温及普通低温下的溶解性，可分为以下三种情况：

① 难溶的：如R13、R14、R115等。

② 微溶的：如R22、R114、R152、R502等。它们在压缩机的曲轴箱和冷凝器内与润滑油相互溶解，在蒸发器内又分离开。

③ 完全互溶的：如R11、R12、R113、R500等。

4）氟利昂溶于润滑油会降低油的黏度，在相同的蒸发压力下，使蒸发温度升高；润滑油不易分离，但氟利昂溶于油中使热交换器的传热面上没有油膜，改善了热交换器的工作条件。

氟利昂与润滑油相溶后会出现"镀铜"现象，即制冷系统中的铜及铜合金因与这些混溶物持续接触而不断溶解，然后沉积在钢质部件如气缸壁、曲轴、活塞环、阀片等的表面上，从而会破坏阀门的严密性和轴承与轴颈的间隙，对压缩机的运行产生不利的影响。

5）使用氟利昂的制冷机在不改变零部件材料的情况下，不可随意改成氨制冷机。

氟利昂能溶解有机塑料和天然橡胶，会造成密封填料的膨胀而引起制冷剂的泄漏。因此用一般的橡胶来制造填料是不适宜的，即使是耐氟橡胶也是如此，一经浸润，其膨胀和腐蚀作用也会成倍增大。

6）氟利昂制冷剂的优点是：相对分子质量大，适用于离心式制冷机；等熵指数小，压缩终点温度和凝固温度低，对金属的润湿性好，适用于低温制冷系统。其缺点是：单位容积制冷量小，密度大，节流损失大，表面传热系数低，遇明火时会分解出有毒气体（光气），容易泄漏而不易发现，价格较高。

7）氟利昂制冷剂目前主要用于中小型活塞式制冷压缩机、空调用的离心式制冷机、低温制冷装置及其他特殊要求的装置。

2-12　氨制冷剂具有哪些特性？

答：氨是用得较早的一种制冷剂，氨具有良好的热力性质，制造容易，价廉易得，是一种适用于大中型制冷机的中温制冷剂。

1）氨的单位容积制冷量比 R12、R22 大，在标准工况下，这三种制冷剂的制冷量分别为：氨为 2196kJ/m³、R12 为 1274kJ/m³、R22 为 2070kJ/m³，所以，在相同温度、相同制冷量的情况下，氨制冷设备尺寸比氟利昂制冷设备小，因而节约金属材料；氨的价格也是这三种制冷剂中最便宜的一种。

2）氨是无色透明的液体。在标准大气压下对应的蒸发温度为 -33.35℃，凝固点（液体变成固体时温度）为 -77.7℃。由于凝固点较高，不能用于温度更低的场所。

3）氨与空气混合，达到一定的含量和温度时，有可能引起燃烧或爆炸，其原因是氨在高温时分解成氢气和氮气，氢气和制冷系统中的空气（主要是空气中的氧气）混合，当达到一定比例时，就会产生爆炸。为了防止爆炸，除了操作时规定排气温度和压力不超过一定的数值以外，还必须经常从系统中放出不凝性气体；氨在与空气混合的气体中的体积分数在 11%～14% 时即可燃烧，在 16%～25% 时遇明火就会有爆炸的危险。在选用氨为制冷剂的制冷装置中，允许应用普通电动机，不必考虑外壳的密封。

4）氨对钢铁基本上无腐蚀作用，但当氨中含有水分时，则对锌、铜、青铜及铜合金（磷青铜除外）有腐蚀作用，故在氨制冷装置中的阀门、管道、仪表等均不采用铜及铜合金材料，只有那些易于润滑的零件（如活塞销、轴瓦、密封环等）才允许使用高锡磷青铜。

5）氨在润滑油中不易溶解，因此氨制冷装置的管道及热交换器表面易被润滑油污染，使传热性能降低，故在氨制冷装置中必须设置油分离器，对压缩机排出气体中的润滑油进行分离，以减少润滑油进入冷凝器和蒸发器。

6）氨易溶于水，在 0℃ 时每升水能溶解 1300L 氨气，同时放出大量溶解热。因氨水溶液对金属的腐蚀强烈，且会使蒸发温度略有所升高。故一般规定液氨中含水量不超过 0.2%（质量分数）。

7）氨有强烈的刺激性臭味，故泄漏时易于察觉。氨能刺激人的眼睛和呼吸器官，引起流泪、剧烈咳嗽、使呼吸道黏膜充血发炎，对人体有较大的毒性。当空气中氨气体积分数达到 0.5%～0.6% 时，人在其中停留 0.5h 就会中毒。故在船用制冷装置中一般已不再使用氨作为制冷剂。

2-13　什么叫共沸溶液制冷剂？它有哪些热力学特性？

答：共沸溶液制冷剂是由两种或两种以上不同的制冷剂按一定比例互相溶解而成的一种混合物。它的性质却与单一的化合物相同。在一定的压力下蒸发时保持一定的蒸发温度，并且它们的液态和气态的成分相同。共沸溶液的热力学性质与组成它的制冷剂热力学性质是不相同的。因此可以通过组成共沸溶液来改进单一制冷剂的特性。如用 R500 代替 R12，可使制冷机的制冷量增大 17%～18%；R502 代替 R22，排气温度可降低 10～15℃，且 R502 的单位容积制冷量比 R22 要大。

目前用作制冷剂的共沸溶液还只限于二元溶液，其热力学特性见表 2-2。

表 2-2　一些共沸溶液制冷剂的热力学特性

共沸溶液制冷剂代号	R500	R502	R503
化学分子式	$CCl_2F_2/CH_3 \cdot CHF_2$	$CHClF_2/CCl_2FCF_3$	$CHF_3/CClF_3$
相对分子质量	90.29	111.64	87.5
大气压下蒸发温度/℃	−33.3	−45.6	−88.7
凝固温度/℃	−158.8	—	—
临界温度/℃	105.0	90.2	19.5
临界压力（绝对）/MPa	4.543	4.453	4.378
p_0（绝对）（−15℃）/MPa	0.2187	0.357	—
p_k（绝对）（30℃）/MPa	0.903	1.335	—

2-14　R502 共沸溶液制冷剂有哪些主要特性？

答：R502 是由 R115 和 R22 分别以 51.2%、48.8% 的质量比混合而成的一种共沸溶液制冷剂。它比 R12 和 R22 具有更好的热力学性质和物理化学等特性。其主要特性是：

1）R502 最重要的性能之一是压缩机的排气温度低，R502 的排气温度与 R12 相接近，比 R22 要低 10～25℃。由于排气温度低，使曲轴箱内油温和电动机绕组温度均有明显下降，改善了制冷系统的工作条件，提高了机器的工作寿命。这一特点对全封闭和半封闭式制冷压缩机更为重要。而且冷凝温度可允许高达 55～60℃，就可用空气冷却式冷凝器来代替水冷却式冷凝器。

2）R502 的蒸发温度比单独的 R22 和 R115 的蒸发温度要低。R502 在标准的大气压下蒸发温度为−45.6℃，而 R22 为−40.84℃，R115 为−38℃。按其标准蒸发温度 R502 为中温制冷剂，R503、R504 属于低温制冷剂。

3）R502 在同一蒸发温度下的单位容积制冷量比 R22 大，采用 R502 的单级压缩机，制冷量可增加 5%～30%；双级压缩机，制冷量可增加 4%～20%。在低温下，制冷量的增加较大。

4）由于 R502 的比热大，循环量大，因而将蒸发器出来的气体与冷凝器出来的液体进行热交换更有利，可使该系统制冷系数得以提高。

5）压缩机的制冷量增加时，所消耗的功也增加，但功率增加速度慢一些。试验证明，当制冷量增加 14% 时功率仅增加 7%，因而提高了循环的制冷系数，提高制冷装置的经济性。

6）由于 R502 的蒸发压力高于大气压力，制冷系统内不会出现真空状态，避免了外界空气渗入系统的可能性。

7）R502 与 R22 一样具有毒性小、无爆炸和燃烧的危险，化学性能稳定的优点，对金属材料的腐蚀性能与 R12、R22 接近。由于 R502 中含有较多的 R115，而 R115 的分子极性比 R22 小，其化学性能比 R22 更不活泼，对橡胶、电动机、绝缘材料、塑料的腐蚀性更弱。

由于 R502 具有较好的热力学、化学和物理特性，是一种较理想的制冷剂，特别适用于单级、低温（蒸发温度低于−15℃）、风冷式冷凝器的全封闭或半封闭制冷压缩机。

8）R502 的主要缺点是：价格高，生产量少，目前尚未普及。很多使用 R502 的系统就是由 R22 系统改装而成的。这里需要提醒几点：

① 因为 R502 的密度比 R22 大，循环量大，要使用阻力较小的节流阀，一般阀的口径要加大或者减少毛细管的长度。整个系统的管径也应适当增大一些。

② 在传热方面，由于 R502 和 R22 的表面传热系数基本相同，使用 R502 时，制冷量增加，热交换面积应适当增大，一般与增大了的制冷量的热交换器相配合。

③ 对电动机的选择，考虑到 R502 的密度大，循环阻力大，电动机负荷较重，一般改用 R502 时电动机应选配一个功率大的电动机，以免过载。

2-15 R134a 新型制冷剂有哪些主要特性？

答：氟利昂是一种氯氟化碳化合物，有的氟利昂物质中还含有氢原子，如 R22。对于只含氯、氟、碳三种原子的氟利昂物质简称 CFCs；对于另外还含有氢原子的氟利昂物质简称为 HCFCs。几十年来的实际运用证明：CFCs 本身性能稳定、无毒、无腐蚀、不燃烧。迄今为止，世界还没有发现一种物质作为制冷剂和发泡剂达到 CFCs 的性能。CFCs 对人类的危害仅只是当其泄漏散发到大气中的平流层时，在紫外线的照射下，CFCs 分子中的氯原子会和臭氧发生化学反应，破坏臭氧层，分子中氯原子数越多，破坏作用越强。从而增强紫外线对地球的辐射量，导致人类皮肤癌发病率上升以及地球变暖等。

1）为保护环境，防止臭氧层的破坏和地球的温室效应，世界许多发达国家签订了《关于消耗臭氧物质的蒙特利尔议定书》。提倡世界各国冰箱生产企业，在冰箱生产中使用另外的化学物质替代 CFCs 作为制冷剂和发泡剂。我们所说的"无氟"冰箱即指：使用分子中不含氯原子或少含氯原子的 HCFCs 或 HFCs 化合物（严格来说"无氟"冰箱应称无氯或低氯冰箱）的冰箱。

2）自蒙特利尔议定书签订之后，世界许多国家已投入大量的人力和财力研究 CFCs 制冷剂的替代物质。目前，已研制出几种新型工质，如 HFC134a（R134a）、HCFC123（R123）等可以替代原有的制冷剂。还有一些共沸或非共沸混合工质也可用来作为新质的过渡物质，如 HCFC22/HFC152a/HCFC124 的混合物，HCFC22 (R22) 也可作为过渡工质替代 CFC12 (R12)。表 2-3 是几种可替代 CFCs 的新制冷剂。

3) CFC11 (R11)、CFC12 (R12) 等 CFC 工质对大气臭氧层破坏及使地球变暖的影响比 HFC 工质及 HCFC 工质要大得多。目前，一致认为 R134a (HFC134a) 是 R12 (CFC12) 和 R11 (CFC11) 最好的替代物，在房间空调上可用 R22 (HCFC22) 作为过渡工质替代 R12 (CFC12)。

表 2-3 可替代 CFCs 的新制冷剂

名称	R22 (HCFC 22)	R23 (HFC 23)	R123 (HCFC 123)	R124 (HCFC 124)	R125 (HFC 125)	R134a (HFC 134a)	R141b (HCFC 141b)	R142b (HCFC 142b)	R152a (HFC 152a)
分子式	$CHClF_2$	CHF_3	$CHCl_2CF_3$	$CHClCF_3$	CHF_2CF_3	CH_2FCF_3	CH_3CCl_2F	CH_3CClF_2	CH_3CHF_2
相对分子质量	86.47	70.01	152.9	136.5	120.02	102.0	116.95	100.47	66.0
标准沸点/ ℃ ℉	-40.74 -41.36	-82.03 -115.66	27.9 82.2	-11.0 12.2	-48.5 -55.3	-26.5 -15.7	32.0 89.6	-9.8 14.4	-24.7 -12.5
凝固点/ ℃ ℉	-160.0 -256.0	-155.2 -247.4	-107.0 -161.0	-199.0 -326.0	-103.0 -153.0	-101.0 -149.8	-103.5 -154.3	-130.8 -203.4	-117.0 -179.0
临界温度/ ℃ ℉	96.0 204.8	25.9 78.6	185.0 365.0	122.2 252.0	66.3 151.3	100.6 213.9	210.3 410.5	137.1 278.8	113.5 236.3
临界压力/ 0.1MPa	49.12	47.7	37.4	35.27	34.72	40.03	45.80	40.7	44.4
25℃ (77℉) 液体密度/ (g/mL)	1.194	0.670	1.46	1.364	1.25 (20℃)	1.202	1.23	1.12 (20℃)	0.911
25℃ (77℉) 液体比热容/ [J/(g·℃)]	1.257 0.300	1.446 0.345 (30℃)	1.018 0.243	1.131 0.270	1.261 0.301 (30℃)	1.429 0.341	1.156 0.276	1.299 0.310	1.676 0.400
气化潜热/ (J/g)	233.84 55.81	239.79 57.23	174.3 41.6	160.0 40.1	159.22 38.0	219.56 52.4	223.3 53.3	223.3 53.3	223.12 53.25
消耗臭氧潜能值[1]	0.05	0	0.02	0.02	0	0	0.10	0.06	0
全球警界潜能值[2]	0.3	—	0.02	0.10	0.58	0.26	0.09	0.36	0.03

[1] 相对 R11。

[2] 以 R12 值为 3 作依据，因而表中的值是除以 3 的 COP 值。

2-16　使用制冷剂应注意哪些事项？

答：制冷剂属于化学制品，物理性质、化学性质各不相同，在不同的温度下有不同的饱和压力。在常温下，有的压力高，有的压力低，有些制冷剂还有可燃性、毒性、爆炸性，所以在保管、使用、运输过程中必须注意安全，防止造成人身设备损害的事故发生，在使用和管理中应注意下列几点要求：

1）制冷剂钢瓶应放在阴凉通风处，防止高温和太阳暴晒。在搬运和使用时应小心轻放，禁止敲击，以防爆炸。

2）制冷剂在保存时，钢瓶阀门处绝对不应有慢性泄漏现象，否则不但会漏光制冷剂，还污染环境。

3）发现制冷剂有大量渗漏时，必须把门窗打开，设法通风，防止引起人身中毒和窒息。

4）盛装制冷剂的钢瓶必须经过严格的检验合格后才能使用，注意钢瓶上喷刷不同的颜色，以示区别（氨瓶为黄色、氟利昂瓶为银灰色），同时注明编写代号或名称，以示区别。

5）在使用时禁止用明火加热，一般条件下可用热水与热布贴敷。

6）对机组内充加制冷剂时应远离火源。如果空气中含有制冷剂气体时更应严禁明火。

7）从制冷系统中将制冷剂抽出压入钢瓶，钢瓶应得到充分的冷却，严格控制注入钢瓶的质量，决不能装满，一般按钢瓶容积的60%左右为宜，让其在常温下膨胀留有一定的余地。

8）在分装或充加制冷剂时，室内空气必须畅通，操作人员要戴手套、眼镜，以防止制冷剂喷出时造成冻伤。

2-17　水对氟利昂 R12 制冷系统有什么影响？

答：水对氟利昂 R12 制冷系统的影响如下：

1）氟利昂制冷剂对水的溶解一般较小，从图 2-6 和图 2-7 中可以看出，R12 对水的溶解度极小，因此，即使是很少量的水分进入制冷系统，也就会达到饱和溶解度以上，从低温侧进入装置的水分呈水蒸气状态，它和氟利昂蒸气一起被压缩而进入冷凝器，再冷凝成液态水，水以液滴状混于氟利昂液体中，在膨胀阀处因低温而冻结成冰，堵塞阀门，使制冷系统不能正常运转。

2）氟利昂族制冷剂因各自的特性不同，对水分的溶解量也不一样。例如 R22 中的氢原子与水分子之间的亲和力较强，液态 R22 对水分的溶解度大于 R12，所以 R22 膨胀阀内产生冰堵的可能性就小。

3）纯粹的 R12 对金属不起腐蚀作用，但当其中混有水分时，则就会逐渐使 R12 分解而腐蚀铁，并生成黑锈，但反应非常缓慢，如果再有氧存在，则化学反

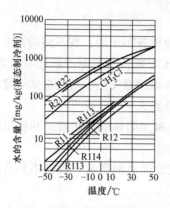

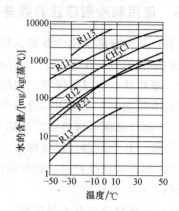

图 2-6　水在 R12 液态制冷剂中的　　图 2-7　水在 R12 干饱和蒸气中的
　　　　 最大含量　　　　　　　　　　　　 最大含量

应式如下：

$$CCl_2F_2+2H_2O \longrightarrow 2HCl + 2HF + CO_2\uparrow$$
　　（R12）（水分）　（盐酸）（氟化氢）（二氧化碳）

$$Fe + 2HCl \longrightarrow FeCl_2 + H_2\uparrow$$
　　（铁）　（盐酸）　（氯化亚铁）　（氢）

$$FeCl_2+2H_2O \longrightarrow Fe(OH)_2+2HCl$$
　　　　　　　　　　　　（黑铁）

$$2Fe(OH)_2+2H_2O+O \longrightarrow 2Fe(OH)_3$$
　　　　　　　（氧）　　　（红锈）

4）氟利昂 R12 与水反应生成 HCl 及 HF 两种酸，对制冷压缩机的金属零件、曲轴箱的视油镜以及对半封闭、全封闭制冷压缩机的电动机绕组等，均有相当程度的酸蚀作用。这会使制冷压缩机及整个制冷装置的使用寿命大为缩短，并容易造成电动机绕组受潮而导致击穿、烧毁，使绕组的绝缘漆膜被破坏。

5）反应式中产生的二氧化碳气体，虽然数量有限，但由于这些不凝性气体的存在，会引起排气压力增高、制冷装置的耗电量增大、制冷量降低等不正常现象的产生。

$$O+2HCl+2Cu \longrightarrow 2CuCl+H_2O$$

$$Fe+2CuCl \xrightarrow{H_2O} FeCl_2+2Cu$$

以上反应，会在钢铁表面形成铜原子的积沉而产生镀铜现象，如在阀板、活塞销、气缸等部位均会产生镀铜反应。镀铜反应进行时，由于这些铜原子是由铜制零部件（如连杆小头铜轴承、轴封铜制零件等）的表面逸出的，所以会使这些铜制零部件产生缺陷，造成使用寿命缩短，间隙过大，密封不良等后果。

6）为了防止 R12 制冷系统中含有水分，通常采取以下措施：

① 规定 R12 产品中的含水量不得大于 0.0025%（质量分数）。

② 制冷系统中在灌注 R12 以前，制冷机的管道及设备内要确保无水分。必要时需进行烘干，运行时要防止空气渗入制冷系统（因空气中含有水分）。

③ 制冷系统中装设干燥器，在干燥器中充装硅胶或分子筛等以吸收氟利昂中的水分，或在灌注 R12 时使它先经过干燥器。

2-18 制冷剂的毒性可分为哪几级？

答：在空调制冷系统中，有些制冷剂具有能直接侵害人体的毒性，有些制冷剂即使无毒、无刺激性，但若在空气中的含量过多，也会使人因缺氧而窒息。所以在使用制冷剂时应该注意制冷装置系统的泄漏。

制冷剂的毒性等级定为 6 级，1 级最大，6 级最小，每一级之间还可以分为更多的等级，以 a、b 表示，a 级的毒性比 b 级大，见表 2-4。

表 2-4　一些制冷剂的毒性参考数据

制冷剂	相对毒性级别	引起严重或致命后果时空气中含量及时间		停留 60min 无严重危险的含量（体积分数，%）	停留数小时能引起轻度症状的含量（体积分数，%）
		含量（体积分数，%）	时间/min		
SO_2	1	0.7	5	0.005~0.02	0.001~0.005
NH_3	2	0.5	30	0.03	0.01
R10	3	2.0~2.5	60	—	—
R40	4	2.5	120	0.7	0.05~0.1
R113	4	5	60	—	—
R21	4~5	10	30	—	—
R30	4a	5	30	—	—
CO_2	5	30	30	—	—
R11	5	10	120	—	—
R290	5	—	—	—	—
R22	5a	—	—	—	—
R500	5a	—	—	—	—
R502	5a	—	—	—	—
R170(乙烷)	5b	—	—	—	—
R290(丙烷)	5b	—	—	—	—
R12	6	30	120	28.5~30.4	20~40
R114	6	21	120	—	—
R13	6	—	—	—	—

为了防止制冷剂对人体的侵害，应该使机房内空气中制冷剂的含量不要超过允许的限度，这一限度大致如下：氨为 $0.02g/m^3$，碳氢化合物为 $30 \sim 40g/m^3$，各种氟利昂为 $100 \sim 700g/m^3$（按它的毒性级别而定）。

对于氨和氟利昂机房，应禁止明火，在氨机房中，应配备防毒面具、防护手套及急救药品，此外还应设置紧急泄氨器，当发生事故需要从系统中放掉氨液时，应通过紧急泄氨器把氨放入下水沟中，而不能直接泄放到空气中去。

2-19　润滑油对制冷压缩机的运转起什么作用？

答：制冷装置中的润滑油（也称冷冻油、冷冻机油），不仅在压缩机运转时起到润滑作用，而且还要和制冷剂相接触。各种制冷剂对润滑油的溶解度是各不相同的，对润滑油的黏度、凝固点等性能都有影响。采用不同的制冷剂，制冷压缩机的工作条件，如排气温度、高低压端压力都不同，这些温度和压力都对润滑油有影响，选择时都要加以考虑。

润滑油对制冷压缩机的运转起着十分重要的作用：

（1）润滑作用　润滑油对制冷压缩机中相互摩擦的零件进行润滑，减少机器运动部件的摩擦和磨损，延长设备的使用寿命。

（2）冷却作用　润滑油对机械进行润滑的同时，还能起到带走摩擦热量及气体在压缩过程中所产生的部分热量的作用，使运转机械保持较低的温度，可以提高制冷机的制冷效率和可靠性。

（3）密封作用　润滑油有一定的黏度，在有间隙的地方形成一层油膜，有利于轴封及气缸和活塞间的密封，提高整机的密封性，防止制冷剂的泄漏。

（4）润滑油还起着冲洗、减振、卸荷的作用　若摩擦表面存在金属碎屑、杂质等小颗粒，一旦嵌入摩擦面就会破坏油膜，而润滑油的流动油膜可以起一定的冲洗作用。由于轴在油膜上转动，液体油膜对振动有一定的缓冲作用，所以润滑油对机械有减振效果。同时油膜还可以将轴上负荷比较均匀地分布在摩擦面上，减轻局部载荷过于集中，也就是起卸荷的作用。

（5）消声作用　润滑油能阻挡声音的传递，可降低机器在运行中的噪声，有利于环境保护。

（6）用作能量调节机构的动力　带有能量调节机构的制冷压缩机，利用润滑油的油压作为能量调节机构的动力，以控制其卸载装置，从而达到控制投入运行的气缸数，以节省一部分能量消耗。

可见润滑油是机器正常运转的必要条件，对机器的使用寿命和正常运转起着相当重要的作用。

2-20　选用制冷压缩机润滑油有什么要求？

答：冷冻机油与制冷剂有很强的互溶性，并随制冷剂进入冷凝器和蒸发器，因此，冷冻机油不但要对运动部件起润滑和冷却作用，而且不能对制冷系统产生不良影响。所以，冷冻机油的物理性质、化学性质、热力性质应满足下列要求：

（1）黏度适当 黏度是表示流体黏滞性大小的物理量。黏度分为动力黏度和运动黏度两种，黏度随温度的升高而降低，随压力的上升而增大。黏度是冷冻机油的一项主要性能指标，因此，冷冻机油通常是以运动黏度值来划分牌号的。不同制冷剂要使用不同黏度（标号）的冷冻机油。如 R12 与冷冻机油互溶性强，使冷冻机油变稀，应使用黏度较高的冷冻机油。制冷系统工作温度低，应使用黏度低的冷冻机油；制冷系统工作温度高，应使用黏度高的冷冻机油。转速高的往复式压缩机及旋转式压缩机应使用黏度高的冷冻机油。

（2）浊点低于蒸发温度 冷冻机油中残留有微量的石蜡。当温度降到某一值时，石蜡就开始析出，这时的温度称为浊点。冷冻机油的浊点必须低于制冷系统中的蒸发温度，因为冷冻机油与制冷剂互相溶解，并随着制冷剂的循环而流经制冷系统的各有关部分，冷冻机油析出石蜡后，会堵塞节流阀孔等狭窄部位，或存积在蒸发器盘管的内表面，使传热效果变差。

（3）凝固点足够低 冷冻机油失去流动性时的温度称为凝固点，凝固点总比浊点低。冷冻机油的凝固点必须足够低，以 R12、R22 为制冷剂的压缩机，其冷冻机油的凝固点应分别低于−40℃、−55℃。冷冻机油中溶入制冷剂后，其凝固点会降低。如冷冻机油中溶入 R22 后，其凝固点会比纯油时降低 15~30℃。

（4）闪点足够高 冷冻机油蒸气与火焰接触时发生闪火的最低温度，叫作冷冻机油的闪点。冷冻机油的闪点应比压缩机的排气温度高 20~30℃，以免冷冻机油分解、结炭，使润滑性能和密封性能恶化。使用 R12 或 R22 为制冷剂的压缩机，其冷冻机油闪点应在 160℃以上；而在热带等高温环境（50℃左右）下使用的空调器，其冷冻机油闪点宜在 190℃以上。

（5）化学稳定性好 冷冻机油应与制冷剂不产生化学反应，对其他材料也不产生化学作用；在高温下不氧化、不分解、不出现结胶及结炭现象。冷冻机油与制冷剂接触，在全封闭式制冷压缩机中用 10 年或 15 年以上性能不变，要求有良好的化学稳定性和抗氧化稳定性。

（6）绝缘性能好 在半封闭式和全封闭式压缩机中，冷冻机油与电动机绕组及其接线柱的绝缘体直接接触，既不损坏电动机的绝缘物，而冷冻机油本身也要求有良好的绝缘性能。

（7）杂质含量低 制冷剂、冷冻机油溶液中若混入微量水分，则会加速该溶液的酸化作用，使制冷系统出现有害的镀铜现象，并使压缩机的电动机绝缘性能降低。因此，1kg 冷冻机油中含水量应低于 40mg。冷冻机油在生产过程中虽然经过严格的脱水处理，但它有很强的吸湿性，因此，冷冻机油贮存中要做好容器的密封工作，勿让其长时期与空气自然接触。冷冻机油中若含有机械杂质，则会加速运动机件的磨损，并引起油路堵塞，所以，冷冻机油应不含机械杂质。

2-21 目前国产冷冻机油有哪几种牌号和性能?

答：目前国产冷冻机油有 13 号、18 号、25 号、30 号和 40 号五种，其牌号按运动黏度来标定，黏度大，标号高。其中 13 号有两种，除一种凝固点为 -40℃ 以外，还有一种凝固点为 -25℃，供蒸发温度较高的冷藏柜和空调以及生产化肥等制冷系统上用。

1）13 号冷冻机油主要用于氨、CO_2 作制冷剂，转速较低、负荷较小的活塞式制冷机。

2）18 号冷冻机油主要用于对冷冻机油要求较高的 R12 制冷机上。对采用其他制冷剂的制冷压缩机也适用。

3）25 号、30 号、40 号冷冻机油可用于转速负荷大的活塞式制冷压缩机。当前活塞式制冷压缩机向着多缸、高速、高负荷等方向发展，也就需要高黏度的冷冻机油。

4）国产冷冻机油见表 2-5。

表 2-5　国产冷冻机油（SH0349）

项　　目	质量指标					试验方法
黏度等级	N15	N22	N32	N46	N68	GB 3141
运动黏度(40℃)/(mm²/s)	13.5~16.5	19.8~24.2	28.8~35.2	41.4~50.6	61.2~74.8	GB 265
闪点(开口)/℃,不低于	150	160	160	170	180	GB 267
凝点/℃,不高于	-40				-35	GB 510
倾点/℃	—					GB 3535
酸值/[mg(KOH)/g],不大于	0.02			0.03	0.05	GB 264
水溶性酸或碱	无					GB 259
腐蚀(T3铜片,100℃,3h),不大于	1					GB 5096
氧化安定性: 氧化后酸值/[mg(KOH)/g],不大于 氧化后沉淀物的质量分数(%),不大于	0.05 0.005	0.2 0.02	0.05 0.005	0.10 0.02		SY 2652 及注1
机械杂质	无					GB 511
水分	无					GB 260
水分/(μL/L)	—					SY 2122
颜色/号						GB 6540
浊点(与氟氯烷的混合液)/℃,不高于	—	—	-28	—	—	SY 2666
灰分(%),不大于	0.005	0.01	0.005	0.01		GB 508

注：1. 氧化条件：140℃，14h，空气流量为 50mL/min。

2. N32 号冷冻机油不得加入降凝剂。

3. 供蒸发温度不低于 -20℃ 的冷冻机使用的 N22 冷冻机油允许其凝点不高于 -25℃。

2-22 什么叫冷冻机油和制冷剂的击穿电压？

答：击穿电压是表示冷冻机油和制冷剂电绝缘性能的一个指标。半封闭式和全封闭式压缩机的电机绕组及其接线柱与冷冻机油直接接触，因此，要求冷冻机油有良好的绝缘性能。纯净的冷冻机油的绝缘性能一般都很好，但是，若油中含有水分、尘埃等杂质，则其绝缘性能就会降低。

1）击穿电压测定的方法为：将冷冻机油倒入装有一对 2.5cm 间隙的电极的玻璃容器内，电极通电后逐渐升高电压，直到冷冻机油的绝缘被破坏而发出激烈的响声，此时的电压值就是这种油的击穿电压。冷冻机油的击穿电压要求是 25kV 以上。

2）封闭式和半封闭式压缩机中的制冷剂也要求有良好的电绝缘性能，制冷剂的电击穿强度见表 2-6，制冷剂的相对绝缘强度见表 2-7。

表 2-6 制冷剂的电击穿强度 （单位：kV/m）

制冷剂	R11	R12	R21	R22	R113	R114	R717（氨）
液体	111	148	122	120	126	126	—
气体（1atm，0℃）	108	148	—	170～180	170～180	—	31

表 2-7 制冷剂的相对绝缘强度 （23℃，以氮为1）

制冷剂	相对绝缘强度	制冷剂	相对绝缘强度
R11	3.1	R114	2.8
R12	2.4	R115	2.11
R13	1.4	R502	2.34
R14	1.0	R40	1.06
R21	1.3	R717	0.83
R22	1.3	R744	0.88
R113	2.6(0.4atm)	—	—

2-23 怎样从冷冻机油的外观初步判断冷冻机油的质量变化？

答：冷冻机油的质量好坏与否，应通过一定的化学和物理分析、化验得出。平时在使用过程中，也可以从其颜色、气味直观地判断出好坏情况。

当冷冻机油中含有杂质或水分时，其透明度降低；当冷冻机油变质时，其颜色就变深。因此，可在白色干净的吸黑纸上滴一滴冷冻机油，若油迹颜色浅而均匀，则冷冻机油质量尚可；若油迹呈一组同心圆状分布时，则冷冻机油内含有杂质；若油迹呈褐色斑点状分布，则冷冻机油已变质、不能使用。优质冷冻机油应是无色透明的，使用一段时间后会变成淡黄色，随着使用时间的延长，油的颜色会逐渐变深，透明度变差。若冷冻机油变成桔红色或红褐色，则应更换。但要正确判断使用中的冷冻机油的质量，必须对它进行定性和定量的分析，应定期采油样送化验部门去鉴定。

2-24　冷冻机油变质的主要原因是什么？

答：冷冻机油变质的主要原因是：

（1）混入水分　冷冻机油在生产过程中都经过严格的脱水处理，本应不含水分，但脱水的冷冻机油有很强的吸湿性，当冷冻机油和空气接触时，能够从空气中吸取水分。因此在储藏、运输和灌入制冷系统过程中，与空气接触后会混进一些水分。另外，也有可能是制冷剂氨中含水分较多，使水分混入冷冻机油。冷冻机油含有水分，会加剧油的化学变化并引起对金属的腐蚀作用，同时，还会在膨胀阀处引起结冰，造成堵塞故障。

（2）氧化　冷冻机油在使用过程中，当压缩机的排气温度较高时，就可能引起氧化变质。发生氧化时，芳香族烃变成暗黑色的氧化物，它不溶解于冷冻机油中。当冷冻机油在高温下和垫片、制冷剂、水分、金属、空气相接触时，会引起分解、聚合、氧化等反应生成沥青质的结焦，甚至出现纯粹的焦炭。这些物质附着在阀片上，将影响气阀的工作，同时也会阻塞过滤器、油路及膨胀阀。此外，还会导致冷冻机油黏度升高，润滑性能下降。冷冻机油的机械杂质会加剧运动件摩擦面的磨损，会加速它的老化或氧化变质。

（3）污染　若装冷冻机油的容器不清洁，有锈或有少量其他牌号的油，会降低冷冻机油的黏度，甚至会破坏油膜的形成，使轴承和其他润滑面受到损害。在制冷机的修理过程中，有时缺乏原规定的冷冻机油，而添加入另一种牌号的冷冻机油，如果它们含有不同性质的抗氧化添加剂，混合在一起时，有可能产生化学变化，形成沉淀物，使压缩机的润滑受到影响。

若发现冷冻机油已变质，就应该更换新油，换下来的油就不要再继续使用。

2-25　冷冻机油如何使用和管理？

答：冷冻机油在使用时主要考虑运动黏度和凝固点以及闪点、酸值、击穿电压等。质量不合格一般主要是由于水分和机械杂质以及氧化变质所引起。如果管理不善，冷冻机油在长期贮存过程中会与氧气接触引起氧化变质。特别是水分的混入会引起蒸发系统产生冰塞现象，降低制冷能力，或引起设备腐蚀，产生乳化现象而恶化润滑条件，加速油的变质和使其绝缘性能变坏。防止冷冻机油中水分增加，是冷冻机油质量管理工作中的主要环节。机械杂质会堵塞过滤器和油路，加剧运动件摩擦面的磨损。所以要防止机械杂质（有机填料、尘埃）进入油内。若装油的容器不清洁，有锈和杂质或有少量其他牌号的油都会污染冷冻机油，降低油的质量。

防止冷冻机油变质，应采取以下措施：

（1）降低贮存温度　贮存温度越高，氧化反应速度越快，油也就容易氧化变质。为了防止油氧化变质，油料应放在阴凉、温度较低处，减少阳光暴晒。

（2）减少与空气接触　盛装油料的容器应尽量装满，以减少与空气接触的机会和减少蒸发损失。贮存的桶、罐等容器一定要配有胶圈，盖子一定要拧紧，密封贮存能保证油的清洁，延缓氧化变质和减少油料吸收空气中水分的机会。

（3）防止混入水和机械杂质　冷冻机油对含水量要求十分严格，必须杜绝水分进入盛油容器。拧紧桶盖密封可减少水分与杂质进入油中。

（4）防止混油或污染变质　盛装冷冻机油的容器最好是专用的。装过其他油料，而又未经彻底刷洗处理的容器，不允许装入冷冻机油，以免污染影响质量。即使同名称而性质不同的油料如要混装，必须经过小型掺混试验后，无异常化学变化发生，方可考虑混装。在混装后一定要保证符合油料规格标准。

2-26　什么叫载冷剂？载冷剂应具备哪些基本性质？

答：载冷剂是指间接冷却系统中运载冷量的媒介物质，又称冷媒。载冷剂在蒸发器中被制冷剂冷却后，送到冷却设备中，吸收被冷却物体的热量，再返回蒸发器将吸收的热量传递给制冷剂，载冷剂重新被冷却，如此循环不止，以达到连续制冷的目的。载冷剂是依靠吸收显热起运载冷量的作用，而制冷剂是依靠蒸发时吸收汽化潜热来制冷的。

载冷剂的种类很多，理想的载冷剂必须具备下列条件：

1）载冷剂的比热容要大，载冷剂比热容大，载冷量就大，在传送一定冷量时载冷剂的流量就小，可以减少输送载冷剂循环泵的功率。

2）凝固点低，在系统的工作温度范围内，所选用的载冷剂是液体状态，其凝固点应比该系统中制冷剂的蒸发温度低 4~8℃，其沸点应高于系统可能达到的最高温度，且越高越好。

3）密度小、黏度小，循环时的流动阻力小，压力损失也减少，可以减少能耗。

4）腐蚀性要小，载冷剂不腐蚀设备、管道和阀件材料。

5）化学稳定性好，在大气条件下，不分解，不与空气中的氧化合，不改变其物理性质、化学性质。

6）无毒、安全、价格低廉又容易获取。

2-27　常用载冷剂有哪些主要性质？

答：载冷剂的种类很多，常用的载冷剂按其工作温度大致可分三类：

（1）水——高温载冷剂　水作为载冷剂具有比热容大、不燃烧、不爆炸、无毒无味、化学稳定性好、价格低廉又容易获得等优点。但水的凝固点高（大气压力下，水的凝固点为0℃）是一个很大的缺点，大大限制了水在制冷工程中作载冷剂的使用范围。然而，在空气调节系统中用水作载冷剂是很理想的。

（2）盐水溶液——中温载冷剂　盐水溶液一般是用氯化钠（NaCl）、氯化钙（$CaCl_2$）配制而成，它适用于−50~5℃的制冷装置。

1) 盐水的性质与溶液中的盐量多少有关。盐水的凝固点取决于盐水的含量，图 2-8 中的 a 和 b 图分别表示氯化钠盐水和氯化钙盐水的凝固点与含量关系。图线中左边曲线表示出随盐水的含量增加，盐水的凝固点就降低，一直到冰盐共晶点为止，此点相当于全部盐水冻结成一块冰盐结晶体，冰盐共晶点是最低的冰点，如果盐水的含量不变，而温度降低，低于该含量所对应的冰点时，则有冰从盐水中析出，所以共晶点左面的曲线就是析冰线。由此可见，当盐水含量一定时，其凝固点的温度也是一定的，在一定范围内，含量增加，冰点降低。当含量超过共晶点时，就会有结晶盐从盐溶液中析出而冰点升高，所以冰盐共晶点右面的曲线又称析盐线。不同的盐水溶液共晶点是不同的，如氯化钠盐水，质量分数为 23.1% 时，共晶点温度为 $-21.2℃$；氯化钙盐水，质量分数为 29.9% 时，其共晶点温度为 $-55℃$。所以我们在选择盐水溶液时，盐的含量一定要适中。过大和过小都是不利的。一般情况是使盐水凝固点比系统中制冷剂蒸发温度低 4~8℃。

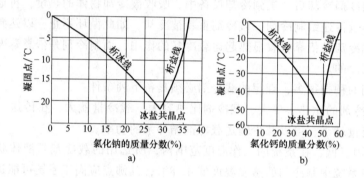

图 2-8　盐水凝固点与含量关系
a）氯化钠（NaCl）盐水　b）氯化钙（$CaCl_2$）盐水

2) 氯化钠等盐水溶液最大的缺点是对金属有强烈的腐蚀作用。实践证明，金属被腐蚀与盐水溶液中的含氧量有关，含氧量越大，腐蚀性越强。盐水中的氧主要来自空气，为了减少含氧量最好采用封闭式盐水系统，减少与空气接触。此外，可向盐水中加一定量的缓蚀剂，一般采用氢氧化钠（NaOH）和重铬酸钠（$Na_2Cr_2O_7$），溶液呈碱性反应（pH 值≈8.5），可用酚酞试剂测试。注意重铬酸钠有毒，能使皮肤破裂，有腐蚀作用，调配溶液时应小心。

3) 盐水中加缓蚀剂最适宜的添加量为：

$1m^3$ 氯化钠盐水溶液应加入 NaOH 0.87kg、$Na_2Cr_2O_7$ 3.2kg。

$1m^3$ 氯化钙盐水溶液应加入 NaOH 0.32kg、$Na_2Cr_2O_7$ 1.6kg。

重铬酸钠与氢氧化钠的质量之比应为 100：27，即每 100kg 重铬酸钠需加入 27kg 氢氧化钠。

缓蚀剂与氯化钙和氯化钠的质量之比见表 2-8。

表 2-8　缓蚀剂与氯化钙和氯化钠的质量之比

氯化钙溶液		氯化钠溶液	
盐水密度 /(kg/L)	每100kg氯化钙(73%纯度)应用重铬酸钠量/kg	盐水密度 /(kg/L)	每100kg氯化钠应用重铬酸钠量/kg
1.160	0.695	1.118	1.79
1.169	0.656	1.126	1.67
1.179	0.621	1.134	1.57
1.188	0.587	1.142	1.47
1.198	0.556	1.150	1.39
1.208	0.528	1.158	1.32
1.218	0.502	1.166	1.24
1.229	0.478	1.175	1.18
1.239	0.455	—	—
1.250	0.453	—	—

（3）有机物——低温载冷剂　如乙二醇、丙二醇、酒精（乙醇）、二氯甲烷（R30）等有机物溶液，它们的凝固点很低，适用于作低温载冷剂，其主要特性：

1）乙二醇（$CH_2OH \cdot CH_2OH$）。纯乙二醇溶液无色、无味、无电解性、无燃烧性，它的凝固点随温度增加而降低。乙二醇载冷剂略有腐蚀性，需加缓蚀剂以减轻其腐蚀作用。

2）丙二醇（$CH_2OH \cdot CHOH \cdot CH_3$）。它与乙二醇相同，也是无色、无味、无电解性的溶液。丙二醇是无毒的，是极稳定的化合物，可与食品直接接触而不会引起污染。因此一些接触式冻结食品装置中，采用丙二醇为载冷剂。丙二醇与乙二醇盐水的含量与凝固点的关系见表2-9。

表 2-9　丙二醇与乙二醇盐水的含量与凝固点的关系

含量(体积分数,%)	5	10	15	20	25	30	35	40	45	50	55	59
丙二醇盐水的凝固点/℃	-1.7	-3.3	-5.3	-7.2	-9.7	-12.8	-16.4	-20.9	-26.1	-32.0	-39.7	-50
乙二醇盐水的凝固点/℃	—	-3.7	-5.2	-8.7	-12.0	-15.9	-20.0	-24.7	-30.0	-35.9	—	—

丙二醇水溶液的凝固点随含量增大而降低，纯丙二醇溶液的凝固点为-60℃。

3）酒精（C_2H_5OH）。酒精又称乙醇，为芳香味液体，凝固点为-114℃，可用作低温（-100℃以上）载冷剂。酒精可以溶于水，遇火可以点燃。

4）二氯甲烷（CH_2Cl_2，代号R30）。它是无色液体，凝固点为-97℃，黏度小，可作为低温（-90℃以上）载冷剂。

水在二氯甲烷中的溶解度很小，当有微量水存在时不与铝、银、锡、铅等金属起作用。80℃时会腐蚀黄铜、青铜、锌等，在高温下有水分存在时会腐蚀铁。

二氯甲烷能以任何比例溶于矿物油中。

2-28 为什么要测定盐水的密度？

答：盐水在工作过程中，会因吸收空气中的水分而使浓度降低，特别是在敞开式盐水制冷系统中，如制冰池中的盐水，不仅会吸收空气中的水分，而且由于冰桶将融冰池中的水分带入盐水，时间一久，盐水的浓度会降低，为防止盐水浓度降低，引起凝固温度升高，故必须定期用比重计测定盐水的密度。若浓度降低时，应补充盐量，使其保持在适当的浓度。

图 2-9 所示为盐水密度的测定方法，将盐水放入量筒中，盐水的温度应保持在 15℃（用温度计测得），把液体比重计放入盐水中，在盐水液面处读出密度的数值。

因为盐水的密度与温度有关，比重计上的刻度及盐水特性表上所示的密度，都是以 15℃ 为标准，故测定盐水密度时，应将盐水温度保持在 15℃，这样测定方法才能比较准确。

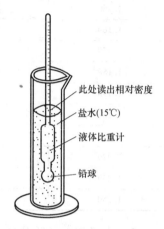

此处读出相对密度
盐水(15℃)
液体比重计
铅球

图 2-9 盐水密度的测定方法

NaCl 及 CaCl$_2$ 盐水的密度见表 2-10。

表 2-10 NaCl 及 CaCl$_2$ 盐水的密度 （单位：kg/L）

溶液中的含盐量(质量分数,%)	盐水温度/℃						溶液中的含盐量(质量分数,%)	盐水温度/℃					
	15	±0	-5	-10	-15	-20		15	±0	-10	-20	-30	-40
	NaCl							CaCl$_2$					
10	1.075	1.078	1.079	—	—	—	15	1.132	1.137	1.140	—	—	—
11	1.082	1.086	1.087	—	—	—	16	1.142	1.174	1.150	—	—	—
12	1.089	1.093	1.095	—	—	—	17	1.151	1.157	1.160	—	—	—
13	1.098	1.101	1.102	—	—	—	18	1.161	1.167	1.170	—	—	—
14	1.103	1.108	1.110	—	—	—	19	1.171	1.177	1.180	—	—	—
15	1.111	1.116	1.117	1.119	—	—	20	1.181	1.187	1.190	—	—	—
16	1.119	1.124	1.125	1.125	—	—	21	1.191	1.197	1.201	1.205	—	—
17	1.127	1.133	1.134	1.135	—	—	22	1.201	1.207	1.211	1.215	—	—
18	1.134	1.141	1.142	1.144	—	—	23	1.211	1.218	1.222	1.226	—	—
19	1.141	1.147	1.148	1.149	1.151	—	24	1.222	1.228	1.233	1.237	—	—
20	1.151	1.158	1.160	1.162	1.163	—	25	1.232	1.239	1.244	1.248	—	—
21	1.160	1.165	1.168	1.169	1.171	—	26	1.243	1.250	1.254	1.259	1.263	—
22	1.168	1.174	1.176	1.178	1.180	—	27	1.252	1.261	1.266	1.270	1.275	—
23	1.174	1.181	1.183	1.185	1.187	1.188	28	1.264	1.272	1.277	1.282	1.287	—
24	1.184	1.191	1.194	1.196	1.198	—	29	1.275	1.283	1.288	1.293	1.298	1.303
25	1.193	1.199	1.202	1.204	—	—	30	1.286	1.294	1.298	1.304	1.310	1.315

根据经验，氯化钙盐水的密度在 1.20~1.24kg/L 之间（15℃）的腐蚀性最弱，氯化钠盐水的密度在 1.15~1.18kg/L 之间（15℃）的腐蚀性最弱。

第3章

活塞式制冷压缩机的维护

3-1 制冷压缩机如何分类？

答：压缩机是冷冻空调系统的心脏，是使制冷系统能保持循环运作的关键部件。压缩机的作用是吸取蒸发器中低压低温气体制冷剂，然后压缩成为高压高温的气体制冷剂，并排至冷凝器冷却。

目前生产和使用的制冷压缩机的种类和形式很多，根据工作原理可以分为容积型压缩机和速度型压缩机两大类。

（1）容积型压缩机　容积型压缩机是用机械的方法使密闭容器容积缩小，此时容积内的气体分子彼此靠近，单位容积内的分子数量增加，撞击器壁的次数增加，从而提高了气体压力，这种借容积改变来提高气体压力的机械称为容积型压缩机。

容积型压缩机根据其运动形式，可分为往复式压缩机和回转式压缩机，前者的活塞在气缸内做往复运动（如活塞式制冷压缩机），后者的活塞在气缸内作回转运动（如螺杆式、刮片式等制冷压缩机）。

（2）速度型压缩机　用机械的方法使流动的气体获得很高的流速，然后再急剧减速，在减速过程中，气体分子彼此靠近，压力得以提高（气体分子的速度转化为压力），属于这一类型的压缩机有离心式压缩机和轴流式压缩机两种，其中应用较广的是离心式压缩机。

3-2 往复活塞式制冷压缩机的工作原理是什么？

答：活塞式制冷压缩的工作循环可分为吸气过程、压缩和排气过程、膨胀过程。现简述如下：

（1）吸气过程　活塞向下运动时，排气阀自行关闭，气缸内的压力迅速下降。当气缸内的压力低于吸气室中压力时，吸气阀便自行开启，制冷剂蒸气从吸气室通过吸气阀进入气缸内。当活塞运行到下止点（死点）时，吸气过程结束。压缩过程即将开始。

（2）压缩和排气过程　活塞向上运动，吸气阀自行关阀，气缸内的压力即刻上升，当气缸内的蒸气压力上升到大于排气室中压力时，排气阀自行开启，气缸内的制冷剂蒸气经排气阀进入排气室，直到活塞运行到上止点时排气过程结束。

（3）膨胀过程 活塞再次向下运动，排气阀关闭，气缸余隙容积中还残留着少量与排气压力相等的蒸气。随着活塞下行，这部分蒸气体积膨胀。显然，余隙容积中残留的气体膨胀后要在气缸内占据一小部分吸气容积，使一部分蒸气反复地在气缸内压缩和膨胀。所以余隙容积越小越好。往复活塞式压缩机因为结构和工艺上的需要，余隙容积不能完全消除。一般应控制在一个合适的范围。

3-3 活塞式制冷压缩机有什么性能特点？

答：活塞式制冷压缩机与离心式和螺杆式制冷压缩机相比，具有如下一些突出的优点：

1）压力范围广，且压力不随排气量而变，能适应比较宽广的冷量要求，特别适用于中小制冷量的冷冻站。

2）热效率较高，单位电耗相对较少。

3）无须耗用特殊钢材，加工比较容易，造价也较低廉。离心式制冷机使用的材料，无论是壳体、叶轮、叶轮轴、隔板或迷宫等，均需使用高级合金钢，而活塞式则一般多使用黑色金属。螺杆式制冷机除油分离器需要使用不锈钢丝网外，并不需要耗费什么贵重的材料，但螺杆式压缩机转子的加工比较困难，一般多使用专用铣床，公差及装配要求也均较活塞式高。由于所用材料和加工要求不同，产品在价格上也往往相差悬殊。

4）制造较有经验，装置系统比较简单，国内产品也成系列，品种较全。正由于上述原因，致使活塞式压缩机直到目前为止，几乎在各种制冷，特别是中小制冷量的场合，都仍然广泛使用，成为制冷压缩机中使用最广、生产批量最大的一种机型。

但活塞式压缩机有它的严重缺点：活塞式压缩机因活塞作直线往复运动，产生惯性力，致使转速受到限制；单机排气量较大时，机器显得笨重，必须设吸、排气阀；易损件多；及运转时有振动；输气不连续；气体压力有脉动等。这些方面，活塞式压缩机远劣于离心式和螺杆式压缩机。

3-4 什么叫开启式、半封闭式和全封闭式制冷压缩机？它们有哪些基本参数？

答：活塞式制冷压缩机按其"密封"程度分为开启式制冷压缩机、半封闭式制冷压缩机和全封闭式制冷压缩机3类。

（1）开启式制冷压缩机 压缩机曲轴的功率输入端伸出曲轴箱外，通过联轴器或带轮和电动机相连接，因此在曲轴伸出端处必须装有轴封，以免制冷剂向外泄漏，这种形式的压缩机称为开启式压缩机。

我国开启活塞式制冷压缩机气缸直径有 50mm、70mm、100mm、125mm、170mm 5 种基本系列，基本参数见表 3-1。

表 3-1 开启活塞式制冷压缩机基本参数

缸径/mm	行程/mm	缸数	R717 转速/(r/min)	R717 标准制冷量/10^4 W	R717 标准轴功率/kW	R717 单位制冷量质量/(kg/kW)	R22 转速/(r/min)	R22 标准制冷量/10^4 W	R22 标准轴功率/kW	R22 单位制冷量质量/(kg/kW)	R12 转速/(r/min)	R12 标准制冷量/10^4 W	R12 标准轴功率/kW	R12 单位制冷量质量/(kg/kW)
50	40	2	—	—	—	—	1440	0.588	1.67	11.50	1440	0.348	1.138	18.40
		3	—	—	—	—	1440	0.857	2.49	10.00	1440	0.510	1.690	16.00
		4	—	—	—	—	1440	1.116	3.30	8.66	1440	0.095	2.24	14.20
		6	—	—	—	—	1440	1.674	4.93	7.08	1440	1.043	3.33	11.40
		8	—	—	—	—	1440	2.232	6.55	5.94	1440	1.391	4.44	9.50
70	55	2	1440	1.53	4.52	9.90	1440	1.468	4.35	10.30	1440	0.921	3.01	16.40
		3	1440	2.29	6.75	8.90	1440	2.203	6.49	9.25	1440	1.384	4.49	14.70
		4	1440	3.06	8.88	8.00	1440	2.931	8.54	8.30	1440	1.842	5.94	13.20
		6	1440	4.01	13.40	6.40	1440	4.408	12.90	6.55	1440	2.768	8.86	10.60
		8	1440	6.12	17.80	5.30	1440	5.873	17.10	5.54	1440	3.687	11.70	8.90
100	70	2	960	2.71	8.12	10.70	960	2.605	7.80	11.10	1440	2.442	7.98	11.95
		4	960	5.42	16.0	7.90	960	5.210	15.40	8.20	1440	4.885	15.70	8.75
		6	960	8.13	23.8	6.60	960	7.815	22.90	6.55	1440	7.324	23.50	7.00
		8	960	10.84	31.6	5.62	960	10.42	30.40	5.83	1440	9.769	31.10	6.25
125	100	2	960	6.11	18.3	12.40	960	5.873	17.60	12.90	960	3.663	12.0	20.60
		4	960	12.21	36.1	9.10	960	11.746	34.70	9.45	960	7.327	23.6	15.20
		6	960	18.38	53.9	7.28	960	17.619	51.70	7.55	960	10.991	35.2	12.10
		8	960	24.42	71.2	6.50	960	23.493	68.50	6.74	960	14.654	46.7	10.80
170	140	2	720	12.79	36.4	15.80	720	12.328	35.10	16.40	720	7.676	24.0	26.30
		4	720	25.59	71.9	11.60	720	24.666	69.30	12.00	720	15.352	47.0	19.30
		6	720	38.38	107.1	9.30	720	36.983	103.30	9.65	720	23.028	70.7	15.50
		8	720	51.17	142.0	8.30	720	49.311	137.00	8.30	720	30.703	93.6	13.80

（2）半封闭式制冷压缩机 由于开启式压缩机轴封的密封面磨损后会造成泄漏，增加了操作维护的困难，人们在实践的基础上，将压缩机的机体和电动机的外壳连成一体，构成一密封机壳，这种形式的压缩机称为半封闭式压缩机。

我国半封闭活塞式制冷压缩机气缸直径有 50mm、70mm、100mm 3 种基本系列，其基本参数见表 3-2。

（3）全封闭式制冷压缩机 压缩机与电动机一起装置在一个密闭的铁壳内，形成一个整体，从外表上看，只有压缩机的吸、排气管的管接头和电动机的导线，这种形式的压缩机，称为全封闭式压缩机。压缩机的铁壳分成上、下两部分，压缩机和电动机装入后，上下铁壳用电焊焊成一体，平时不能拆卸，因此要求机器使用可靠。

表 3-2 半封闭活塞式制冷压缩机基本参数

缸径/mm	行程/mm	缸数	R22			R12		
			转速/(r/min)	标准制冷量/10⁴ W	单位制冷量质量/(kg/kW)	转速/(r/min)	标准制冷量/10⁴ W	单位制冷量质量/(kg/kW)
50	40	2	1440	0.500	22.79	1440	0.3187	33.72
		3	1440	0.751	18.14	1440	0.479	26.75
		4	1440	1.001	16.17	1440	0.638	23.84
		6	1440	1.500	13.14	1440	0.958	19.30
		8	1440	2.000	11.28	1440	1.277	16.74
70	55	2	1440	1.419	21.05	1440	0.900	31.05
		3	1440	2.128	16.98	1440	1.349	25.12
		4	1440	2.838	14.77	1440	1.803	21.75
		6	1440	4.257	11.86	1440	2.698	17.79
		8	1440	5.675	10.35	1440	3.605	15.23
100	70	2	960	2.500	22.21	1440	2.373	19.65
		4	960	5.000	17.21	1440	4.745	14.65
		6	960	7.501	14.07	1440	7.129	13.14
		8	960	10.001	13.37	1440	9.502	11.16

我国全封闭活塞式制冷压缩机气缸直径有 40mm、50mm 两种基本系列，分为高温用和低温用两类，基本参数见表 3-3。

表 3-3 全封闭活塞式制冷压缩机基本参数

类型	制冷剂	缸径/mm	行程/mm	缸数	转速/(r/min)	名义制冷量/W	配用电动机功率/kW
高温用	R22	40	25	1	2820	4070.5	1.1
				2	2880	8373.6	2.2
				3	2880	12560.4	3
				4	2880	16747.2	4
		50	30	1	2880	7908.4	2.2
				2	2880	15816.8	4
				3	2880	23725.2	5.5
				4	2880	31633.6	7.5
低温用	R12	40	25	1	2820	1279.3	0.75
				2	2820	2558.6	1.5
				3	2880	3942.57	2.2
				4	2880	5256.76	3

（续）

类型	制冷剂	缸径/mm	行程/mm	缸数	转速/(r/min)	名义制冷量/W	配用电动机功率/kW
低温用	R12	50	30	1	2820	2453.93	1.1
				2	2880	5024.16	2.2
				3	2880	7536.24	3
				4	2880	10048.32	4
	R22	40	25	1	2820	2093.4	1.1
				2	2880	4303.1	2.2
				3	2880	6454.64	3
				4	2880	8606.2	4
		50	30	1	2880	4070.5	2.2
				2	2880	8141	4
				3	2880	12211.5	5.5
				4	2880	16282	7.5
	R502	40	25	1	2820	2116.66	1.1
				2	2880	4349.62	2.2
				3	2880	6524.43	—
				4	2880	8699.24	4
		50	30	1	2880	4117.02	2.2
				2	2880	8234.04	4
				3	2880	12351.06	5.5
				4	2880	16468.08	7.5

3-5 开启式、半封闭式制冷压缩机有什么结构特点？

答：开启式和半封闭式活塞式制冷压缩机习惯又称为高速多缸型制冷压缩机。这两类压缩机在结构上有共同点，也有不同点。开启式制冷压缩机典型机器的总体结构如图 3-1 所示，半封闭式制冷压缩机典型机器的总体结构如图 3-2 所示。

（1）开启式和半封闭式制冷压缩机结构上的共同点　开启式和半封闭式制冷压缩机均为单作用逆流式，一般采用单曲拐或双曲拐曲轴，每个曲拐带动 1~5 组连杆—活塞组件。气缸呈立式、V 形、W 形、扇形布置，见表 3-4，因而结构紧凑、动力平衡性好。压缩机是按 R717（NH$_3$）、R22 和 R123 种制冷剂通用的要求设计的，只需要更换气阀弹簧、安全阀及部分零件的材料即可使用不同制冷剂，压缩机上设有卸载装置，通过油压传动，可逐个或成组控制工作的气缸数，因而压缩

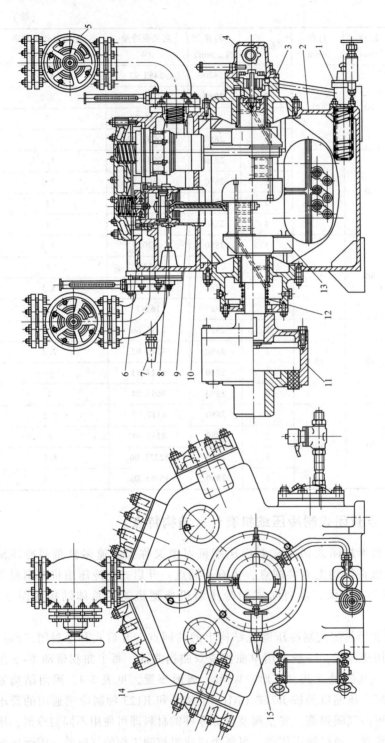

图 3-1 开启式制冷压缩机（8AS12.5）总体结构

1—三通阀 2—机体 3—液压泵 4—滤油器 5—直通阀 6—阀板 7—放空阀 8—卸载装置
9—活塞 10—连杆 11—联轴器 12—轴封 13—曲轴 14—安全阀 15—油压调节阀

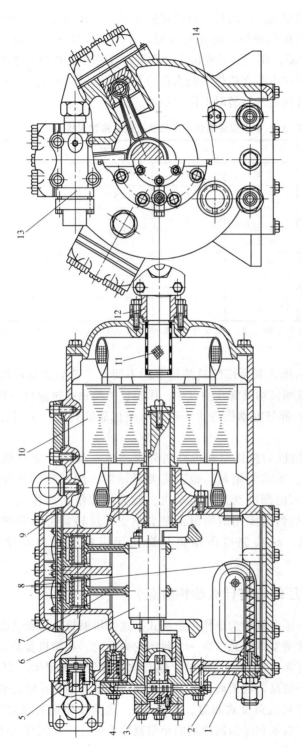

图 3-2 半封闭式制冷压缩机（6FW5B）总体结构

1—机体 2—油过滤器 3—液压泵 4—卸载装置 5—止回阀 6—曲轴 7—活塞连杆 8—冷却器
9—气阀 10—电动机 11—吸气滤网 12、13—直角截止阀 14—电加热器

机可以实现空载或轻载起动，同时还可以按需要实现人工或自动能量调节。气缸上设有假盖，便于液击时排出液体，防止机器损坏。凡使用排气温度较高的制冷剂（如 R717、R22）的产品，在气缸盖或机体上靠近排气腔处设置冷却水套，以降低排气温度。机器的各部件由装在机体上的内齿轮泵或转子泵供油润滑。机器上还装有吸、排油三通阀，可在正常运转时不停车加油。

表 3-4 中小型活塞式制冷压缩机气缸布置形式

缸径 /mm	缸 数				
	2	3	4	6	8
50	V	W	S	W	S
70	V	W	S	W	S
100	V、Z、L	W	S	W	S
125	V、Z、L	—	V	W	S
170			V	W	S
250	V		V	W	S

注：V 表示 V 形布置，夹角为 90°；Z、L 表示立式；W 表示 W 形布置，夹角为 60°；S 表示扇形布置，夹角为 45°。

（2）开启式和半封闭式制冷压缩机结构上的不同点 开启式制冷压缩机没有密封机壳，电动机和压缩机均暴露在空气中，压缩机的曲轴通过轴封装置伸出机体外面，通过联轴器或 V 带与电动机连接。这类压缩机靠轴封进行密封，防止制冷剂泄漏。

半封闭式制冷压缩机的机体是和电动机外壳连成一体的。电动机转子直接装在曲轴的悬臂部位，不需要轴封，也不需要联轴器。因此结构比开启式的紧凑，密封性能好。吸入的制冷剂通过电动机，起到冷却绕组的作用，从而提高了电动机输出功率。机器所配用的润滑油泵必须正、反转均可正常供油，故一般用内齿轮月牙形泵。这类制冷压缩机只适用于以氟利昂为制冷剂的制冷系统。

3-6 全封闭式制冷压缩机有什么结构特点？

答：全封闭式制冷压缩机均为单作用逆流式。这类压缩机是将组装在一起的压缩机和电动机用消振弹簧支撑或悬挂在一个封闭的壳体内，典型机器的总体结构如图 3-3 所示。它的主轴垂直设置，由曲轴、偏心轴或滑管机构传动，活塞水平设置，主轴下端带有离心油泵，利用离心力将润滑油通过轴上的小孔输送到各润滑部件进行润滑。气缸呈并列或角度式布置，见表 3-5。这类压缩机的密封性能最好，结构更为紧凑，适用于以氟利昂为制冷剂的小型制冷系统，广泛用在电冰箱、低温设备、空调机及其他小型自动化制冷装置上。

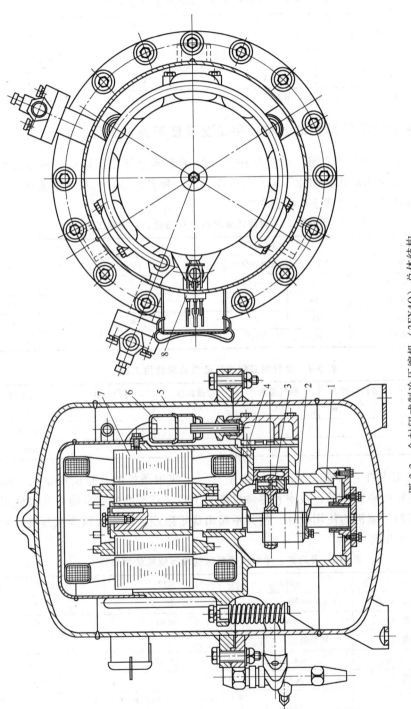

图 3-3　全封闭式制冷压缩机（3FY4Q）总体结构

1—机体　2—曲轴　3—活塞连杆　4—阀板　5—封闭壳　6—排气管　7—电动机　8—接线座

表 3-5　全封闭活塞式制冷压缩机气缸布置形式

缸径/mm	缸　数		
	2	3	4
40	V、B	Y	X、V
50	V、B	Y	X、V

注：B 表示并列式；V、Y、X 表示角度式。

3-7　活塞式制冷压缩机的公称使用工况及使用条件是什么？

答：（1）公称使用工况　公称使用工况是用来确定制冷压缩机公称制冷量的一组温度，也是用来比较制冷压缩机制冷能力的一种基准条件，单级活塞式制冷压缩机的公称使用工况见表 3-6 和表 3-7。

表 3-6　开启式、半封闭式单级制冷压缩机公称使用工况

工况	标准工况			空调工况		
制冷剂	R717	R22、R502	R12	R717	R22、R502	R12
蒸发温度/℃	15	−15	−15	5	5	10
吸气温度/℃	−10	15	15	10	10	15
冷凝温度/℃	30	30	30	40	40	40
过冷温度/℃	25	25	25	35	35	35

表 3-7　全封闭式制冷压缩机公称使用工况

类型	蒸发温度 /℃	吸气温度 /℃	冷凝温度 /℃	过冷温度 /℃	环境温度 /℃
高温用	5	15	40	35	30±5
低温用	−15	15	30	25	30±5

（2）使用条件　活塞式制冷压缩机是有一定使用条件的，超出规定的使用条件，机器运转可靠性降低，效率和寿命也都要下降，甚至会发生危险。所以使用中必须严格控制压缩机的使用条件，使其不超出规定限度。活塞式制冷压缩机的使用条件见表 3-8 和表 3-9。

表 3-8　开启式、半封闭式单级制冷压缩机使用条件

制冷剂	R717	R22	R12
蒸发温度/℃	−30～5	−40～5	−30～10
冷凝温度/℃	≤40	≤40	≤50
吸气温度/℃	蒸发温度+（5～8）	15	15
压力差/MPa	≤1.372	≤1.372	≤1.176
排气温度/℃	≤150	≤150	≤130
油压	比曲轴箱压力高 0.147～0.294MPa		
油温/℃	≤70		

注：单机双级压缩机的最低蒸发温度：R717 为−50℃，R22 为−70℃，R12 为−60℃。

表3-9　全封闭式制冷压缩机使用条件

制冷剂		R12	R22	R502
蒸发温度/℃	高温用	—	−5～10	—
	低温用	−30～−5	−30～−5	−45～−5.5
冷凝温度/℃	高温用	—	≤55	—
	低温用	≤50	≤45	≤40
压力差/MPa		≤1.176	≤1.568	≤1.568
排气温度/℃		≤130	≤150	≤150

3-8　活塞式制冷压缩机的强度和密封性试验条件是什么？

答：活塞式制冷压缩机的强度和密封性试验条件见表3-10。

表3-10　活塞式制冷压缩机的强度和密封性试验条件

压缩机类别		开启式、半封闭式				全封闭式			
制冷剂		R22、R717		R12		R22、R502		R12	
试验条件		液压/MPa	气压/MPa	液压/MPa	气压/MPa	液压/MPa	气压/MPa	液压/MPa	气压/MPa
部位	低压部分	1.568	0.98	1.568	0.98	2.352	1.568	1.568	0.98
	高压部分	2.94	1.96	2.352	1.568	2.94	1.96	2.352	1.568
	气缸或气缸盖水套	0.588	—	0.588	—	—	—	—	—

3-9　全封闭式制冷压缩机有什么技术性能？

答：全封闭式制冷压缩机的技术性能是：

1）40系列全封闭式制冷压缩机目前只有1缸、3缸两种产品。产品以压缩冷凝机组形式或整体制冷装置（如冰箱、低温箱及空调机等）形式出厂。压缩机的技术性能见表3-11，性能曲线如图3-4所示。

表3-11　40系列全封闭式单级制冷压缩机技术性能

型号	F4Q		3FY4Q
气缸排列方式	单列		Y形
气缸数	1		3
气缸直径/mm	40		40
活塞行程/mm	25		25
主轴转速/(r/min)	2880		2880
理论容积/(m³/h)	5.43		16.27
吸气管径/mm	16	13	8	19

（续）

型号		F4Q			3FY4Q
排气管径/mm		10	10	8	16
质量/kg		26	25	—	52
外形尺寸/mm（长×宽×高）		234×180×365	250×240×380	218×173×332	φ273×455
名义制冷量/W	R22 高温工况	4206.571	4186.8	4186.8	12560.4
	R22 低温工况	2093.4	2093.4	2209.7	6569.787
	R12 高温工况	2674.9	—	—	8141
	R12 低温工况	1279.3	1279.3	1349.08	3942.57
电压/V		380	380	380	380
电动机功率/kW	R22 高温工况	1.1	1.1	1.1	3.2
	R22 低温工况	1.1	1.1	1.1	3.2
	R12 高温工况	1.1	—	—	3.2
	R12 低温工况	0.8	1.1	1.1	2.2
性能曲线图		—			见图 3-4

2）50 系列全封闭式制冷压缩机只有单级机型。品种有 1 缸、2 缸、3 缸 3 种。产品以压缩冷凝机组形式或整体制冷装置（如冰箱、空调机等）形式出厂。压缩机的技术性能见表 3-12，性能曲线如图 3-5 所示。

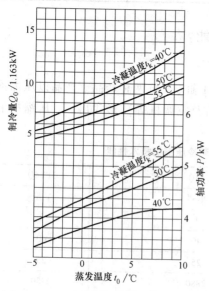

图 3-4　3FY4Q 制冷压缩机技术性能曲线
注：转速为 2880r/min；制冷剂为 R22。

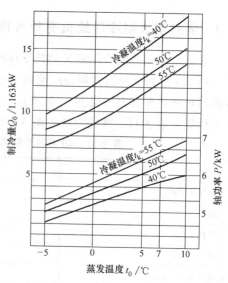

图 3-5　2FV5Q 制冷压缩机性能曲线
注：转速为 2880r/min；制冷剂为 R22。

表 3-12　50 系列全封闭式单级制冷压缩机技术性能

型　号		F5Q	2FV5Q		2FV5Q		3FV5Q	
		单列	单列		V 形		Y 形	
气缸排列方式					2		3	
气缸数		50			50		50	
气缸直径/mm		30			30		30	
活塞行程/mm		2880			2880		2880	
主轴转速/(r/min)		10.2			20.4		30.6	
理论容积/(m³/h)								
吸气管径/mm		18	16	22	22	20	22	22	30
排气管径/mm		14	12	16	16	16	16	16	19
质量/kg		40	35	70	70	60	56	80	78.5
外形尺寸/mm（长×宽×高）		350×300×400	270×200×350	φ290×495	480×400×480	392×380×506	φ280×420	φ290×495	320×322×500
名义制冷量/W	R22 高温工况	7792.1	8141	15467.9	15584.2	15816.8	15584.2	23260	24423
	R22 低温工况	5000.9	—	—	10001.8	8141	10001.8	—	—
	R12 高温工况	4884.6	—	—	—	10699.6	11630	—	—
	R12 低温工况	4070.5	—	—	6163.9	5000.9	5000.9	—	—
电压/V		380	380	380	380	380	380	380	380
电动机功率/kW	R22 高温工况	2.2	2.2	4	4	4	4	5.5	5.5
	R22 低温工况	2.2	—	—	4	4	4	—	—
	R12 高温工况	2.2	—	—	4	4	4	—	—
	R12 低温工况	2.2	—	—	4	4	—	—	—
性能曲线图		—	—	—	见图 3-5				

3-10 半封闭式制冷压缩机有什么技术性能？

答：半封闭式制冷压缩机技术性能是：

1）50系列半封闭式制冷压缩机只有单级机型产品，共有3缸、4缸、6缸、8缸4种，产品以压缩冷凝机组形式或整体制冷装置（如电冰箱、空调机等）形式出厂。压缩机的技术性能见表3-13，性能曲线如图3-6~图3-8所示。

2）70系列半封闭式制冷压缩机有单级机型和单机双级机型两种。单级机型有2缸、3缸、4缸、6缸、8缸5种。单机双级机型只有高、低压级气缸数比为1/3的一种。产品以压缩冷凝机组形式或整体制冷装置（如空调机、低温试验装置、冷藏柜和冷水机组等）形式出厂。本系列产品的技术性能见表3-14和表3-15，性能曲线如图3-9~图3-12所示。

3）100系列半封闭式制冷压缩机只有单级机型8缸一种，其技术性能见表3-16。

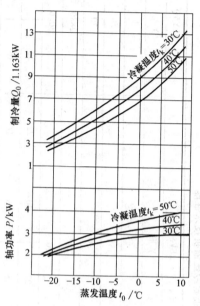

图3-6 3FW5B 制冷压缩机性能曲线

注：转速为1440r/min；制冷剂为 R12。

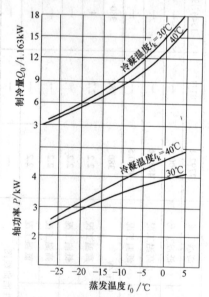

图3-7 3FW5B 制冷压缩机性能曲线

注：转速为1440r/min；制冷剂为 R12。

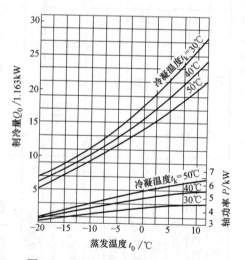

图3-8 6FW5B 制冷压缩机性能曲线

注：转速为1440r/min；制冷剂为 R12；
6FW5（开启式）的制冷量应比图示数值高 10%~22%。

表3-13　50系列半封闭式单级制冷压缩机技术性能

型　号	3FW5B	4FS5B	6FW5B	8FS5B
气缸排列方式	W形	S形	W形	S形
气缸数	3	4	6	8
气缸直径/mm	50	50	50	50
活塞行程/mm	40	40	40	40
主轴转速/(r/min)	1440	1440	1440	1440
理论容积/(m³/h)	20.4	27.1	40.7	54.2
制冷量调节范围(%)	（卸载起动）	—	（卸载起动）	50,100
吸气管径	φ22mm	φ22mm	DN32	DN32
排气管径	φ16mm	φ19mm	DN25	DN32
润滑方式	压力供油	压力供油	压力供油	压力供油
曲轴箱装油量/kg	2.5	3	8	15
质量/kg	98	92	145	180
制冷量/W　R22　标准工况	5186.98	8373.6	16747.2	—
制冷量/W　R22　空调工况	15700.5	19584.92	39169.84	—
制冷量/W　R12　标准工况	4791.56	5210.24	10432.11	12769.74
制冷量/W　R12　空调工况	9885.5	11699.78	23376.3	30238
配用电动机功率/kW　R22　标准工况	3	4	7.5	—
配用电动机功率/kW　R22　空调工况	4	4	7.5	—
配用电动机功率/kW　R12　标准工况	3	3	5.5	7.5
配用电动机功率/kW　R12　空调工况	3	3	5.5	7.5
性能曲线图	见图3-6和图3-7	—	见图3-8	—

表3-14　70系列半封闭式单级制冷压缩机技术性能

型　号	2FV7B(2FZ7B)	3FW7B	4FS7B(4FV7B)	6FW7B	8FS7B	8FS7BC
气缸排列方式	V形（立式）	W形	S形（V形）	W形	S形	S形
气缸数	2	3	4	6	8	8
气缸直径/mm	70	70	70	70	70	70
活塞行程/mm	55	55	55	55	55	55
主轴转速/(r/min)	1440、960	1440	1440	1440	1440	1440
理论容积/(m³/h)	36.58、22.2	54.9	73.2	109.7	146	186.2
制冷量调节范围(%)	—	—	50、75、100、0、50、100	33、67、100	50、75、100	25、50、100
吸气管径	DN25 φ16mm	DN32	DN40 φ38mm、φ40mm	DN50 φ50mm、φ40mm	DN50 φ50mm、φ40mm	DN50 φ50mm
排气管径	DN25 φ16mm	DN32	DN32 φ38mm、φ40mm	DN50 φ38mm、φ40mm	DN50 φ38mm	DN40 φ38mm
润滑方式	压力供油	压力供油	压力供油	压力供油	压力供油	压力供油
曲轴箱装油量/kg	5	—	—	—	—	—
质量/kg	200	233	287	380	400	434
制冷量/W　R22　标准工况	8984.175	14644.496	18317.25	26958.34	36053	45938.5
制冷量/W　R22　空调工况	17968.35	28842.4	36634.5	54079.5	57568.5	71524.5
制冷量/W　R12　标准工况	5117.2	7815.05	10210.2	15375	20526.95	26749
制冷量/W　R12　空调工况	11630.0	23260	30819.5	41053.9	79084	82573
配用电动机功率/kW　R22　标准工况	5.5	7.5	13	15	22	30
配用电动机功率/kW　R22　空调工况	5.5	7.5	15	22	30	37
配用电动机功率/kW　R12　标准工况	4	7.5	11	13	17	30
配用电动机功率/kW　R12　空调工况	5.5	7.5	13	17	22	30
性能曲线图	—	—	—	见图3-9	—	—

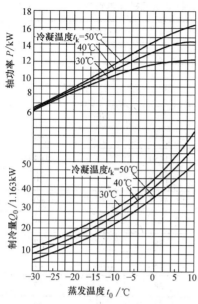

图 3-9　6FW7B 制冷压缩机性能曲线

注：转速为 1440r/min；制冷剂为 R12。

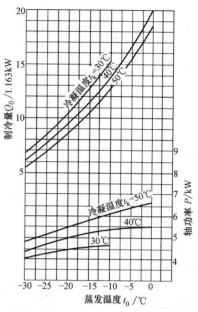

图 3-10　1/3F7B 制冷压缩机性能曲线

注：转速为 1450r/min；制冷剂为 R22；

无中冷；高低压级理论容积比为 1/3。

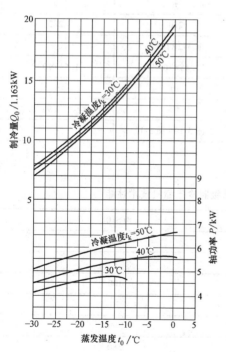

图 3-11　1/3F7B 制冷压缩机性能曲线

注：转速为 1450r/min；制冷剂为 R12；

有中冷；高低压级理论容积比为 1/3。

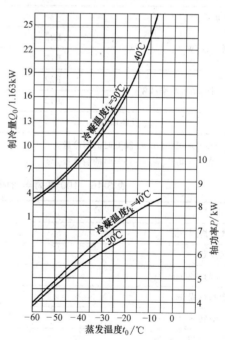

图 3-12　1/3F7B 制冷压缩机性能曲线

注：转速为 1450r/min；制冷剂为 R22；

有中冷；高低压级理论容积比为 1/3。

表 3-15　70 系列半封闭式单机双级制冷压缩机技术性能

型　　号		1/3F7B	
气缸排列方式		V 形	
气缸数	高压级	1	
	低压级	3	
气缸直径/mm		70	
活塞行程/mm		55	60
主轴转速/(r/min)		1450	1440
理论容积/(m³/h)	高压级	18.4	20
	低压级	55.2	60
高低压级理论容积比可调范围		—	—
吸气管径/mm	高压级	38	37
	低压级	38	37
排气管径/mm	高压级	38	37
	低压级	38	37
润滑方式		压力供油	
曲轴箱装油量/kg		7	9
质量/kg		270	282
制冷量/W	R22	1.372×10^4[①]	—
	R12	1.45×10^4[②]	1.63×10^4[②]
配用电动机功率/kW	R22	10	—
	R12	10	7.5
性能曲线图		见图 3-10~图 3-12	—

① $t_k=40℃$，$t_0=-30℃$ 时的制冷量。

② $t_k=40℃$，$t_0=-15℃$ 时的制冷量。

表 3-16　100 系列半封闭式单级制冷压缩机技术性能

型　　号	8FS10B	
气缸排列方式	S 形	
气缸数	8	
气缸直径/mm	100	
活塞行程/mm	70	
主轴转速/(r/min)	1440	
理论容积/(m³/h)	380	
制冷量调节范围(%)	25、50、75、100	50、75、100
吸气管径	DN80	DN80

（续）

型 号			8FS10B	
排气管径			DN70	DN80
润滑方式			压力供油	
曲轴箱装油量/kg			—	25
质量/kg			—	1200
制冷量/W	R22	标准工况		10.7×10⁴
		空调工况	—	
	R12	标准工况	9.77×10⁴	9.77×10⁴
		空调工况	18.61×10⁴	—
配用电动机功率/kW	R22	标准工况		55
		空调工况		
	R12	标准工况	40	55
		空调工况	55	

3-11 开启式制冷压缩机有什么技术性能？

答：开启式制冷压缩机的技术性能包括以下系列的技术性能：

1）50 系列开启式制冷压缩机只有单级机型产品，有 6 缸、8 缸两种，均以氟利昂为制冷剂。产品以压缩冷凝机组形式或整体制冷机（如冷藏柜）形式出厂。压缩机的技术性能见表 3-17，性能曲线如图 3-8 所示。

表 3-17 50 系列开启式单级制冷压缩机技术性能

型 号	6FW5	8FS5
气缸排列方式	W 形	S 形
气缸数	6	8
气缸直径/mm	50	50
活塞行程/mm	40	40
主轴转速/(r/min)	1440	1440
理论容积/(m³/h)	40.7	54.3
制冷量调节范围(%)	（卸载起动）	—
吸气管径	DN32	DN32
排气管径	DN25	DN32
冷却水管径/mm	—	—
润滑方式	压力供油	压力供油
曲轴箱装油量/kg	8	—

（续）

型　　号	6FW5	8FS5
传动方式	直联	带传动
回转方向（自液压泵端看）	任意	任意
质量/kg	90	110
制冷量/W　R22　标准工况	$1.675×10^4$	—
空调工况	$3.919×10^4$	—
R12　标准工况	$1.221×10^4$	$1.38×10^4$
空调工况	$2.338×10^4$	$3.12×10^4$
配用电动机功率/kW　R22　标准工况	7.5	—
空调工况	7.5	—
R12　标准工况	5.5	4.5
空调工况	5.5	7.5
性能曲线图	见图 3-8	—

　　2）70系列开启式制冷压缩机目前单级机型产品有2缸、4缸、6缸、8缸4种，单机双级机型产品只有高低压级气缸数比为2/6的一种，产品主要以压缩冷凝机组形式出厂。压缩机的主要技术性能见表3-18~表3-20，性能曲线如图3-13~图3-15所示。

表 3-18　70系列开启式单级氟利昂制冷压缩机技术性能

型号	2FV7		4FV7			6FW7		8FS7		
气缸排列方式	V形（立式）		V 形			W 形		S 形		
气缸数	2		4			6		8		
气缸直径/mm	70		70			70		70		
活塞行程/mm	55		55			55		55		
主轴转速/(r/min)	1440		1440			1440		1440		
理论容积/(m³/h)	36.6		73.2			109.5		146.4		
制冷量调节范围(%)	—		0、50、100	50、100	0、50、100	33、67、100	0、33、67、100	50、75、100	0、25、50、75、100	50、75、100
吸气管径/mm	DN25	DN25	DN40	DN32	DN40	DN40	DN50	DN50	DN50	DN50
排气管径	DN25	DN25	DN32	DN32	DN40	DN32	DN50	DN40	DN50	DN50
冷却水管径/mm	—		—			—		—		
润滑方式	压力供油		压力供油			压力供油		压力供油		
曲轴箱装油量/kg	—		—			—		—		

（续）

型号			2FV7		4FV7			6FW7		8FS7		
传动方式			直联		直联			直联		直联		
回转方向（自液压泵端看）			任意		逆时针	任意	任意	逆时针	任意	逆时针	任意	任意
质量/kg			—	100	220	—	190	250	—	310	—	370
制冷量/W	R22	标准工况	1.43×10^4	—	2.93×10^4	2.85×10^4	3.02×10^4	4.41×10^4	4.28×10^4	5.62×10^4	5.70×10^4	5.93×10^4
		空调工况	2.54×10^4	—	5.93×10^4	5.64×10^4	6.05×10^4	8.84×10^4	7.25×10^4	11.86×10^4	10.12×10^4	11.86×10^4
	R12	标准工况	—	0.93×10^4	1.84×10^4	—	1.86×10^4	2.77×10^4	—	3.67×10^4	—	3.72×10^4
		空调工况	—	1.86×10^4	3.72×10^4	—	4.19×10^4	5.58×10^4	—	7.44×10^4	—	8.37×10^4
配用电动机功率/kW	R22	标准工况	7.5	—	11	17	17	15	22	22	30	30
		空调工况	7.5	—	15	17	17	22	22	30	30	30
	R12	标准工况	—	5.5	11	—	13	15	—	22	—	22
		空调工况	—	5.5	11	—	13	15	—	22	—	22
性能曲线图			—	—	—	—	—	—	—	见图3-13~图3-14	—	—

表 3-19　70系列开启式单级氨制冷压缩机技术性能

型号	2AV7				4AV7		6AW7		8AS7	
气缸排列方式	V形（立式）				V形		W形		S形	
气缸数	2				4		6		8	
气缸直径/mm	70				70		70		70	
活塞行程/mm	55				55		55		55	
主轴转速/(r/min)	1440	960	1440	1440	1440		1440		1440	
理论容积/(m³/h)	36.6	24.4	36.6	36.6	73.2		109.5		146.4	
制冷量调节范围（%）	—				50、100	0、50、100	0、50、100	0、33、67、100	0、25、50、75、100	50、75、100
吸气管径	DN32	DN25	DN25	DN25	DN32	DN40	DN40	DN40	DN50	DN50
排气管径	DN32	DN25	DN25	DN25	DN32	DN40	DN40	DN40	DN50	DN50
冷却水管径/mm	15	20	15	15	15	20	15	15	15	20
润滑方式	压力供油				压力供油		压力供油		压力供油	
曲轴箱装油量/kg	—	8	4.5	—	10	9	—	—	—	—
传动方式	直联				直联		直联		直联	

（续）

型号			2AV7				4AV7				6AW7	8AS7	
回转方向(自液压泵端看)			任意	任意	—	逆时针	任意	任意	—	逆时针	任意	任意	任意
质量/kg			—	100	—	150	—	190	—	190	—	—	370
制冷量/W	R717	标准工况	1.50×10^4	1.00×10^4	1.51×10^4	1.51×10^4	3.00×10^4	3.08×10^4	3.02×10^4	3.08×10^4	4.49×10^4	6.00×10^4	6.16×10^4
		空调工况	2.83×10^4	2.33×10^4	—	—	5.64×10^4	6.40×10^4	—	—	8.44×10^4	11.28×10^4	11.86×10^4
配用电动机功率/kW	R717	标准工况	7.5	5.5	7.5	5.5	17	17	13	17	22	30	30
		空调工况	7.5	5.5	—	—	17	17	—	—	22	30	30
性能曲线图			—	—	—	—	—	—	—	—	—	—	见图3-15

表3-20　70系列开启式单机双级氟利昂、氨制冷压缩机技术性能

型号		S8F7	S8A7
气缸排列方式		S 形	
气缸数	高压级	2	
	低压级	6	
气缸直径/mm		70	
活塞行程/mm		55	
主轴转速/(r/min)		1440	
理论容积/(m³/h)	高压级	36.6	
	低压级	73.2	
高低压级理论容积比可调范围		$0、\dfrac{1}{2}、\dfrac{1}{3}$	
吸气管径	高压级	DN50	
	低压级	DN32	
排气管径	高压级	DN32	
	低压级	DN25	
冷却水管径/mm		15	
润滑方式		压力供油	
曲轴箱装油量/kg		—	
传动方式		直联	
回转方向(自液压泵端看)		任意	
质量/kg		—	—
制冷量/W $(t_k=35℃,t_0=-35℃)$	R22	2.06×10^4	—
	R717	—	2.15×10^4
配用电动机功率/kW	R22	15	—
	R717	—	15

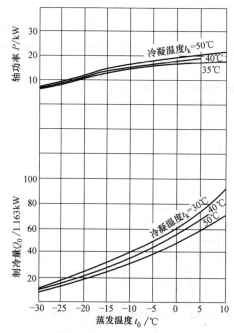

图 3-13 8FS7 制冷压缩机性能曲线

注：转速为 1440r/min；制冷剂为 R12。

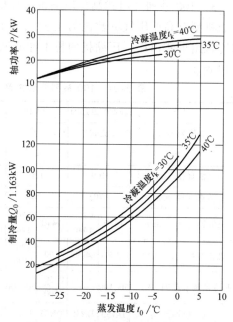

图 3-14 8FS7 制冷压缩机性能曲线

注：转速为 1440r/min；制冷剂为 R22。

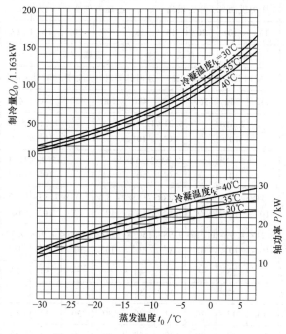

图 3-15 8AS7 制冷压缩机性能曲线

注：转速为 1440r/min；制冷剂为 R717。

3）100系列开启式制冷压缩机单级机型有2缸、4缸、6缸、8缸4种，单机双级机型有高低压气缸数比为1/3、2/6两种，产品以压缩机组、压缩冷凝机组或水冷机组形式出厂。压缩机的技术性能见表3-21~表3-23，性能曲线如图3-16~图3-19所示。

表3-21　100系列开启式单级氟利昂制冷压缩机技术性能

型号	2FZ10(2FL10)		4FV10		6FW10				8FS10			
气缸排列方式	（立式）		V形		W形				S形			
气缸数	2		4		6				8			
气缸直径/mm	100		100		100				100			
活塞行程/mm	70		70		70				70			
主轴转速/(r/min)	1440	970/1440	1440	970/1440	1440	1440	1440	970/1440	1440	1440	1440	970/1440
理论容积/(m³/h)	95	64/95	190	128/190	285	285	285	192/285	380	380	380	256/285
制冷量调节范围(%)	50、100	—	0、50、100	50、100	33、67、100				25、50、75、100			
吸气管径	DN50	DN50	DN65	DN65	DN80	DN80	DN65	DN80	DN80	DN80	DN80	DN80
排气管径	DN40	DN40	DN50	DN65	DN70	DN70	DN50	DN70	DN70	DN70	DN80	DN70
冷却水管径/mm	—	15	—	15	—			15	—			15
润滑方式	压力供油		压力供油		压力供油				压力供油			
曲轴箱装油量/kg	15	10	20	14	18	—		20	16	18	—	20	16
传动方式	直联		直联		直联				直联			
回转方向(自液压泵端看)	顺时针		顺时针		逆时针	顺时针	顺时针	顺时针	逆时针	顺时针	顺时针	顺时针
质量/kg	232	250	369	550	420	500	430	580	460	550	507	600
制冷量/W　R22　标准工况	—	2.61×10⁴	5.21×10⁴	12.65×10⁴	—			7.81×10⁴	15.63×10⁴			10.42×10⁴
制冷量/W　R22　空调工况	—	5.31×10⁴	10.64×10⁴	21.52×10⁴	—			15.93×10⁴	31.4×10⁴			21.25×10⁴
制冷量/W　R12　标准工况	2.44×10⁴	2.44×10⁴	4.88×10⁴	4.88×10⁴	7.33×10⁴	7.33×10⁴	7.33×10⁴	7.33×10⁴	9.77×10⁴	9.77×10⁴	9.77×10⁴	9.77×10⁴
制冷量/W　R12　空调工况	5.21×10⁴	4.99×10⁴	11.16×10⁴	9.98×10⁴	15.7×10⁴	15.7×10⁴	16.05×10⁴	14.94×10⁴	19.77×10⁴	18.81×10⁴	21.4×10⁴	19.95×10⁴
配用电动机功率/kW　R22　标准工况	—	13	—	22	40			30	55			40
配用电动机功率/kW　R22　空调工况	—	17	—	30	55			40	75			50
配用电动机功率/kW　R12　标准工况	13	13	30	22	40	30	30	30	55	40	40	40
配用电动机功率/kW　R12　空调工况	13	17	30	30	40	40	40	40	55	55	55	50
性能曲线图	—		—						见图3-16和图3-17			

表3-22 100系列开启式单级氨制冷压缩机技术性能

型号	2AV10(2AZ10,2AL10)	4AV10	6AW10	8AS10
气缸排列方式	V形(立式)	V形	W形	S形
气缸数	2	4	6	8
气缸直径/mm	100	100	100	100
活塞行程/mm	70	70	70	70
主轴转速/(r/min)	960	960	960	960
理论容积/(m³/h)	63.3	126.6	190	253.3
制冷量调节范围(%)	—	50,100	33,67,100	25,50,75,100
吸气管径	DN50、DN40	DN50、DN40、DN40、DN50	DN65、DN65、DN80、DN80	DN80、DN80、DN80、DN80、DN80
排气管径	DN40、DN40	DN40、DN32、DN40、DN32	DN65、DN65、DN70、DN70	DN70、DN70、DN80、DN70、DN80
冷却水管径/mm	15	15、10、8.5、10	15、15、15、15	15、20、15、15、15
润滑方式	压力供油	压力供油	压力供油	压力供油
曲轴箱装油量/kg	8.5、—、11	4、8.5、10	12、15、16、16	15、20、—、20、20
传动方式	直联	直联	直联	直联
回转方向(自液压泵端看)	顺时针	顺时针	顺时针	顺时针
质量/kg	238、250、400	390、550	500、580、500、430	610、600、550、507、600
制冷量/W　R717　标准工况	2.67×10^4、2.67×10^4、2.73×10^4、2.91×10^4、2.91×10^4、2.91×10^4	5.41×10^4、5.41×10^4	8.14×10^4、8.13×10^4、8.14×10^4、7.91×10^4	10.82×10^4、10.82×10^4、10.82×10^4、10.56×10^4、11.63×10^4
制冷量/W　R717　空调工况	5.54×10^4	11.63×10^4、11.07×10^4	17.45×10^4、16.6×10^4、17.45×10^4	23.26×10^4、22.09×10^4、25.24×10^4、20.94×10^4
配用电动机功率/kW　R717　标准工况	13	22	30	40
配用电动机功率/kW　R717　空调工况	17	30	40	55
性能曲线图	—	—	—	见图3-18

表 3-23　100 系列开启式单机双级氟利昂、氨制冷压缩机技术性能

型号		2/6FS10		S4-10	8ASJ10	
气缸排列方式		S 形		V 形	S 形	
气缸数	高压级	2		1	2	
	低压级	6		3	6	
气缸直径/mm		100		100	100	
活塞行程/mm		70		70	70	
主轴转速/(r/min)		1440		960	960	
理论容积/(m³/h)	高压级	95	63.3	31.35	63.3	
	低压级	285	190	94.75	190	
高低压级理论容积比可调范围		$1、\frac{1}{2}、\frac{1}{3}$	$0、1、\frac{1}{2}、\frac{1}{3}$	$1、\frac{1}{2}、\frac{1}{3}$	$0、1、\frac{1}{2}、\frac{1}{3}$	
吸气管径	高压级	DN70	DN60	DN32	DN40	DN60
	低压级	DN80	DN80	DN40	DN65	DN80
排气管径	高压级	DN40	DN40	DN32	DN40	DN40
	低压级	DN70	DN60	DN40	DN65	DN60
冷却水管径/mm		—	15	15	15	
润滑方式		压力供油		压力供油	压力供油	
曲轴箱装油量/kg		18	12	—	15	12
传动方式		直联		直联	直联	
回转方向(自液压泵端看)		逆时针		顺时针	顺时针	逆时针
质量/kg		480	600	—	778	600
制冷量/W	R22	0.7×10^{4}[①]	3.95×10^{4}[②]	—	—	
	R717	—	—	2.33×10^{4}[③]	3.72×10^{4}[④]	4.3×10^{4}[②]
配用电动机功率/kW	R22	55	30	—	—	
	R717	—	—	22	30	30
性能曲线图		—	—	—	见图 3-19	—

① 工况为 $t_k=40℃$, $t_0=-70℃$。

② 工况为 $t_k=35℃$, $t_0=-33℃$。

③ 工况为 $t_k=30℃$, $t_0=-30℃$。

④ 工况为 $t_k=35℃$, $t_0=-35℃$。

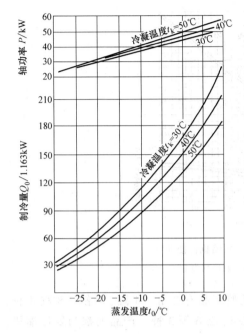

图 3-16　8FS10 制冷压缩机性能曲线

注：转速为 1440r/min；制冷剂为 R12。

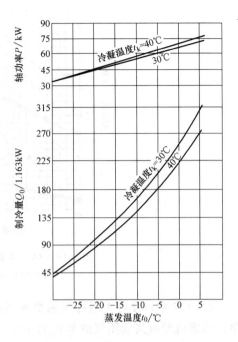

图 3-17　8FS10 制冷压缩机性能曲线

注：转速为 1440r/min；制冷剂为 R22。

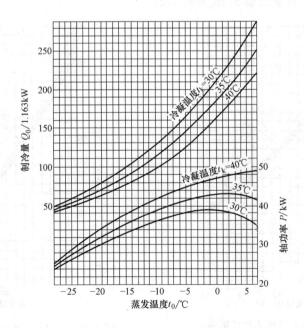

图 3-18　8AS10 制冷压缩机性能曲线

注：转速为 960r/min；制冷剂为 R717。

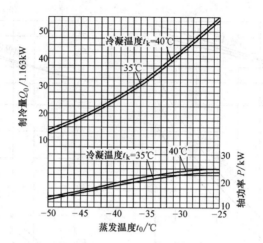

图 3-19　8ASJ10 制冷压缩机性能曲线

注：转速为 960r/min；制冷剂为 R717。

　　4）125 系列开启式制冷压缩机单级机型产品有 2 缸、4 缸、6 缸、8 缸 4 种，单机双级机型有高低压气缸数比为 1/3、2/4、2/6 等 3 种。产品大都为氨压缩机，以压缩机组形式出厂；有些冷冻机厂还生产以 R22 为制冷剂的氟利昂压缩机，以水冷机组形式出厂。压缩机的技术性能见表 3-24 和表 3-25，性能曲线如图 3-20 和图 3-21 所示，性能见表 3-26 和表 3-27。

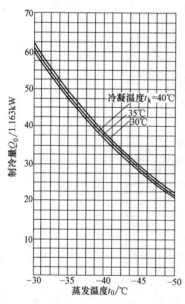

图 3-20　S8-12.5 制冷压缩机性能曲线

注：转速为 960r/min；制冷剂为 R717；
高低压级理论容积比为 1/2。

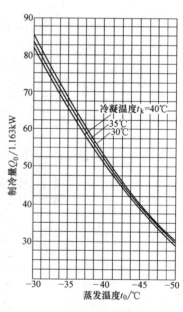

图 3-21　S6-12.5 制冷压缩机性能曲线

注：转速为 960r/min；制冷剂为 R717；
高低压级理论容积比为 1/2。

表3-24　125系列开启式单级氨制冷压缩机技术性能

型号	2AV12.5	4AV12.5	6AW12.5	8AS12.5
气缸排列方式	V形（立式）	V形	W形	S形
气缸数	2	4	6	8
气缸直径/mm	125	125	125	125
活塞行程/mm	100	100	100	100
主轴转速/（r/min）	960	960	960	960
理论容积/（m³/h）	141	283	424	566
制冷量调节范围（%）	0、50、100（空载起动）	0、50、100；50、100	0、33、67、100；33、67、100	0、25、50、75、100；25、50、75、100
吸气管径	DN65	DN80	DN100	DN100
排气管径	DN65	DN65	DN80	DN100
冷却水管径/mm	15	20	20	15
润滑方式	压力供油	压力供油	压力供油	压力供油
曲轴箱装油量/kg	22	36	42	50
传动方式	直联	直联	直联	直联
回转方向（自液压泵端看）	顺时针	顺时针	顺时针	顺时针
质量/kg	700	750	1000	1100
制冷量/W　R717　标准工况	6.11×10^4	12.21×10^4	18.3×10^4	24.4×10^4
制冷量/W　R717　空调工况	13.9×10^4	27.8×10^4	40.7×10^4	55.59×10^4
配用电动机功率/kW　R717　标准工况	30	55	75	95
配用电动机功率/kW　R717　空调工况	30	55	95	115

表 3-25　125 系列开启式单机双级氨制冷压缩机技术性能

型号		S4-12.5		S6-12.5		S8-12.5			
气缸排列方式		V 形		W 形		S 形			
气缸数	高压级	1		2		2			
	低压级	3		4		6			
气缸直径/mm		125		125		125			
活塞行程/mm		100		100		100			
主轴转速/(r/min)		960		960		960			
理论容积/(m³/h)	高压级	71		141		141			
	低压级	212		283		424			
高低压级理论容积比可调范围		1、$\frac{1}{2}$、$\frac{1}{3}$		1、$\frac{1}{2}$		1、$\frac{1}{2}$、$\frac{1}{3}$			
吸气管径	高压级	DN40	DN50	DN65	DN65	DN65	DN65	DN65	DN65
	低压级	DN65	DN65	DN80	DN80	DN100	DN100	DN100	DN80	DN100
排气管径	高压级	DN40	DN25	DN65	DN65	DN65	DN65	DN65	DN50	DN65
	低压级	DN65	DN32	DN80	DN80	DN100	DN100	DN100	DN65	DN100
冷却水管径/mm		15	20	15	20	15	20	20	20	15
润滑方式		压力供油		压力供油		压力供油			
曲轴箱装油量/kg		36		42		50			
传动方式		直联		直联		直联			
回转方向(自油泵端看)		顺时针		顺时针		顺时针			
质量/kg		750	860	1000	1000	1100	1100	1100	1200	1100
制冷量/W($t_k=40℃$,$t_0=-30℃$)	R717	$4.8×10^4$	$5.29×10^4$	$7.21×10^4$	$7.21×10^4$	$9.54×10^4$	$9.54×10^4$	$7.8×10^4$	$9.89×10^4$	$9.54×10^4$
配用电动机功率/kW	R717	40	40	55	55	75	75	75	75	75
性能曲线图		—	—	见图 3-21		见图 3-20			

表 3-26　8AS12.5 制冷压缩机性能

蒸发温度/℃	冷凝温度/℃							
	25		30		35		40	
	Q_0/W	轴功率/kW	Q_0/W	轴功率/kW	Q_0/W	轴功率/kW	Q_0/W	轴功率/kW
5	$62.8×10^4$	69.3	$60.01×10^4$	85.2	$57.34×10^4$	98.7	$55.59×10^4$	110.8
0	$62.8×10^4$	73.6	$48.85×10^4$	85.2	$46.75×10^4$	96.0	$44.89×10^4$	105.7
-5	$41.7×10^4$	73.8	$39.77×10^4$	82.9	$37.91×10^4$	91.0	$35.82×10^4$	98.9
-10	$33.26×10^4$	71.5	$31.63×10^4$	78.3	$30×10^4$	84.8	$28.14×10^4$	91.0

（续）

蒸发温度/℃	冷凝温度/℃							
	25		30		35		40	
	Q_0/W	轴功率/kW	Q_0/W	轴功率/kW	Q_0/W	轴功率/kW	Q_0/W	轴功率/kW
-15	$25.82×10^4$	67.1	$24.42×10^4$	72.5	$23.03×10^4$	77.2	$21.86×10^4$	81.5
-20	$19.77×10^4$	60.9	$18.6×10^4$	65.0	$17.45×10^4$	69.2	$16.28×10^4$	73.3
-25	$15.12×10^4$	54.7	$13.96×10^4$	67.9	$12.79×10^4$	61.0	—	—
-30	$10.93×10^4$	48.5	$9.89×10^4$	50.8	$8.84×10^4$	53.1	—	—

注：1. 转速为960r/min；制冷剂为R717。

  2. Q_0 为制冷量。

表3-27　8FS12.5制冷压缩机性能

蒸发温度/℃	冷凝温度/℃							
	25		30		35		40	
	Q_0/W	轴功率/kW	Q_0/W	轴功率/kW	Q_0/W	轴功率/kW	Q_0/W	轴功率/kW
5	$58.15×10^4$	87.6	$55.59×10^4$	97.2	$52.57×10^4$	106.7	$49.08×10^4$	115.9
0	$48.85×10^4$	85.8	$40.05×10^4$	94.1	$43.26×10^4$	102.6	$40.24×10^4$	110.0
-5	$40.71×10^4$	82.8	$26.75×10^4$	90.2	$35.59×10^4$	97.0	$33.03×10^4$	103.6
-10	$33.73×10^4$	78.4	$31.4×10^4$	84.8	$29.54×10^4$	90.7	$26.98×10^4$	95.2
-15	$27.68×10^4$	73.7	$25.59×10^4$	78.5	$33.73×10^4$	83.0	$21.52×10^4$	85.7
-20	$22.09×10^4$	68.0	$20.24×10^4$	71.5	$18.61×10^4$	74.4	$16.98×10^4$	76.0
-25	$17.21×10^4$	61.0	$15.82×10^4$	63.4	$14.42×10^4$	64.6	$12.9×10^4$	66.0
-30	$13.26×10^4$	54.1	$11.86×10^4$	55.0	$10.93×10^4$	55.2	$9.65×10^4$	55.6

注：1. 转速为960r/min；制冷剂为R22。

  2. Q_0 为制冷量。

  5）170系列开启式制冷压缩机单级机型产品有4缸、6缸、8缸3种，单机双级机型只有高低压级气缸数比为2/6的一种，均为氨机。产品以压缩机组形式出厂。压缩机技术性能见表3-28和表3-29，性能曲线如图3-22和图3-23所示。

表3-28　170系列开启式单级制冷压缩机技术性能

型号	4AV17	6AW17	8AS17
气缸排列方式	V形	W形	S形
气缸数	4	6	8
气缸直径/mm	170	170	170
活塞行程/mm	140	140	140
主轴转速/(r/min)	720	720	720

（续）

型号	4AV17		6AW17		8AS17		
理论容积/（m³/h）	550		825		1100		
制冷量调节范围（%）	0、50、100		33、67、100		0、25、50、75、100		
吸气管径	DN100		DN125		DN150		
排气管径	DN80		DN100		DN125		
冷却水管径/mm	气缸为25，油冷却器为20	2×20	气缸为25，油冷却器为20	2×20	气缸为2×20，油冷却器为25	4×20	25
润滑方式	压力供油		压力供油		压力供油		
曲轴箱装油量/kg	50		60		70		
传动方式	直联		直联		直联		
回转方向（自油泵端看）	顺时针	逆时针	顺时针	逆时针	顺时针	逆时针	顺时针
质量/kg	2500	2500	3000	3000	3500	3500	3500
制冷量/W R717 标准工况	25.59×10⁴	23.26×10⁴	38.38×10⁴	35.18×10⁴	51.17×10⁴	46.52×10⁴	51.17×10⁴
制冷量/W R717 空调工况	55.82×10⁴	54.66×10⁴	83.74×10⁴	81.99×10⁴	111.65×10⁴	109.32×10⁴	111.6×10⁴
配用电动机功率/kW R717 标准工况	95	95	132	130	190	180	180
配用电动机功率/kW R717 空调工况	132	130	190	180	250	245	245
性能曲线图	—	—	—	—	见图3-22		

表3-29 170系列开启式单机双级氨制冷压缩机技术性能

型号		8ASJ17（S8-17）		
气缸排列方式		S形		
气缸数	高压级	2		
气缸数	低压级	6		
气缸直径/mm		170		
活塞行程/mm		140		
主轴转速/（r/min）		720		
理论容积/（m³/h）	高压级	275		
理论容积/（m³/h）	低压级	825		
高低压级理论容积比可调范围		0、$\frac{1}{2}$、$\frac{1}{3}$		
吸气管径	高压级	DN80		
吸气管径	低压级	DN125		
排气管径	高压级	DN65		
排气管径	低压级	DN100	DN100	DN125

（续）

型号	8ASJ17(S8-17)		
冷却水管径/mm	15	20	15
润滑方式	压力供油		
曲轴箱装油量/kg	70		
传动方式	直联		
回转方向(自油泵端看)	顺时针	逆时针	顺时针
质量/kg	3500		
制冷量/W($t_k=40℃$, $t_0=-30℃$)	$22.21×10^4$		
配用电动机功率/kW	132	130	130
性能曲线图	见图 3-23		

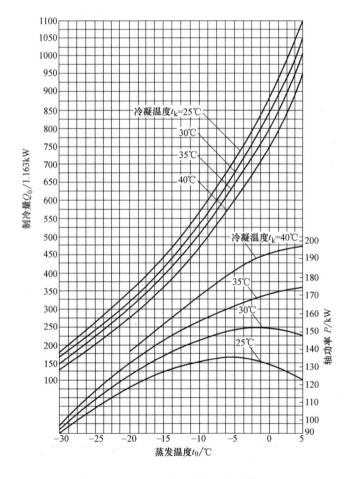

图 3-22　8AS17 制冷压缩机性能曲线

注：转速为 720r/min；制冷剂为 R717。

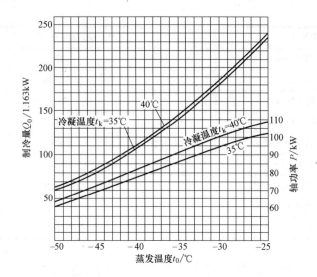

图 3-23　8ASJ17 制冷压缩机性能曲线

注：转速为 720r/min；制冷剂为 R717；高低压级理论容积比为 1/3。

3-12　单级制冷压缩机的正常运行条件是什么？

答：对于单级制冷压缩机，从安全、经济、提高效率的角度出发，规定了限定工作条件，见表3-30。这些条件在压缩机运行中必须遵守。

表 3-30　单级制冷压缩机工作条件

工作条件	工质		
	R717	R12	R22
蒸发温度/℃	−30～5	−30～10	−40～5
冷凝温度/℃	≤40	≤50	≤40
压缩比 $\left(\dfrac{p_k}{p_0}绝对压力比\right)$	≤8	≤10	≤10
压力差 $(p_k - p_0)$/MPa	1.373	1.177	1.373
压缩机吸气温度/℃	$t_0 + (5～8)$	15	15
压缩机排气温度/℃	≤150	≤130	≤150
安全阀开启压力差	16	14	16
油压比曲轴箱压力高/MPa	0.147～0.294	0.147～0.294	0.147～0.294
油温/℃	≤70	≤70	≤70

注：双级压缩机的最低蒸发温度，工质为 NH_3 时为−50℃，工质为 R22 时为−70℃。

此外，为使单级制冷压缩机正常运行，还应注意以下几点：

1）压缩机的吸气温度：氟利昂压缩机最高不超过 15℃；氨压缩机吸气温度比

蒸发温度高 5～10℃。

2）压缩机的排气温度：用 R12 的排气温度不得超过 130℃；用 R22 的排气温度不得超过 150℃；用氨的排气温度不得超过 150℃。一般设备的运行工况应比上述排气温度低，如果发现温度太高，应停机查明原因。因为排气温度会使润滑油结炭，加快活塞与气缸的磨损，缩短阀片的寿命。

3）冷凝器压力的高低，主要根据水源情况及冷凝器结构形式、使用工质所规定，一般情况下：R12 为 0.784～0.981MPa，最高不超过 1.177MPa；R22 为 0.981～1.373 MPa，最高不超过 1.570MPa。在刚开机时，由于冷凝器负荷较大，压力在较短时间内高一些也是正常的。

4）注意压缩机液压泵压力是否正常，一般情况下老系列的油压比吸气压力高 0.0735～0.196MPa。新系列油压力表读数比吸气压力高 0.147～0.294MPa。

5）在任何情况下曲轴箱的油温，氟利昂压缩机不超过 70℃，氨压缩机不超过 65℃，最低不低于 10℃。正常运行情况下，润滑油应不起泡沫（氟利昂压缩机除外）。

6）贮液器液面不低于液面指示计的 1/3，曲轴箱油面不低于指示窗的水平中心线（如果是两块油面指示窗，其油面应在两块玻璃中心线之间）。

7）压缩机运转时声音应清晰而有节奏，不应有敲击声响或其他杂音。

8）氟利昂压缩机油分离器自动回油管应时冷时热为正常。液体管道的过滤器前后不应有明显的温差，更不能出现结霜情况，否则就是堵塞。氟利昂压缩机气缸盖上应半边凉、半边热。氟利昂系统各接头不应渗油，渗油说明漏氟利昂；氨系统各阀门及连接处，不应有明显漏氨现象。

9）吸气管道和压缩机吸气口部分应结干霜，但气缸上不应结霜。

10）系统中各压力表的指针应平稳均匀摆动。

全封闭式制冷压缩机基本参数与使用条件见表 3-3 和表 3-9。

3-13　活塞式制冷压缩机起动不了或运转不正常的原因是什么？

答：活塞式制冷压缩机起动不了或运转不正常的原因如下。

1. 压缩机起动不起来

压缩机起动不了，可从电气部分和机械部分两方面考虑。电气部分从电动机以及线路控制器件检查；机器部分从压缩机的结构和传动部分来检查。现将产生原因分析如下：

1）首先检查主电路，电源是否有电，熔断器是否被烧，开关触头接触是否良好，是否缺相运行。当三相电源被烧坏一相后，电动机也能运转，但声音反常，发出"嗡嗡嗡"的声音，发现这种情况后，应立即停机，否则容易烧坏电动机。

2）检查电源电压是否正常。如果电源电压在安全供电范围内，电动机不容易起动，并发出"嗡嗡嗡"的声音，遇到这种情况，应立即切断电源停止使用，否则将会烧坏电动机。

3）检查压差继电器、高低压继电器。因压差继电器和高低压继电器都是制冷压缩机安全运行所采取的继电保护，当制冷压缩机油压（高压和低压）不正常时，均可使制冷压缩机停止运行。特别是带有复位按钮的压差继电器，当触头跳开后，按一下复位按钮看是否闭合，然后再试起动压缩机。低压继电器低压很低时，触头处于常开状态，也可使压缩机起动不起来。

4）温度继电器失调及故障。感温式温度继电器的故障有两种情况。

① 温度继电器的电源接线柱处，因受潮等原因引起放电，将绝缘物烧毁，使动静触头不能闭合。除更换温度控制器外，还应进行防潮处理。

② 动触头跳开。旋动温度继电器旋钮至低温标度区域，看触头是否闭合接通。若不闭合，拆下温度继电器，把感温包浸入温水中，再看触头是否动作，若还不通，证明是感温包内工质泄漏，需要进行修理。

5）若接通电源马上引起熔断器熔断，多是电动机线圈烧毁或匝间短路，可用万用表检查接线柱与外壳是否短路，并测量电动机的起动绕组和运行绕组的阻值。如电路中阻值变小，说明绕组绝缘层被烧毁，匝间短路。若再用兆欧表测量其绝缘电阻更能证实电动机的毛病，必须进行修理。

6）电动机引出线从机壳接线柱脱落或电动机绕组烧断。电动机不能正常运行，会发出"嗡嗡"的声音，用万用表测量有断路现象，则对电动机进行修理。

7）压缩机卡死。压缩机在运转过程中，因润滑油量少，机械运动件无润滑运转，产生干摩擦发热而造成抱轴和卡死等现象。另外，压缩机长期放置不用也会因转动件锈蚀而出现卡死不能运转的现象。

2. 压缩机起动后又立即停机

1）制冷系统中存有大量空气，高压区压力就会升高，压缩机起动困难，起动继电器会跳开，造成停机。

2）系统中制冷剂充量过多，造成高压压力升高而停机。遇到这种情况，应将多余的制冷剂排入备用制冷剂钢瓶里。

3）开启式压缩机的排气截止阀未开，造成压力继电器高压部分动作而停机，只需打开排气截止阀即可解决。

4）在开启式压缩机制冷系统中，电磁阀发生故障，不能开启，吸入压力过低致使压力继电器断路而停机。排除方法：检修电磁阀，使电磁阀与电动机同时动作。

5）温度继电器调节位置不当或出现故障，不能正确控制接通电磁阀的电路。应对温度继电器进行检修和调整。

3-14 活塞式制冷压缩机产生异声的原因是什么？

答：制冷压缩机工作时，各运动部件相对高速运动的金属表面产生摩擦。异常声音多来自气缸内部、曲轴箱内部和电动机与压缩机连接处。

1. 气缸内敲击声

1）气缸余隙容积太小，活塞顶部会撞击阀板，从而发出刚性而清脆的声音，如"嗒嗒嗒"声。碰击原因可能由于连杆大小头轴瓦磨损，间隙增大，或连杆螺钉松动，使累积误差变大，运行发生碰击。遇到此情况，只好打开气缸盖，检查活塞顶与阀板的间隙。处理方法是加厚气缸与阀板间的垫片，用熔丝检查余隙，直到符合要求为止。如果是连杆螺钉松动或其他连接件间隙问题，应停机拆卸有关部位处理。

2）螺栓松动或脱落，小螺钉、弹簧及阀片断裂或掉进气缸。这种异声杂乱无节奏，声音忽高忽低，这时制冷效果极差，压力表指针不稳定。发现这种情况，应立即停机检查修理，否则会发生破坏气缸、活塞、连杆及曲轴等事故。

3）压缩机"奔油"而产生油击。油击现象多发生在用氟利昂的中小型设备中，从吸气阀多用通道加油时，由于控制不当而产生。另外，活塞环弹性丧失或是磨损严重造成活塞环锁口太大也会引起气缸跑油，将油推到活塞顶部。若声音连续，应停机进行检查。拆下活塞连杆组，检查气缸的圆度，然后检查活塞环的间隙，必要时进行更换。

4）压缩机吸入大量液体制冷剂而产生液击。液击是压缩机气缸内吸入液体，由于液体不可压缩，被活塞推至顶部，安全压板弹簧被压缩，使排气阀座随着活塞的往复运动，造成"哨哨哨"的巨响。声音有连续的，有不连续的，只要把吸入截止阀一关，响声就会逐步消失，若严重时应作紧急停机处理。

2. 曲轴箱内部有敲击声

开启式活塞压缩机曲轴箱内部发出敲击声，主要是连杆大头轴瓦与曲轴颈的间隙因磨损而增大或连杆螺栓的螺母松动等原因引起。发现这种现象，应立即停机进行检查修理。若曲轴连杆与气缸的轴心线不一致，也会发生异常的声音，应仔细检查并加以调整，使曲轴连杆、活塞与气缸的轴心线一致。曲轴瓦断裂、过紧或由于相对高速运动产生高热烧坏轴瓦片也会引起异声。所以，曲轴瓦的配合间隙一定要按照设计规定要求认真地刮配，还要检查曲轴瓦处润滑油的供应情况。

3. 压缩机与电动机连接处引起敲击声

如果开启式压缩机出现传动带松动，压缩机传动时传动带拍打而发出"啪啪啪"的撞击声；带轮的键与键槽的配合间隙过大，转动时也会发出振动的"嘎嘎嘎"的撞击声；压缩机与电动机联轴器配合不当；联轴器的键和键槽配合不当；联轴器的弹性圈松动或损坏；联轴器内孔与轴配合松动；压缩机与电动机的地脚螺栓松动也会发出振动的声音。凡发现以上情况应立即停机修理。

3-15　活塞式制冷压缩机发生过热的原因是什么？

答：制冷压缩机在正常运行工作时，对制冷剂蒸气进行压缩会产生大量的热量；压缩机中的运动件，如曲轴、连杆、活塞及气阀等，由于运动摩擦也会产生一定的热量。在正常情况下，压缩机各运动部件的温度不超过70℃。如果超过这个温度就是过度发热，应停机进行检查。引起过热的原因如下：

1. 气缸体过热

1）气缸体采用冷却水套冷却，因冷却水太少或出现断水情况而发生过热现象。

2）活塞和活塞环发生故障或气缸中卸油引起干摩擦。应检查活塞和活塞环的尺寸规格是否符合要求，检查磨损情况，检查供油系统是否存在堵塞或供油不足。油脏也会引起摩擦发热。

3）气缸余隙过大或过小。气缸余隙过小可使压缩比过大，功耗增大；气缸余隙过大，残留在气缸内的高压气体过多而引起气缸内排气温度升高。发现这种情况，必须调整气缸的上下止点间隙，保持气缸余隙在规定的范围内。

4）活塞在气缸中的垂直度误差超过规定，引起活塞与气缸倾斜接触，或者活塞与气缸一侧接触，磨损气缸的一个侧面。以上两种情况均使摩擦加剧，产生高温。这时，应将活塞组抽去，检查活塞与连杆弯曲的情况，若发现弯曲应矫正或更换。

2. 曲轴箱的温度太高

1）曲轴箱发热的主要原因是连杆大小头轴瓦或前后轴承的装配间隙太小。发现这种情况，要重新刮研轴瓦，使轴承与轴瓦相互接触并符合要求。

2）轴承偏斜。应适当地调整其配合间隙，当检查曲轴发现有弯曲或扭曲时，须更换新曲轴或修理曲轴。

3）高低压窜气引起曲轴箱温度升高。发生窜气的部位有气阀、老系列氨压缩机的安全阀及旁通阀等处。此外，氟利昂压缩中的油分离器回油阀关不严密，气缸磨损严重等，也会引起窜气。发现这种情况，应及时检修或更换。

4）制冷机润滑油太脏或变质，油路堵塞，使供油中断，造成轴瓦缺油产生干摩擦而发热。此时，应检查油路，使其畅通并更换新油。

3. 压缩机排气温度过高

1）气阀漏气或断裂，使排气温度升高，由于排气阀片击碎后，当活塞向下运动时大量被压缩过的气体从阀片破损处倒流回气缸，进行再压缩，这样排气温度比原来温度高。若确属阀片断裂，则要拆卸更换新阀片。

2）高低压窜气导致排气温度升高，压缩机阀板的石棉橡胶垫片高低隔层被打穿，使排气温度过高。

3）蒸发压力比正常压力低，导致排气温度升高。主要原因是膨胀阀开启度过小或液体管路堵塞，则排气温度升高。处理方法：调膨胀阀开启度和疏通液体管路。

4）气缸冷却水阀未开，或开得过小导致排气温度过高。

5）吸气温度过高。吸气温度升高的原因：制冷系统制冷剂不足、膨胀阀开启过小、吸气管绝热层被破坏、高低压窜气等情况造成。

3-16 活塞式制冷压缩机产生不正常振动的原因是什么？有哪些排除方法？

答：造成活塞式制冷压缩机不正常振动的主要原因：

1）安装时压缩机与基座螺钉未紧固或压缩机放置不平。

2）气缸余隙过小，造成活塞碰阀板，发出刚性清脆的敲击声。

3）液体制冷剂大量吸入气缸而产生液击，引起振动。

4）压缩机奔油而产生油击引起振动。

5）连杆大头瓦与曲轴颈的间隙因磨损而增大或连杆螺栓的螺母松脱引起振动。

6）曲轴中线与机身气缸轴心线不垂直。

7）阀片断裂或阀螺钉松脱，断裂的阀片落入气缸内。

8）电动机转子与定子之间摩擦引起电动机振动。

9）压缩机和电动机的键松动或 V 带松动引起机组振动。

10）制冷系统的管路卡得太松、断裂、相互碰触，管道支架刚性不好，支架本身振动等都会造成管路振动。

11）压缩机管道的急转弯处气流方向急剧变化，使管壁受到的撞击力增加，造成管道的振动。

处理方法：准确地找出振动原因，采取相应措施。注意间隙的调整，螺钉的紧固，合理布置管道，尽可能平直，避免急转弯。

3-17 活塞式制冷压缩机卡死、气缸拉毛的原因是什么？有哪些排除方法？

答：压缩机卡死的主要原因是润滑油中有脏污杂质，导致液压泵输油管阻塞，气缸缺油，引起活塞环对气缸壁的强烈干摩擦。发现这种情况，更换新润滑油，检修液压泵管路。

气缸拉毛的原因：

1）活塞与气缸间隙太小，活塞环开口尺寸太小，容易卡住活塞而将气缸拉毛，处理方法：按要求间隙重新装配。

2）压缩机润滑油选用不合理，产生积炭易使气缸运动部件卡住，造成活塞在高温下受热膨胀而引起拉缸。因此按规定合理选用冷冻润滑油的牌号。

3）连杆中心平面与曲轴颈轴线不垂直，使活塞走偏，引起气缸拉毛。这时应重新检修调整。

3-18 活塞式制冷压缩机产生湿压缩的原因是什么？

答：压缩机产生湿压缩有下列这些原因：

1）热力膨胀阀失灵，开启度过大，进入蒸发器的液体制冷剂过多，造成蒸发不充分，使压缩机吸入了湿蒸气。

2）电磁阀失灵，停机后大量液态制冷剂进入蒸发排管，再次开机时进入压缩机。

3）热力膨胀阀的感温包松动或未绑扎，致使热力膨胀阀开启度增大。

4）起动压缩机时，蒸发温度较高，而压缩机吸入阀开得太快，造成突然吸入。

5）整个制冷系统制冷剂过多，也能产生湿压缩。所以每一台设备在充加制冷剂时一定要严格控制加入量，不可少加或多加。

3-19　活塞式制冷压缩机排气压力过高或过低的原因是什么？

答：活塞式制冷压缩机排气压力过高或过低的原因分别如下：

1. 压缩机排气压力过高

1）水冷冷凝器冷却水量不足或风冷冷凝器的冷却风量不足。应检查水阀是否全开，加大供水或检查电动机的电压、转速，检查传动带是否过松。

2）冷凝器管簇表面水垢过厚或油污太厚，造成散热困难，使制冷剂冷凝温度升高，排气压力增高。应清除冷凝器管簇内水垢，刷洗管间油污，使冷凝器管簇表面清洁干净。

3）制冷系统内有空气造成冷凝压力升高，因为空气是不凝性气体，所以应将制冷系统的空气按放空操作排除。

4）制冷剂灌注过多。应排出多余的制冷剂。

5）压缩机排气管道中阀门未开足或发生故障，造成压力过高。应检查并修理阀门。

2. 压缩机排气压力过低

压缩机排气压力过低的原因：主要是制冷系统的制冷剂不足；排气阀门或阀片有漏气现象；冷却水温度过低或冷却水量过大；吸入压力过低而导致冷凝压力过低。

3-20　活塞式制冷压缩机液压泵压力过高或过低的原因是什么？

答：活塞式制冷压缩机液压泵压力过高或过低的原因分别如下：

（1）液压泵没有压力　液压泵没有压力的主要原因是油压表损坏；接管堵塞，液压泵吸入管堵塞；液压泵内腔有空气（多数发生在检修后忘记注油灌泵所致）；液压泵传动件损坏。发现上述情况应停机查明原因，确定相应办法检修。

（2）液压泵压力过高　液压泵压力过高的主要原因是液压泵油压表损坏或失灵；液压泵排出管道阻塞；液压泵压力调节阀关得过小。

（3）液压泵压力过低　液压泵压力过低的主要原因是曲轴箱中油量过少；吸

入管道受阻或过滤器堵塞。液压泵压力过低时（视油镜中看到泡沫状），应将膨胀阀关小，或将吸入阀暂时先关小。

3-21　活塞式制冷压缩机机体上产生严重结霜的原因是什么？

答：制冷系统正常运行时，蒸发器或部分低压管上只结有一层薄霜，若压缩机长时间工作，霜层就会加厚。引起压缩机机体上严重结霜的原因有：

（1）系统中制冷剂太多　当压缩机气缸内吸入过冷的气体或是湿蒸气，通过吸气阀、气缸壁和曲轴箱蒸发吸热，使缸体温度降低，在外部产生结霜现象。若吸入大量的湿蒸气，还会发生液击现象，损害气缸阀片。

（2）热力膨胀阀节流孔太大　当节流孔调节太大，使进入蒸发器的制冷剂增加，造成蒸发不充分，使压缩机气缸吸入过冷气体或湿蒸气。

（3）热力膨胀阀感温包位置安放不妥　热力膨胀阀的感温包应放在蒸发器的出口端。若随便放在箱内温度较高的地方，则感温包感受的温度高，热负荷大，使膨胀阀传动杆向下移动，节流孔开大，造成进入蒸发器的液体制冷剂过多。

压缩机严重结霜时，机体温度低，使放在里面的冷冻机润滑油温度降低，使氟利昂制冷剂与冷冻机润滑油的溶解度加大，冷冻机润滑油发泡加剧，影响润滑部位油膜的形成，加剧运动部件的磨损。

出现上述情况，确定原因，采取相应措施，按规定严格控制制冷剂的加入量；调节好热力膨胀阀的开启度以及选择感温包存放位置，消除机体上结霜。

3-22　如何检查全封闭式制冷压缩机故障？

答：全封闭式机组由于压缩机和电动机都封闭在一个薄钢板做成的壳体（泵壳）中，泵壳上的吸、排气管上又不装设吸、排气截止阀，检查故障时又无法装吸、排气压力表。同时，系统的管路连接是以焊接为主，很少使用（甚至不用）接头或接扣连接，其节流机构多数用毛细管，因此给检查故障和修理带来一些困难。但是，由于制冷压缩机为封闭式，所以系统密封性好，制冷剂不易渗漏，空气又不易进入系统，泵壳里的冷冻机润滑油不易进入系统，使系统含油量少；制冷剂注入量适中，不易产生液击现象；对系统的清洁工作做得较严格，污物少，不易阻塞等优点。因此，它与开启式机组比较，产生故障的机会就少。而封闭机组的最不利因素是，一旦电动机的冷却条件恶化，就很容易烧毁绕组。另外，当电动机绕组烧毁或压缩机的零件有损坏时，都需要剖开泵壳才能修理。

全封闭式制冷机故障检查方法，一般可按以下步骤进行：

（1）检查电动机绕组　将电动机（包括主电动机及风机电动机）接线盒内的电源线拆下，分别检查电动机绕组的故障。检查分3方面进行：

1）绕组断线检查。泵壳内接线柱的接线头焊接不牢，在长期运行中松脱或断线。

2）绕组通地检查。所谓通地检查，就是检查电动机绕组受潮和绝缘情况。如果属于绝缘不好，就会造成接地事故。检查时用万用表逐相检查。如果绝缘电阻较小，应进行烘干，烘干后再检查绝缘电阻，当电阻大于 0.5MΩ 时，即可使用。

3）绕组短路检查。绕组短路包括：绕组匝间短路；绕组烧毁；绕组与绕组间短路；极相组间短路；相间短路。检查短路可用兆欧表或万用表检查相间绝缘，如绝缘电阻较低，说明该两相已短路。如果电动机绕组烧毁，则要重绕线圈。

电动机通过上述 3 项检查合格后，即可试运转。

（2）检查压缩机 先是外观检查，各接头焊口是否有裂纹，用检漏灯检漏。电动机经检查后，若无故障，可接通电源运转；若电动机起动不起来，并有"嗡嗡"响声，这是压缩机故障，即运动件"咬煞"或零件"搁煞"。就要剖开泵壳检修。若能运转，就需要用半导体点温计测量制冷压缩机吸、排气口温度，用于判断制冷剂多少及缸内窜气情况。测量蒸发器中部纯铜管外的温度及冷凝器外壁温度，用于判断制冷工况。

（3）检查制冷剂 如压缩机运转不制冷或制冷量不足，可再听听毛细管的气流声是否正常，然后将泵壳上加制冷剂的管封头锯掉，将系统内制冷剂放掉，焊上 φ6mm 纯铜管一段，并套上接扣，装好喇叭口，接上关闭阀（若泵壳上有关闭阀，就不需另接管及阀）。若是制冷剂少了，可先补加制冷剂，并在关闭阀上装一只低压表，观察其吸气压力值。若制冷量能达到，必须用肥皂水或检漏灯查漏。特别要注意泵壳接线柱的渗漏，查出漏点，并加以补焊好。

（4）检查压缩机效率 若加制冷剂无效，可将制冷剂抽出（另用压缩机抽），割断泵壳上的吸排气管，然后接电源运转，用手指按住排气管让压缩机压气。当压气至手指按不住时，再用手指按住吸气管感觉有吸力，一般认为压缩机是可以用的，如图 3-24 所示。

（5）检查系统是否阻塞 若压缩机效率尚好，就应检查系统中的故障，检查毛细管、过滤器是否阻塞。可用氮气或压缩空气吹试，观察其是否畅通。

如果需要剖壳分拆，则剖壳应在原封口处进行，用钢锯或用专用机床切开，切不可用氧气焊来吹割，以免烧毁泵壳内的零件。剖壳后逐个零件进行分拆测量，检修完毕之后，用电焊或氩弧焊焊牢，然后试漏、真空干燥、充灌制冷剂，最后调试运行。

加制冷剂封管

图 3-24 简易检查压缩机效率

3-23 制冷压缩机的检修目的是什么？

答：活塞式制冷压缩机能否经常处于完好的运转状态，防止事故的发生，除了合理地操作之外，还要做好经常的维护与检修工作。因为制冷设备经过一定时间运行后，各运动部件和摩擦件会出现相应的磨损或疲劳，有的间隙增大，有的丧失工作性能，致使零件表面的几何尺寸与机件间的相对位置发生变化，超过了设备出厂时的要求尺寸和公差配合，就会减少设备输出功率、降低设备效率、增加能耗，引起制冷设备运行费用的增加。因此，当设备使用到一定时间后，应实行有计划的修理，以使设备恢复原来的精度和制冷效率。

检修的目的是将零件拆卸后进行检查，并根据零件的磨损或损坏情况，选择修理或更换的方法，以恢复原来的尺寸和性能，确保压缩机的正常运转。

压缩机在运转中，零件会产生磨损，如磨损超过一定限度，不及时检修，发展到一定程度，机器就会发生突然故障而被迫进行事故修理。为了防止事故的发生，应做到以预防为主，根据设备使用情况和零件的磨损规律，实行有计划的检修，才能满足生产工艺要求。

3-24　制冷压缩机的检修类别和内容是什么？

答：活塞式制冷压缩机计划检修一般分为大修、中修、小修。大修时，其内容包括中修和小修，中修时，其内容包括小修。

（1）小修　制冷压缩机运行 700~1000h 应进行小修，其内容如下：

1）压缩机气阀组和截止阀。检查和清洗阀片、内外阀座，更换已损坏的阀片、弹簧、开口销等；调整其开启度，并对阀片进行严密性试验，排除所有截止阀沿阀杆泄漏处。

2）气缸与活塞。检查气缸套与阀座接触密封是否良好；检查气缸壁表面粗糙度；检查气缸余隙；检查气缸与活塞间隙。

3）连杆体和连杆大头轴瓦。检查连杆螺栓、螺母及开口销的紧固性和防松铅丝有无松脱及折断现象。

4）润滑系统。清洗曲轴箱及油过滤器，更换润滑油。

5）其他。检查卸载装置的灵活性；查看油冷却器是否有漏水和有污垢现象；检查和清洗吸气过滤网；检查机体连接螺母是否松动；机体各连接面是否密封；传动带松紧情况。

通过上述几个主要部分检查，并记录相邻近一次中修时所需更换的零部件，作好中修的技术资料准备。

（2）中修　制冷压缩机运行 2500~3000h 以后，应进行中修。中修除要进行小修内容外，还要包括以下工作内容：

1）压缩机气阀组和截止阀。检查调整阀片开启度；研磨吸排气阀座；消除阀片不严密处；更换已老化的阀簧。检查截止阀是否关闭严密，必要时更换阀芯巴氏合金，排除阀门阀杆漏泄现象。

2）气缸和活塞。检查活塞环和油环的锁口间隙，活塞环轴向、径向间隙及弹力是否符合要求，否则应更换新的；检查活塞销与销座的间隙及磨损情况。

3）连杆体及连杆大头轴瓦。检查连杆大头轴瓦径向和轴向间隙，以及小头衬套的径向间隙和磨损情况，若超过极限尺寸，应更换新的。

4）曲轴和主轴承。测量各轴承的径向和轴向间隙，必要时进行修整。

5）轴封。检查和调整轴封各零件的配合情况，清洗轴封，疏通油路。更换轴封橡胶圈。

6）润滑系统。检查和清洗三通阀及润滑系统；检查和调整液压泵配合间隙。

7）其他。检查卸载装置是否良好；检查电动机与压缩机传动装置的倾斜度和轴线的同轴度；检查压缩机基础螺栓紧固情况；检查联轴器并更换已损坏的弹性橡皮圈等。

（3）大修　对制冷活塞式压缩机进行全部分解，除完成中修内容外，还包括如下内容：

1）压缩机气阀和截止阀。检查修复或更换气阀组合件，并保证其良好的工作性能。安全阀定压加铅封。修理吸排气截止阀、旁通阀、油压调节阀，更换阀门填料。

2）气缸套和活塞。测量气缸套和活塞的间隙，以及气缸套和活塞的磨损情况。若超过极限尺寸，应更换气缸套或活塞（包括活塞环和油环）。

3）连杆体和连杆大头轴瓦。依照修复后曲拐轴径配大头轴瓦，或重浇轴承合金；修复后连杆大头孔来配大头轴瓦。测量活塞销的圆度和圆柱度以及磨损情况；测量连杆大头与小头孔的两个方向的平行度，以确定连杆是否弯曲。

4）曲轴和主轴承。测量曲柄销的圆跳动、平行度，主轴颈的圆度、圆柱度以及裂纹、沟槽等情况，以便修理更换。修理或更换前后主轴承或重新浇注巴氏合金。

5）轴封。检查静环和动环的密封面是否良好，内、外弹性圈是否老化，橡胶密封圈与轴封弹簧性能是否符合要求，否则应研磨密封面或更换新的。

6）润滑系统。修整和更换液压泵齿轮轴，检查液压泵齿轮与液压泵腔配合间隙，必要时更换液压泵齿轮。

7）其他。检查卸载机构顶杆的磨损情况或更换顶杆、更换顶杆小弹簧和开口销；检查油泵活塞及其弹簧，并试验其灵活性及严密性；检查和校验压缩机的压力表、控制仪表和安全装置；检查和清洗回油浮球阀，或进行修理；清除气缸冷却水套中水垢；检修保温管道及绝热材料的寿命并重新保温；清除辅助设备表面铁锈，吹除内部污物油腻。

3-25　制冷压缩机检修前应做哪些准备工作？

答：制冷压缩机检修前应做如下准备工作：

（1）检修人员的组织准备　对检修小组的成员要实行分工负责制，使检修工作有顺序地进行，同时机器因检修而出了故障便于查处，以便加强修检人员的责任心。

（2）零部件的准备 零部件的准备包括吸气、排气阀片，气阀弹簧，内外阀座，活塞，活塞环，刮油环，气缸套，活塞销，液压泵齿轮和泵轴轴衬，轴封动摩擦环和固定摩擦环及主轴承等，准备工作尽可能做得充分些，才能加快修理进程。

（3）准备检修用材料 检修前应准备好所需用的材料，各种用途的布料，如纱布、白布、绸子以及清洗零件用的旧布和刷子；油料，如汽油、煤油、润滑油和润滑脂；其他材料，如各型号的填料、耐油橡胶石棉板，粗细研磨砂瓦、油石、砂纸，开口销或铅丝，熔断器，气筒和手灯，纯铜管，卤素检漏灯以及硅胶等。

（4）准备工作台和检修工具 检修前应将工作台搬到机器附近，以便放置机器零件和工具等。准备好检修压缩机的常用工具。

（5）做好清洁和安全工作 机器拆卸前应把机体和周围的场地清扫干净，室内通风良好，清洗零件用的汽油、煤油等禁止与明火接近，防止发生火灾。

（6）做好检修记录 检修压缩机时，应将拆卸的零部件逐一测量，其测量值必须详细记录，并把更换的零件和试车情况记录下来，存入维修档案，作为下次检修的依据。

3-26 制冷压缩机检修前的基本操作是什么？

答：制冷系统需要进行计划检修，或者因制冷机、辅助设备、阀门发生故障需要修理时，为了减少环境污染，都必须将制冷剂从制冷系统或某一局部取出或转移到某一容器中贮存。假如要排入备用钢瓶内，要估计到备用钢瓶的贮存容积应大于制冷系统的制冷剂液体的容积，保证容纳得下才行。另外，备用瓶内应干燥并抽真空。

制冷系统取氨和氟利昂的基本操作方法有两种：一种是将液态制冷剂直接灌入钢瓶，它抽取部位选在贮液器（或冷凝器）出液阀与节流阀之间的液体管道上。另一种方式是将制冷剂以过热蒸气的形式直接压入钢瓶，与此同时对钢瓶进行强制冷却，促使进入钢瓶的制冷剂过热蒸气变成液态而贮存在钢瓶内。它抽取部位选在制冷剂排出端。两种方法相比，前者抽取制冷剂速度快，但不能抽取干净；后者抽取速度慢，但能把系统中制冷剂抽尽。前者用于大容量制冷系统；后者用于容量小的制冷系统。无论采用哪种方法，其抽取原理都是靠压力差进行的。

除上述基本方法外，对于因制冷压缩机本身结构特点而不能抽取制冷剂时（如半封闭、全封闭式），就必须用另外一台小型压缩机组来协助完成抽取制冷剂的任务。

3-27 怎样从制冷系统中提取氨？

答：从制冷系统中提取氨的操作方法及步骤如下：

1）准备一定数量的氨瓶、磅秤、取氨工具、劳保用品及操作工具，按图 3-25 进行接管。

2）按正常程序起动制冷系统进行制冷，使冷量积存于蒸发器水箱中。逐步关小节流阀，蒸发器水箱中水温接近于 0℃ 时，关闭节流阀，使蒸发器压力维持在 "0" MPa（表压）左右，制冷系统停止工作。

3）在制冷系统停止工作之前，关小冷凝器冷却水，有意提高冷凝压力到 1.373MPa 左右。

4）停机之后，蒸发压力不应上升，否则还须起动制冷机再次对蒸发器进行抽氨。

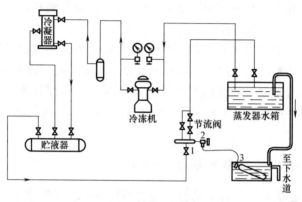

图 3-25　制冷系统取氨示意图

1—供液总阀　2—充氨阀　3—氨瓶阀

5）将蒸发器水箱内的低温水引出，淋浇于放在槽内的氨瓶上，并经常搅动槽内低温水。使氨瓶受到均匀冷却。然后开启阀 1 及阀 2 和氨瓶阀，氨瓶内制冷剂由于受到低温水的冷却而相应的饱和压力不高，这样氨瓶内的压力和贮液器压力就形成了一个压力差，此时贮液器中的液态氨在压差的推动下迅速进入空的氨瓶内。

在抽取氨的过程中，应严格控制液氨进入氨瓶中质量（经常用秤称），一般不得超过氨瓶容积的 60%。如果将氨瓶灌满液氨，当氨瓶从低温水中取出时，受到高于低温水的环境温度影响，氨瓶内压力将会很快上升，加之瓶内无膨胀余地，其后果是比较危险的。

6）氨瓶中装足了规定的质量后，关阀 2 及氨瓶阀，另换一瓶再抽取，直到贮液器内压力下降到与氨瓶受低温水冷却时的饱和压力相等时，可以认为制冷系统取氨基本完毕。系统所剩余部分氨气体及其油污杂质，可以通过紧急泄氨器或系统中最低点放入下水道，或者用水稀释成为氨水作肥料。

3-28　怎样从制冷系统中提取氟利昂？

答：从制冷系统中提取氟利昂时的操作方法及步骤如下：

1. 从小型开启式制冷机组提取氟利昂

1）将压缩机的排气截止阀阀杆逆时针退足（俗称倒煞），把多用通道关闭，旋下旁通孔的闷塞，装上 T 形或直形接头（用 T 形接头可附装一高压压力表）。直形接头可参考图 3-26 加工，依照图 3-27 接好取氟利昂管（一般用 φ6mm×1mm 纯铜管做成），把这个接头和备用钢瓶的阀接头连接起来并旋紧接扣。

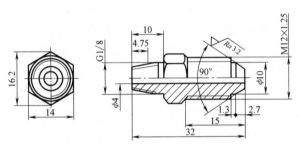

图 3-26　直形接头

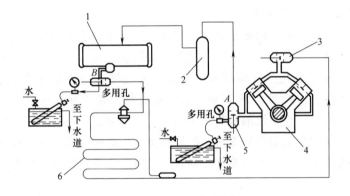

图 3-27　制冷系统取氟利昂示意图

1—冷凝器　2—油水分离器　3—吸气阀　4—冷冻机　5—排气阀　6—蒸发器

2）顺时针旋动排气截止阀阀杆，稍开即关。再把钢瓶一端的管接扣旋松片刻又旋紧，让从系统放出的制冷剂蒸气将管内空气排出。

3）旋开钢瓶阀，并用冷水浇钢瓶，或把钢瓶浸在冷水中。因为从压缩机压入钢瓶的是制冷剂过热蒸气，必须对它进行强制冷却，以便使它迅速凝结为液体，并可使冷凝压力降低，加速抽出速度。

4）起动压缩机。为避免排气过急而击坏阀片，或热蒸气来不及散热致使冷凝压力过高，应事先将吸气截止阀关小。

5）完全关闭压缩机的排气截止阀，使系统内的制冷剂全部由旁通孔排入钢瓶。这时，必须要连续地向钢瓶浇冷却水，保证及时散热。其排气压力应不超过 1.472MPa（表压）。

6）当排气压力逐渐下降，或手摸排气管不太烫时，便可逐渐开大吸气截止阀（反时针旋）。

7）当压缩机连续运转了相当长时间后，可以看到吸气压力逐渐下降，当压力表指针为"0"MPa（表压）或更低些时，系统中的制冷剂基本上抽空，留下的只是少量的制冷剂蒸气，及时停机。

8）立即关闭钢瓶阀。稍等几分钟，观察吸气压力表指示值的回升情况，若吸气压力回升至"0"MPa（表压）以上，就要重新打开钢瓶阀，起动压缩机继续抽出。若停机后，吸气压力并不回升，这才说明系统内没有液态制冷剂。至此，可以倒煞排气截止阀以关闭其旁通孔。

若压缩机本身因有故障不能利用，或压缩机为全封闭式或半封闭式，则需另用一台开启式压缩机来进行抽氟利昂的工作。因为这两种形式压缩机的电动机绕组靠制冷剂来冷却，如制冷剂在逐渐抽空的过程中作较长时间的运转，电动机极易发热烧毁。另外，大多数的全封闭式压缩机连抽出制冷剂所必需的吸、排气截止阀也没有，故无法实行自身抽排制冷剂。

2. 容量较大制冷系统提取氟利昂

从容量较大制冷系统提取氟利昂，因制冷系统注入的制冷剂量大，若用自身压缩机抽出制冷剂，容易发生危险，同时要耗费很长时间。这时，可以先从贮液器或冷凝器的关闭阀旁通孔上（输液阀上要有旁通孔结构的才能采用此法）接铜管，并与备用钢瓶接上，如图 3-28 所示。关闭输液阀，起动制冷压缩机，让制冷剂液直接排入备用钢瓶。当系统的吸气压力低于"0"MPa（表压）时，可以停机。最后，因系统所剩的少量制冷剂无法从贮液阀排出，这时可再从排气截止阀处另接一台小型压缩机组来抽，具体可参照小型开启式制冷机组提取氟利昂办法进行。

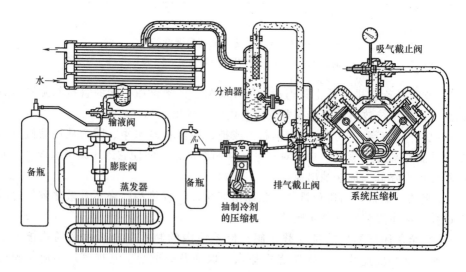

图 3-28　从输液阀排出制冷剂

3-29　从制冷系统中提取氨或氟利昂应注意哪些事项？

答：从制冷系统中提取氨或氟利昂的注意事项是：

1）氟利昂制冷系统一般装有电磁阀及高低压继电器。在抽取制冷剂过程中，电磁阀应从电路上采取措施，使它在压缩机停机的情况下畅通。而对于装有低压继电器的制冷设备，操作前应预先将其触点接至短路，以免抽制冷剂时，因吸气压力的下降，使触点分离而停机，影响压缩机的连续运转。

2）对于直接蒸发表面式冷凝器，在抽取制冷剂过程中，蒸发温度较低，制冷剂不易流出。应将通风机起动，提高蒸发温度，以帮助抽取制冷剂。

3）抽取制冷剂之前，应对整个系统进行检漏，以免在抽取时，低压系统达到负压而从漏口进入空气，影响抽取制冷剂的纯度。

4）若制冷系统多台并联，而又只需要修理其中之一时，应根据整个制冷设备管路的连接情况，将需修理部位的制冷剂转移到其他系统中。

5）若贮液器出液阀到压缩机吸气口的任何部位发生故障需要检修时，可不抽出制冷剂。将出液阀关闭，起动制冷压缩机，将这部分制冷剂回收到冷凝器贮液器中。但在抽取时吸气压力不能低于"0" MPa（表压），以免空气从故障之处进入冷凝器里。

6）在抽取制冷剂过程中，应注意各部位温度、压力的变化。若不正常，应查明原因，待消除后再抽取。

3-30　开启式制冷压缩机维修前的具体操作是什么？

答：开启式制冷压缩机维修前的具体操作是：

1）检查制冷压缩机各连接处是否严密，然后关闭吸气阀，开启气缸冷却水。

2）起动制冷压缩机，待曲轴箱呈真空时停机，关闭排气阀。如果曲轴箱达不到真空，或者停机之后曲轴箱压力很快回升。这说明吸排气腔窜气严重。这时关闭吸排截止阀，将曲轴箱中制冷剂放掉。

3）确认制冷压缩机内部无制冷剂时，可以分解压缩机。

若是制冷系统大修，则制冷压缩机就用不着上述程序，待系统制冷剂抽完之后，直接拆卸即可。

3-31　检查制冷机故障的基本方法是什么？

答：在制冷装置的运行过程中，经常会出现一些故障。例如，冷藏室温度降不下来；压缩机组运行不正常，发热异常等。在这种情况下，如何找出故障的原因，再对症下药给予排除呢？人们在长期的检修实践中形成了一套对运行着的制冷机的检查方法。概括地说，就是一看、二听、三摸。下面将分别具体说明。

1. 看

1）看压缩机高低压力值的大小。设备在正常运行情况下，高压值即压缩机排气压力值，应与冷凝压力（p_k）值相对应；低压值即压缩机吸气压力值，应与蒸发压力（p_0）值对应，蒸发温度一般比冷藏室内温度低15℃左右。

如果上述压力值过高或过低都是属于不正常的。表3-31为正常情况下不同制冷剂的压力值。

表3-31 制冷机正常运转时吸气压力及最高排气压力值（单位：MPa）

压力类别	温度范围	制冷剂			
		R12		R22	
		冷却介质			
		水冷	风冷	水冷	风冷
		压力值			
排气	空调	1.08（45℃）	1.26（50℃）	1.74（45℃）	2.21（55℃）
	中低温箱 -80~0℃	0.96（40℃）	1.08（45℃）	1.55（40℃）	1.74（45℃）
吸气	空调	5~7℃所对应的饱和压力值			
	中低温箱 -80~0℃	与蒸发温度相对应的饱和压力值 空气自然对流:蒸发温度比冷箱(库)温度低10~15℃ 空气强迫对流:蒸发温度比冷箱(库)温度低5~10℃ 水自然对流:蒸发温度比水温低5~7℃ 水强迫对流:蒸发温度比水温低5℃左右			

注：1. 排气压力值下面括号内是指夏季最高冷凝温度。
2. 采用R13时的排气压力为0.78~1.18MPa。
3. 制冷机刚开始运转的20min左右，其排气压力可能偏高，是属正常现象。
4. 在降温过程中，上述吸气压力与冷箱温度相对应的饱和压力的差距要大得多，属正常情况。只有当箱温下降到接近要求值时，压差才靠近上述数值。

2）看结霜情况。电冰箱在毛细管出口和蒸发器的进口相连处开始，到蒸发器出口处为止，这一段内结霜为最好。霜层应连接均匀，霜层较薄，表面闪光，湿手摸去有黏手感。

如果结霜一直延续到气缸上，或者蒸发管只有前半段结霜、后半段不结霜，或者结霜不均匀、不连续都属于结霜不正常，应分析、检查原因。

3）看压缩机曲轴箱内的润滑油处在油面指示器（或称视油窗）所规定的水平附近。小型压缩机的油面则处于曲轴轴线的附近。若有显著下降，则是缺油的表现。

4）看温度继电器的调值。

2. 听

1）以声响来判断压缩机的运转。正常运转时，听到的只是压缩机发出的轻微的连续而均匀的阀片跳动声。有下列情况之一者就是故障。

①缸内有敲击声，一般是润滑油敲缸，或是制冷剂的液击现象造成的。

②缸内有较重的摩擦声。这是由于润滑油不足或无油干摩擦造成的。

③外部有拍击声。多半是由于传动带太松，敲打或者损坏所引起的。

④在停机过程中，更清晰地听到机体内运动部件的连续撞击声。这可能是由于运动部件间隙过大或松动造成的。

2）听膨胀阀工作时制冷剂流动声音。正常情况下，能听到膨胀阀内有制冷剂流动的连续微小声响。而且在膨胀阀体的进液口接头至阀体过滤器这一段不结霜。

①听到膨胀阀内是断断续续的"咝咝"流动声而不是"咝——"的喷射声。说明制冷量减少或是断续流过的。

②发现膨胀阀进液口接头至阀体过滤器这段已结霜，则说明有堵塞现象。

3）听电动机运转是否发出异常声音（压缩机机体外壳撞击箱体或底座的声音或制冷系统管路的撞击声）。

3. 摸

1）先用手摸压缩机运转时前后轴盖，其温度一般应不超过70℃，若摸上去感觉烫手，说明轴承温升过高，应停机检查原因。

2）摸制冷系统中吸排气管的冷热程度。正常情况吸气管应结霜或者结露，有冷的感觉，否则就不正常。排气管则应该很热，摸上去感觉烫手，否则属不正常。同样，摸冷凝器应有热感，摸蒸发器应有冷感，否则也是不正常的。

3）摸过滤器的冷热程度。单级制冷压缩机过滤器的表面温度应比环境温度稍高些（像温水那样热的感觉）。若出现显著低于环境温度或凝露的现象，说明其中滤网的大部分网孔已阻塞，使制冷剂流动不畅通而产生节流降温。

4）摸系统连接件的接头处和轴封等部位，若发现有油迹，则是冷冻油和制冷剂泄漏造成的。

5）修理好的制冷机，要用手转动一下带轮，看是否能灵活运转，若转不动就需要检查原因。没有查清之前不能接通电源。

对于长久搁置不用的制冷机，首先要确定它是否能起动运转，为此可转动压缩机的飞轮或联轴器，看是否能旋转一圈。若转不动，一般情况是压缩机内部运动件"咬煞"或"搁煞"之故，需拆卸压缩机检修；若能转动一圈，即可打开各部阀门，装上压力表，合上电源，让制冷机在运转中按上述方法继续检查。

由于制冷机是各个部件的组合体，它们彼此相互联系和相互影响。因此，只查出一种反常现象是较难判断出真正的故障，一般需要找出两种或两种以上的反常现象来判断一个故障，才具有较高的正确性。这是因为一种反常现象很可能是多种故障所共有的，而两种或两种以上反常现象的同时出现，才能分析出真正故障所在，以便确定解决问题的方法和措施。

3-32　拆卸制冷压缩机时应注意什么问题？

答：制冷压缩机检修拆卸时应注意的问题是：

1）拆卸之前压缩机应进行抽空，切断电源（电闸拉掉），关闭机器和高低压系统连通的有关阀门，拆除安全防护罩等。具体方法如下：

① 若机器内的压力在 $0.49×10^5Pa$（表压）以下时，可以从放气阀接管将微量的制冷剂直接排放到室外。

② 若机器内的压力较高，应查明原因进行排除。一般是排气阀泄漏造成的。这时应起动压缩机将制冷剂排入系统内，使曲轴箱接近真空状态，然后停机，同时关闭机器的排气阀和排气总阀。待 10min 后观察曲轴箱压力，如压力微升，则可以放气（其方法同上）。关闭与水系统连通的阀门，将气缸盖和曲轴箱冷却水管内的积水放掉。将曲轴箱侧盖的堵塞旋掉，待压力升至与外界压力相等时，利用油三通阀将润滑油放出，准备拆卸机器。

2）压缩机在拆卸时一般是先拆部件，然后再由部件拆成零件。由上到下，由外到里的步骤进行。

3）拆卸静配合的零件，要注意方向，防止击坏零件。对固定位置不可改变方向的零件，都应做好记号，以免装错造成事故。对体积小的零件拆卸后，要及时清洗装在有关零件上，防止丢失。

4）拆卸零件时不能用力过猛。当零件不易拆卸时，应查明其原因，用适当的方法拆卸，不可盲目行事，以免损坏零件。

5）对拆卸的零件要按它的编号（如无编号要自行打印），有顺序地放到专用支架和工作台上，不要乱放乱堆，以免损伤零件。

6）对拆卸的油管、气管和水管等，清洗后要用布包好孔口，防止进入污物。

零件拆完后及时清洗、除油，用布盖好，防止灰尘。

3-33　制冷压缩机部件如何拆卸？

答：各类活塞式制冷压缩机的拆卸工艺虽然基本相似，但由于结构不同，所以拆卸的步骤和要求也略有不同，应根据各类压缩机的特点制订不同的拆卸方法，下面以 8AS-12.5 氨制冷压缩机为例来介绍这种类型的制冷压缩部件的拆卸步骤和方法。

（1）拆卸气缸盖　先将水管拆下，再把气缸盖上螺母拆掉。在卸掉螺母时，两边长螺栓的螺母最后松开。松开时两边同时进行，使气缸盖随弹力平衡升起 2~4mm 时，观察纸垫粘到机体部分多，还是粘到气缸盖部分多。用螺丝刀将纸垫铲到一边，防止损坏。若发现气缸盖弹不起时，注意螺母松得不要过多，用旋具从贴合处轻轻撬开，防止气缸盖突然弹出造成事故。然后将螺母均匀地卸下。

（2）拆卸排气阀组　取出假盖弹簧，接着取出排气阀组和吸气阀片。要注意编号，连同假盖弹簧放在一起，便于检查和重装。

（3）拆卸曲轴箱侧盖 拆下螺母可将前后侧盖取下，同时要注意油冷却器，以免损伤。若侧盖和纸垫粘牢，可在粘合面中间位置用薄錾子剔开，应注意不要损坏纸垫。取下侧盖时，要注意人的脸不应对着侧盖的缝隙，以免余氨跑出冲到脸上，然后检查曲轴箱内有无脏物或金属屑等。

（4）拆卸活塞连杆部件 首先将曲轴转到适当的位置，用钳取出连杆大头开口销或铅丝拆掉连杆螺母。取下瓦盖，然后将活塞升至上止点位置，把吊栓拧进活塞顶部的螺孔内，利用吊栓可将活塞连杆部件轻轻地拉出，防止擦伤气缸表面。当活塞连杆部件取出后，再将瓦盖合上，防止瓦盖编号弄错，以影响装配间隙。

1）取出的活塞连杆部件与配合的气缸套应是同一编号，再按次序放在支架上并用布盖好。

2）若连杆大头为平剖式，可将活塞连杆部件和气缸套一起拉出。若拉不出时，用木棒轻轻敲击气缸套底部或用木块一端放在曲轴上，而另一端与气缸套底部接触，这时将曲轴微量转动一下即可拉出。

（5）拆卸卸载装置 先拆卸油管的连接头。在拆卸机体的卸载法兰时，螺母应对称拆掉，再将留下的两只螺母均匀地拧出。因里面有弹簧，要用手推住法兰，将螺母拆下即可取出法兰和液压缸活塞。若油缸取不出时，可以在机器的吸入腔内用木棒敲击液压缸，将液压缸、弹簧和拉杆等零件取出。

（6）拆卸气缸套 先将两只吊栓旋进气缸套顶部的螺孔内，借助吊栓拉出气缸套。拉出时，要注意气缸套台阶底部的调整纸垫，防止损坏。

（7）拆卸油三通阀与粗滤油器 先拆卸油三通阀与油泵体的连接头和油管，再拆下油三通阀（注意六孔盖不能掉下，以免损伤，还要注意其中的纸垫层数），取出粗滤油器（网状式）。

（8）拆卸转子式油泵与精滤油器 先拆下滤油器与液压泵的连接螺母，取下滤油器（梳状式）、液压泵和传动块。

（9）拆卸吸气过滤器 先将法兰螺母拧下，再将留下的两只螺母对称均匀地拧出。拆卸时要用手推住法兰，以免压紧弹簧弹出。取下法兰、弹簧和过滤器。

（10）拆卸回油过滤器 拆卸粗滤油器时，将螺栓拆下，取出网式滤芯。

（11）拆卸回油浮球阀 先拆卸浮球阀的出油孔与曲轴箱的进油孔连接螺母，再拆下机体的出油孔与浮球阀的进油孔连接螺母，然后拆下机体与浮球阀平衡管的连接螺母。

（12）拆卸联轴器 先将压板和塞销螺母拆下，移开电动机及电动机侧半联轴器，从电动机轴上拉出半联轴器，取下平键。拆下压缩机半联轴器挡圈和塞销，从曲轴上拉出半联轴器并取下半圆键。

另一种联轴器的拆卸方法：首先拆下传动块、电动机半联轴器和中间接筒的连接螺栓，移开电动机，再拆下压缩机半联轴器与中间接筒的连接螺栓。取下中间接筒，拆下曲轴端挡块，然后敲击联轴器，分别将两个半联轴器和键从电动机轴和压缩机轴上取下，并把键放好。

（13）拆卸轴封　首先均匀地松开轴封端盖螺栓，对称留两只螺母暂不拆下，其余的螺母均匀拧下。用手推住端盖，对称螺母慢慢地拆下，同时应将端盖推牢，防止弹簧弹出。顺抽取出端盖、外弹性圈、固定环、活动环、内弹性圈、压圈及轴封弹簧，应注意不要碰伤固定环与活动环的密封面。

（14）拆卸后轴承座　首先将曲柄销用布包好，防止碰伤，再用方木在曲轴箱内把曲轴垫好。将前后轴承座连接的油管拆掉，然后拧下后轴承座周围的螺母，用两只专用螺栓拧进后轴承座的螺孔内，把轴承座均匀地顶开，慢慢地将轴承座取出，防止用力过猛卡住而将曲轴带出，放置时防止损坏轴承座的密封平面。

（15）拆卸曲轴　曲轴从后轴承座孔抽出。抽曲轴时，后轴颈端用布条缠好防止擦伤。曲轴前端面有两个螺孔，用两只长螺栓拧进，再套上适当长度的圆管，以便抬曲轴用。曲轴抽出来放平，注意曲拐部分不要碰伤后轴承座孔。

（16）拆卸油分配阀　拆卸油管连接头，取油管，再拧下手柄头，将油分配阀与控制台连接的螺钉拆掉，取下油分配阀。沉头螺钉及时与阀盖旋上以免丢失。

（17）拆卸安全阀　将螺母拆掉取下安全阀，同时注意纸垫不要损坏。

（18）拆卸压力表　拧下时应注意不要用力过猛，如果突然撞击部件，会造成失灵或损坏表面。

（19）拆卸吸气和排气截止阀　首先将阀盖周围的螺母拆下，并做好阀盖与阀体的记号，以免方向装错。

3-34　拆卸制冷压缩机主要部件应注意哪些问题？

答：制冷压缩机主要部件拆卸时，要注意各零件的编号和方向，避免把零件搞错。

（1）拆卸排气阀组　取出气阀弹簧时不能硬拉，以免变形。如果过紧可用手轻旋，使弹簧的直径稍微变小即可取出。拆卸钢碗时，应注意气阀的连接螺栓是否松动。拆下开口销和连接螺栓，取下内阀座，再拆下阀盖和外阀盖连接螺栓，使排气阀片和气阀弹簧与外阀座分开，并将密封面向下放在布上，以免碰伤。

（2）拆卸活塞连杆组　先拆卸气环和油环，拆卸有3种方法：

1）用两块布条套在环的锁口上，两手拿住布条轻轻地向外扩张把环取出，应注意不能用力过猛，以免损坏气环和油环。

2）用三四根0.75～1mm厚、10mm宽的铁片或用锯条（磨去锯齿），垫在环与槽中间，便于环均匀地滑动取出。

3）用专用工具拆卸气环和油环。

拆卸活塞销时，先用尖嘴钳把活塞销座孔的钢丝挡圈拆下，垫上软金属后，用木锤或铜棒轻击，将活塞销敲击。如上述方法困难时，可将活塞和连杆小头一同浸在 80～100℃的油中加热几分钟后，使活塞膨胀，然后用木棒从座孔内将活塞销很容易地推出，活塞销和连杆即被拆开。

拆卸系列 SA8-12.5 氨制冷压缩机的高压级连杆小头滚针轴承时，取下钢丝挡圈的方法与上述相同。活塞和连杆小头没有加热前，应准备引套，要求引套的直径与滚针轴承配合（滚针轴承的内径为 42mm）。加热活塞和连杆小头，当活塞销移动时，可将引套放入座孔内移至小头轴承的末端，把活塞销取出，以便检查测量或重装。注意滚针不能掉下，以免丢失或损坏。

（3）拆卸气缸套部件　气缸套上的零件有定位销和卸载部分。而卸载部分又包括：弹性圈、垫环、转动环（分左右）、开口销、弹簧和顶杆，拆卸时应按上述顺序进行。拆卸前应检查顶杆的高度是否相同，若高低不等容易将吸气阀片顶歪或工作时产生转动，加速磨损和损坏。此外，检查顶杆弹簧是否完好。

（4）拆卸精滤油器　在拆卸滤芯盖螺栓之前，先转动一下枢轴，如转不动时，说明梳片与夹片之间有杂物或梳片表面有毛刺卡住，应拆下清洗，修理或更换新梳片及夹片。

（5）拆卸油泵　先转动一下油泵是否灵活，再将螺栓拧下取出泵盖，然后取出主动齿轮和被动齿轮，拆出油道垫板记住方向。

（6）拆卸主轴承　将主轴承座装在固定位置，用螺旋式工具拉出，或用压床压出。应注意轴承座孔不能碰伤。取下定位圆销并放好，以备重装。

3-35　修理制冷压缩机过程中主要部件如何清洗？

答：在设备维修中，必须注意零部件的清洗与干燥工作。因为制冷系统是一个密封的循环系统，如果这些部件含有铁锈、砂粒和污垢等杂质，则会使气缸、排气阀、热力膨胀阀等部件堵塞及损坏，因此更换或维修前必须进行清洗。

（1）管路的清洗　安装在制冷系统上的制冷管路，弯管时向管内充填砂子，可用下列方法将砂子清除干净。

1）铜管：首先用流速为 10～15m/s 的压缩空气吹扫，再用 15%～20%（质量分数，下同）的氢氟酸溶液腐蚀 3h，以除掉弯管内壁表面剩余的砂子。再依次用 10%～15% 的苏打溶液和干净的热水冲洗，最后在 120～150℃ 温度下烘干 3～4h。为了除去蒸气，管内必须用氮气或干燥空气吹干。

2）钢管：向管内注入 5% 的硫酸溶液并保留 1.5～2h，再用 10% 的无水碳酸钠溶液中和，然后用清水冲洗干净，用氮气或干燥空气吹干，最后用 20% 的亚硝酸钠纯化。

3）冷弯管及管径小的铜管在加工成部件前也应进行酸洗→水洗→弱碱水中和（40℃）→热水冲洗→水洗→干燥。如果毛细管内有过多油污，可先在高温炉保持 650℃ 左右退火，同时烧去管内油污，待冷却后用压缩空气吹净灰尘，再用四氯化碳冲洗。

4）冷凝器、蒸发器等可采用上述方法清洗，但铝制蒸发器、复合钢管则不能采用酸洗工艺，只能用三氯乙烯冲洗后，再用干燥氮气吹干。

（2）接触水或盐水的换热设备　接触水或盐水的换热设备管壁易结水垢，因水垢附着力强，一般不易除去，通常采用酸洗法或机械方法除垢。

1）酸洗法：以水冷式冷凝器为例。先准备好耐酸腐蚀的水箱、水泵、水管、接头等，参看图 3-29，即可进行操作。

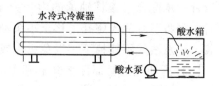

图 3-29　酸水除垢法

酸水箱中加入 5%～10% 的稀盐酸，并按 0.5g/kg 溶液的比例加入乌洛托品一类的阻化剂（或适当的动物血）。开启酸水泵，让酸水循环 20～30h，排尽酸水，卸去冷凝器两头的端盖，用钢丝刷或其他器具将水垢刷去。装上端盖，用 10% 的烧碱水冲洗 15min，然后用清水冲洗 1～2h，即可停止操作。

清洗完毕进行水压试验，以在 2352kPa 下无渗漏为合格。气密性试验可在 1568kPa 气压下试验，无渗漏为合格。

酸水也可按下述方法配制：取 70℃ 的温水 10kg，加入 31% 的盐酸 0.8kg，搅匀后，加入 0.5kg 苯胺搅匀，最后加入 0.5kg 甲醛（搅匀后为桔红色溶液），作为"小样"。另取 125kg 8% 的盐酸水，将小样放入后即可倒入酸水箱中，如酸水循环量大，仍宜先配小样，按以上顺序进行。

配制酸水前应对水垢的成分进行化学分析，以确定酸水的浓度。

2）机械除垢法：一般有电动器具与手动器具除垢两种，除垢器具多为特殊的刮刀或钢丝刷，通过钢丝软轴与电动机连接即为电动器具。机械除垢法可单独使用，也可与酸洗法配合进行。

（3）空冷式冷凝器清洗　空冷式冷凝器的外表面容易附着灰尘和油污，从而使翅片迎风面的流通面积逐步减少，通过冷凝器的风量也相应减少，所以必须经常清洗。其方法一般有：

1）刷洗法：备 70℃ 左右的温水，用毛刷进行洗刷。当换热器较小又能拆下时，可封住管口，将冷凝器置于水中并用力晃动。当冷凝器（如厨房冰箱的冷凝器）外表附着油污时，可以在温水中加入适量的食用碱。清洗完毕后，可用高压水冲淋外表。

2）吹除法：利用压力为 392～588kPa 的压缩空气，将冷凝器外表附着物吹除，同时也可用毛刷等清洗。无压缩空气时，可利用打气筒、皮老虎等手动器具进行。

利用吹除法清理冷凝器时，应注意保护翅片、换热管等，不可用硬物敲击。如需振落尘土，可将冷凝器置于振动台上，或以木头轻轻敲击冷凝器保护架，以免各焊点出现裂纹而造成冷凝器的损坏。

（4）零件的清洗　清洗零件要经过两道程序：一是喷砂，其目的是清除铁锈和氧化皮，喷砂时应用保护层遮盖各加工面，特别是精度高的更要注意防护；二是用汽油、柴油或四氯化碳清洗，清洗前应将零件的螺孔、输油孔、气道等里面的铁屑、污物用压缩空气或氮气吹掉。清洗吹干后应立即送进烘箱干燥处理，尽量减少残余水分。

3-36　修理制冷压缩机过程中部件如何干燥？

答：制冷系统的主要部件安装前都须进行干燥处理，以排除部件中的水分。

一般采取边干燥边抽空的方法。先将部件放入干燥箱内，升温至105℃，稳定1h，开动真空泵，使真空度达到101.3kPa。然后停止加热，继续抽空，直到干燥箱内冷却到比室温高5~10℃后关闭真空泵。充入少量氮气（9.8~19.6kPa），防止放置过程中湿空气再进入。干燥时间一般需4h以上，如果干燥过程中没抽真空，时间可适当延长。

电冰箱的主要部件经过清洗和干燥，应达到表3-32的要求。

表3-32　电冰箱主要部件清洗和干燥后对水分和杂质的要求

部件名称	水分最大含量/mg	杂质最大含量/mg
压缩机组	250	50
冷凝器和蒸发器	50	100
干燥后的干燥过滤器	1.5%（吸湿剂质量比）	—

3-37　修理活塞式制冷压缩机过程中零件如何检查及测量？

答：活塞式压缩机各摩擦部位必须有一定的间隙，检修时将拆下来的零件进行认真检查，对各部位的间隙要进行测量，若发现问题要认真分析，找出原因，提出修理的方法。

零件的磨损必须按技术规范进行修理，检查测量的要求见表3-33和表3-34。

表3-33　制冷压缩机主要部件配合间隙　　　　　　　（单位：mm）

配合部件		间隙(+)或过盈(-)			
		70系列	100系列	125系列	170系列
气缸套与活塞	环部	+0.12~+0.20	+0.33~+0.43	+0.35~+0.47	+0.37~+0.49
	裙部		+0.15~+0.21	+0.20~+0.29	+0.28~+0.35
活塞上止点间隙（直线余隙）		+0.6~+1.2	+0.7~+1.3	+0.9~+1.3	+1.00~+1.6
吸气阀片开启度		1.2	1.2	2.4~2.6	2.5
排气阀片开启度		1	1.1	1.4~1.6	1.5
活塞环锁口间隙		+0.28~+0.48	+0.3~+0.5	+0.5~+0.65	+0.7~+1.1
活塞环与环槽轴向间隙		+0.02~+0.06	+0.038~+0.055	+0.05~+0.095	+0.05~+0.09
连杆小头衬套与活塞销配合		+0.02~+0.035	+0.03~+0.062	+0.035~+0.061	+0.043~+0.073

（续）

配合部件	间隙（+）或过盈（-）			
	70系列	100系列	125系列	170系列
活塞销与销座孔	-0.015~+0.017	-0.015~+0.017	-0.015~+0.016	-0.018~+0.018
连杆大头轴瓦与曲柄销配合	+0.04~+0.06	+0.03~+0.12	+0.08~+0.175	+0.05~+0.15
连杆大头端面与曲柄销轴向间隙	6缸 +0.3~+0.6	6缸 +0.3~+0.6	4缸 +0.3~+0.6	6缸 +0.6~+0.88
	8缸 +0.4~+0.7	8缸 +0.42~+0.79	6缸 +0.6~+0.86	8缸 +0.8~+1.12
	—	—	8缸 +0.8~+1	—
主轴颈与主轴承径向间隙	+0.03~+0.10	+0.06~+0.11	+0.08~+0.148	+0.10~+0.162
曲轴与主轴承轴向间隙	+0.6~+0.9	+0.6~+1.00	+0.8~+2.0	+1.0~+2.5
液压泵间隙	—	—	径向 +0.02~+0.12	径向 +0.04~+0.12
			端面 +0.04~+0.12	端面 +0.08~+0.12
卸载装置油活塞环锁口间隙	—	—	+0.2~+0.3	—

注：1. "+"表示为间隙，"-"表示为过盈。
　　2. 各尺寸最好选用中间数值。

表3-34　氟利昂制冷压缩机主要部件配合间隙　　　　（单位：mm）

配合部位	间隙（+）或过盈（-）				
	2F4.8	2F6.5	3FW5B	4FS7B	4F10
气缸与活塞	+0.025~+0.045	+0.03~+0.09	+0.13~+0.17	+0.14~+0.20	+0.16~+0.20
活塞上止点间隙（直线余隙）	+0.4~+0.9	+0.6~+1.0	+0.8~+1.0	+0.5~+0.75	+0.5~+0.75
吸气阀片开启度	$0.45^{+0.05}_{-0.05}$	$2.6^{+0.2}_{-0.1}$	$2.2^{+0.1}_{-0.1}$	1.10~1.28	$1.2^{+0.1}_{-0.1}$
排气阀片开启度	2	$2.5^{+0.2}_{-0.1}$	$1.5^{+0.5}_{-0.5}$	1.10~1.28	$1.5^{+0.5}_{-0.5}$
活塞环锁口间隙	+0.1~+0.3	+0.1~+0.25	+0.2~+0.3	+0.28~+0.48	+0.4~+0.6
活塞环与环槽轴向间隙	+0.038~+0.058	+0.02~+0.045	+0.038~+0.065	+0.018~+0.048	+0.038~+0.065
连杆小头衬套与活塞销配合	+0.015~+0.025	+0.015~+0.035	+0.01~+0.025	+0.015~+0.03	+0.01~+0.03
活塞销与销座孔	-0.015~+0.025	-0.015~+0.005	-0.017~+0.005	-0.02~+0.03	-0.01~+0.019
连杆大头轴瓦与曲柄销配合	+0.03~+0.06	+0.035~+0.065	+0.05~+0.08	+0.052~+0.12	+0.05~+0.08

（续）

配合部位	间隙(+)或过盈(−)				
	2F4.8	2F6.5	3FW5B	4FS7B	4F10
主轴颈与轴承径向间隙	+0.02~+0.05	+0.035~+0.065	+0.04~+0.065	+0.06~+0.12	+0.05~+0.08
曲轴与电动机转子	—	—	0.01~0.054	0.04~0.06	—
电动机定子与机体	—	—	0.04 用螺钉一只	0~0.03	—
电动机定子与电动机转子	—	—	0.50	0.5~0.75	—

3-38　怎样检查压缩机气缸余隙？

答：测量气缸余隙通常用软铅块或保险丝的方法进行。将保险丝几根拧成20~30mm的长条，放置在活塞中心顶部，装好排气阀组、安全弹簧和气缸盖，并拧紧几只气缸盖螺母，转动联轴器2~3周，然后拆下气缸盖，取出安全弹簧（或套管）和排气阀组，用外径千分尺测量被压扁的软铅条的厚度，即得出间隙数值。不同类型压缩机的上止点余隙有所不同。因此，当机器在大检修、中检修时，必须对间隙进行测量和调整。

间隙的数值是根据活塞、连杆、曲轴的加工偏差和装瓦间隙、金属的膨胀以及考虑必要的润滑油容积而定。

调整间隙：如间隙超过规定，通常是由于连杆大头轴瓦、小头衬套和活塞销以及曲柄销等磨损严重而引起的。当间隙大到不允许的范围时，必须更换新的零件。若间隙是气缸套纸垫引起的，在装配时应进行调整。

3-39　怎样检查活塞与气缸套壁的间隙？

答：测量活塞与气缸套的配合面时，用塞尺在活塞的环部及活塞的裙部（活塞径向前、后、左、右四个点）进行测量（两侧放入塞尺），如间隙略大，可采用四个点一起进行复测核对，量出实际磨损数值并分析原因。

活塞、气缸的间隙与制造金属材料、选择润滑油的性能以及机器转速等因素有密切关系，设计时一般有规定数值。对于非系列制冷压缩机，通常选用相当于活塞直径千分之一的数值，其正常间隙见表3-35。

表3-35　非系列制冷压缩机活塞与气缸之间的正常间隙　（单位：mm）

活塞直径	活塞与气缸间隙	活塞直径	活塞与气缸间隙
40 以下	0.08~0.10	201~250	0.25~0.35
50~100	0.10~0.20	251~300	0.30~0.45
101~150	0.15~0.25	301~350	0.40~0.55
151~200	0.20~0.30	351~400	0.45~0.60

3-40　怎样检查气缸套？

答：检查气缸套磨损情况：

1）检查气缸套与吸气阀片接触密封面，不允许有斑点或沟痕，当沟痕深度小于0.2mm时，可用研磨方法修复；沟痕深度达到0.3mm以上时，应更换新气缸套。

2）检查气缸套与阀套的接触面，不允许有斑点或条状的黑痕迹。

3）测量气缸套磨损量：测量气缸套磨损时使用量缸表，量缸表（千分表装置在T形支架上）的具体使用方法如图3-30所示。或用内径千分尺测量气缸套的磨损数值，如系列12.5制冷压缩机用100~160mm规格的量缸表，或用内径千分尺（规格是125~150mm），在气缸套内径上、中、下三个部位交叉进行多次测量，检查气缸内表面的磨损数值。

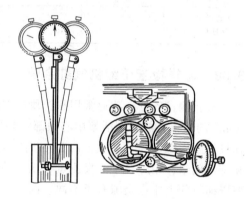

系列制冷压缩机的气缸套内表面的磨损量为1/250缸径时，最好更换气缸套；磨损量为1/200缸径时，必须更换；其圆度大于最大磨损总量的1/2时，也应更换气缸套。

图3-30　量缸表的使用方法

国产非系列的不同转速的制冷压缩机的气缸最大允许磨损量见表3-36。

检查如图3-31所示老式的立式制冷压缩机的气缸垂直度和水平度。

1）检查气缸的垂直度。气缸的垂直度可在气缸内用测锤吊轴心线（用直径0.2~0.3mm的钢丝）的办法来测量，如图3-31所示。

使用内径千分尺先找出气缸上端中心点，再测量气缸的下部，然后将气缸圆周分成四等份，每隔90°测量从气缸壁侧至轴心线的距离，即可得出气缸的垂直度偏差。

气缸垂直度允差1000∶0.15。

表3-36　立式压缩机气缸的最大允许磨损量

（单位：mm）

气缸直径	椭圆度		直径的最大磨损量	
	8r/s 以下	8r/s 以上	8r/s 以下	8r/s 以上
100 以下	—	0.25	—	1.00
101~150	—	0.30		1.20
151~200	0.30	0.35	1.60	1.50
201~250	0.35	0.40	2.00	1.80
251~300	0.40	0.45	2.40	2.20
301~350	0.45	0.50	2.50	2.60
351~400	0.50	0.55	3.20	3.00

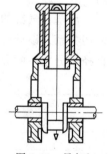

图3-31　吊气缸

轴心线

2）检查气缸的水平度。对于立式压缩机用框式水平仪在气缸上端（取下气缸盖）测量其横向和纵向水平，每米偏差不得超过 0.3mm。

3-41　怎样检查活塞和活塞环？

答：检查活塞和活塞环的方法如下：

1. 检查活塞的磨损情况

根据活塞直径的大小，可用不同规格的外径千分尺来测量活塞的环部和裙部两个纵横面位置的磨损程度。立式压缩机的活塞，最大磨损量见表 3-37。

2. 检查活塞环

1）活塞环的弹力的检查。测量活塞环弹性方法用简易的仪器进行，如图 3-32 所示。

表 3-37　立式压缩机活塞最大磨损量

（单位：mm）

活塞直径	活塞圆度	活塞圆柱度
40 以下	0.15	0.15
40~100	0.20	0.20
101~150	0.20	0.20
151~200	0.25	0.25
201~250	0.30	0.30
251~300	0.35	0.35
301~350	0.40	0.40
351~400	0.40	0.40

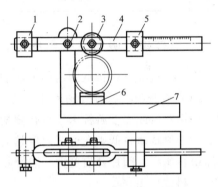

图 3-32　检查活塞环弹性仪
1—平衡锤　2—杠杆轴　3—滚子　4—负重杠杆
5—重块　6—放环用带槽凸台　7—垫板

一般活塞环直径在 40~100mm 时，弹力为 $(1.08~1.37)\times10^5$ Pa；直径在 100~300mm 时，弹力为 $(0.49~1.08)\times10^5$ Pa。如果弹力降低到原有值的 25% 时，应更换。

2）活塞环锁口间隙的检查。将活塞环水平放置在气缸套内，用塞尺测量活塞环锁口间隙。如果超过正常间隙 $0.004D^{+0.2}_{-0.0}$ 时，必须更换新的。

3）活塞环轴向间隙的检查。用塞尺测量活塞环与环槽高度之间的正常间隙，一般为 0.05~0.095mm，如超过其间隙一倍以上，应更换新的。若活塞环高度磨损（轴向）达 0.1mm 时，也应更换新的。

若新活塞环放置环槽中，轴向间隙仍超过上述要求，说明环槽的高度已磨损，则不做修理，必须更换新活塞。

4）活塞环厚度的检查。用游标卡尺或外径千分尺测量活塞环厚度，若活塞环厚度为 4.5mm，其外圆面的磨损量达 0.5mm 时，应更换新的。

活塞环径向厚度与环槽的深度，其间隙不应小于 0.3mm。活塞环的正常与最大允许间隙，见表 3-38。

表 3-38　压缩机活塞环的正常与最大允许间隙　　（单位：mm）

气缸直径	环与环槽的轴向间隙		活塞环处于工作状态时在气缸内锁口间隙	
	正常的	最大的	正常的	最大的
100 以下	0.05~0.07	0.15	0.5~0.6	2.50
101~150	0.05~0.07	0.15	0.6~0.8	3.00
151~200	0.05~0.07	0.15	0.8~1.0	3.50
201~250	0.06~0.08	0.20	1.0~1.3	4.00
251~300	0.06~0.08	0.20	1.3~1.5	4.50
301~350	0.06~0.08	0.20	1.5~1.8	5.00
351~400	0.06~0.08	0.20	1.8~2.0	5.50

3-42　怎样检查吸气、排气阀组？

答：检查吸气、排气阀组的方法如下：

（1）检查吸气、排气阀片开启度　检查吸气、排气阀片开启度是根据气阀类型，可用塞尺或深度游标卡尺进行测量。阀片开启度是设计确定的，它与机器转速有关。一般转速越低则允许开启度越大；反之，转速越高开启度应越小，这是由于压缩机转速高，阀片开启度大，启闭频繁，容易引起阀片的损坏。阀片的下降速度一般不超过 0.2m/s。

若测量的间隙比正常间隙大 0.5mm 时，应更换阀片。阀片的密封面磨损成明显的环沟，沟深达 0.2mm 或磨损量达原有厚度的 1/3（系列 12.5 压缩机的阀片厚度为 1.2mm）时，必须更换新的阀片。

阀片的损坏往往是被击碎，这与阀片的材质有很大关系。对阀片的要求是：表面不应有裂痕和斑点，阀片接触密封面的粗糙度值为 $Ra0.4\mu m$，其余为 $Ra1.6\mu m$，阀片允许最大的平面翘曲度见表 3-39。

表 3-39　环形阀片允许最大的平面翘曲度　　（单位：mm）

阀片厚度	阀片外径			
	≤70	70~140	140~200	200~300
>1.5	0.04	0.06	0.09	0.12
≤1.5	0.08	0.12	0.18	0.24

（2）检查内阀座的密封面磨损度　如磨损量达 0.3mm 以上时，修理或更换新的；内阀座底部应无撞击痕迹。

（3）检查外阀座的密封面磨损量　与上述相同，同时检查底部与气缸套接触的座面，不允许有斑点或条状的黑痕迹。

（4）其他项目检查　检查阀盖应无裂纹现象，否则，必须更换新的；检查弹簧座孔的磨损情况；气阀弹簧的弹性减退或损坏，都应更换新的。

3-43　怎样检查活塞销和连杆小头衬套？

答：检查活塞销和连杆小头衬套的方法如下：

（1）检查活塞销与连杆小头衬套的间隙　活塞销与小头衬套径向间隙可用塞尺测量，其正常间隙见表3-33。

活塞销与小头衬套的径向间隙：衬套内孔直径40～50mm，间隙为0.035mm；直径60mm，间隙为0.05～0.07mm。接触应均匀，接触包角为60°～70°，小头衬套的磨损量达0.1mm时，应予更换。

（2）检查活塞销的圆度和圆柱度　用外径千分尺测量销子直径上下和左右各两点间距离的差值，其圆度应在销子直径的1/1200以内，如圆度达到0.1mm时，应更换新的活塞销。

（3）检查活塞销与销座孔的配合　活塞销与销座孔为过渡配合，配合间隙见表3-33。

3-44　怎样检查连杆和连杆螺栓？

答：检查连杆和连杆螺栓的方法如下：

（1）检查连杆大头轴瓦轴心线与活塞销孔轴心线的平行度　将装有连杆的曲轴放在专用的V形铁上或已校正水平的机架主轴上，如图3-33所示。将待检查的连杆放置成垂直状态，使曲轴销处在最低位置，用千分表测量活塞销的倾斜度，并将倾斜度和倾斜方向作出记录。这样测出的数值，即可判断以上两个轴心线的平行度。

如发现活塞销倾斜度过大，则说明连杆可能弯曲，应进行校正或更换新的。合格连杆的倾斜度，在销子每100mm长度上，不得超过0.03mm。

连杆的弯曲检查，是将曲轴两端的主轴颈放在两种不同的水平位置上进行的，如图3-34所示。

1）第一位置：将装有连杆的曲轴放在V形铁上，用千分表进行测量。

2）第二位置：将曲轴旋转180°，连杆仍然按上述位置放平，测量的位置和方法与上同。

若连杆无弯曲，则其小头轴心线应与曲轴轴线处在同一平面上。

曲柄销在第一或第二位置时，千分表指示的数值表示活塞销向一个方向倾斜，这说明连杆大头轴瓦与活塞销孔轴心线不在同一平面上，连杆本身有弯曲现象。

（2）检查连杆螺栓　连杆螺栓的螺纹、螺栓颈部以及过渡圆角处有无裂纹，可用5倍以上的放大镜观察。如有裂纹，并且裂纹处有渗油的黑印时，应更换新螺栓。

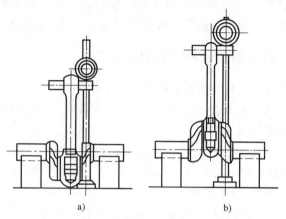

图 3-33 用千分表检查大头活塞销孔轴心线的倾斜度

a）曲轴销处最低位置 b）曲轴销处倾斜位置

连杆螺栓一般不做修理，发现下列情况时，必须更换新的。

1）螺纹处出现裂纹，螺纹损伤，以及过渡圆角小于设计要求。

2）螺栓、螺纹和螺母配合松弛或螺纹产生残余变形超过螺栓长度的 2/1000 以上。

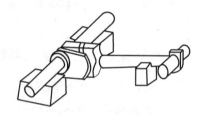

图 3-34 检查连杆的弯曲

3-45 怎样检查曲轴？

答：曲轴是制冷压缩机最重要和承受载荷最大的零件之一。在实践中曲轴销的磨损比主轴颈的磨损快，其检查方法如下：

（1）检查曲柄销轴线与主轴颈轴线的平行度 将曲轴放在标准平台上的 V 形铁内，先将两端主轴颈校平，误差为 0.01mm。然后，用带支架的千分表沿着轴向移动，检查曲轴主轴颈及曲柄销的平行度。在 100mm 长度上不大于 0.02mm，否则应检修。

（2）检查主轴颈、曲柄销的圆度和圆柱度 用外径千分尺从距曲柄或轴承边缘 10mm 处依次沿轴线测量四处水平和垂直尺寸，判断出圆度和圆柱度。主轴颈的圆度在 $D/1500$ 时，最好进行修理；在 $D/1250$ 时，必须进行修理。曲柄销的圆度在 $D/1250$ 时，最好进行修理；在 $D/1000$ 时必须进行修理。总磨损量超过 50/1000 时，必须更换新曲轴（D 为轴颈直径）。

3-46 怎样检查主轴承和连杆大头轴瓦？

答：检查主轴承和连杆大头轴瓦的方法如下：

1）检查主轴承两侧的径向间隙用塞尺测量，一般上瓦测量上、左、右 3 个点；下瓦测量下、左、右3个点。将主轴转动180°再复测一次，主轴承下部120°角内不应有间隙。

2）检查主轴承的轴向间隙用塞尺测量主轴承的端面与曲轴端面之间的间隙。

3）检查连杆大头轴瓦的径向间隙时，通常是在下轴瓦两侧放置两根细熔丝（熔丝的直径应比轴瓦的正常间隙大2～3倍，朝曲轴箱前后方向），然后装上上轴瓦，拧紧连杆螺栓，再把轴瓦拆掉，轻轻地取下被压扁的熔丝，用外径千分尺测量其厚度，即可得出连杆大头轴瓦的径向间隙。上瓦与曲柄销接触的弧度在100°内不应有间隙。

系列多缸压缩机的连杆大头轴瓦的径向间隙按上述方法测量，也可用塞尺测量。若径向间隙超过最大允许间隙的一倍时，应更换新轴瓦或重浇轴承合金修复。

系列压缩机的径向间隙要求见表3-34。若没有说明书或注明间隙数值的机器，一般径向间隙约为曲轴直径的千分之一。

轴承的径向间隙过大，就不能保持所需要的润滑油量，造成曲轴销的磨损，甚至在运转中发生振动和出现敲击声，将使曲轴出现疲劳损伤。间隙过小，轴瓦得不到充分的润滑，造成半干摩擦，使轴承发热、拉毛以致熔化，因此，轴承必须保持正确的配合间隙。

4）用塞尺测量连杆大头轴瓦的轴向间隙。

5）检查主轴承和连杆大头轴瓦的合金层，如有裂纹或脱落现象，应予修理或更换新的。

3-47 怎样检查轴封？

答：检查轴封的固定环与活动环的摩擦面有无斑点、拉毛、掉块等现象，以及磨损程度，同时还要检查内、外弹性圈是否老化和接触面有无斑痕，检查轴封弹簧有无变形。

3-48 怎样检查卸载机构？

答：检查卸载机构有下列几点：
1）检查活塞与液压缸的磨损情况，可用外径千分尺测量。
2）检查油环的锁口间隙，其间隙见表3-34中所列数值。
3）检查弹簧的高度、弹性及弹簧有无变形。
4）检查拉杆的凸缘与转动环凹槽的磨损情况。

3-49 怎样检查润滑系统？

答：制冷压缩机润滑工作的好坏，直接影响到机器各运动零部件的工作效果和使用寿命。

系列制冷压缩机主要采用3种液压泵，即内啮合齿轮转子泵（简称转子泵），外啮合内齿轮液压泵及月牙形齿轮油泵。

（1）检查转子泵　检查内、外齿轮面有无磨损，其方法可用红丹漆涂在齿轮表面，然后转动主动齿轮，查看齿轮啮合是否均匀；检查泵轴、轴衬及泵盖有无磨损。

（2）检查外啮合内齿轮液压泵　用塞尺测量径向间隙，其径向的磨损量一般不超过最大正常间隙的 2 倍，端面间隙可用细熔丝挤压的方法测量。

（3）检查月牙形齿轮油泵　检查主动齿轮与从动齿轮的径向间隙，方法与上同。如发现内齿轮泵轴偏磨现象，应检查原因，做好待修的记录。

3-50　怎样检查机体、气缸盖？

答：检查机体有无裂纹和砂眼，螺孔内的螺纹有无损伤；检查机体气缸套的座孔凹槽是否平整，如有破碎纸垫应铲去，以免气缸套放入槽内倾斜，然后检查平面度，其平面度在每米长度内不能大于 0.02mm。

检查气缸盖有无裂纹，以及连接水管处有无渗水现象。

检查油冷却器（曲轴箱内冷却水管）有无裂纹或渗水现象。

3-51　怎样检查回油浮球阀？

答：回油浮球阀的检查方法是：

1）拆卸浮球阀的底部阀盖，取出浮球阀的部件，检查浮球的焊接缝是否良好。

2）检查浮球支脚与浮球上杆的间隙，其值不宜过大，否则浮球关闭不严，引起失灵。检查浮球下杆与阀杆的开口销连接处是否完整，同时查看浮球阀的垂直度。

3）检查浮球支脚与阀盖连接处的螺栓松紧度。拆下浮球支脚，取出浮球和阀芯，检查阀芯与阀座（座孔直径为 10mm）两者的密封面有无斑点。

4）检查油路通道是否堵塞，以及油槽内有无脏物。

3-52　怎样检查安全弹簧？

答：将整台压缩机拆下的安全弹簧与新弹簧放在平板上比较，如果自由高度缩短太多，要进行修理或更换新弹簧。

3-53　如何修理曲轴？

答：曲轴是活塞式压缩机中最重要的部件之一，加工比较复杂，运行中受力也最大。曲轴损坏的主要原因有以下几种：相对运动的部件间隙配合不当；各运动部件润滑不良；超负荷运转；运动部件被异物卡住；压缩机与电动机未安装好，有不同角度的倾斜和松动。

曲轴在检修过程中有下列情况都需要进行修理或更换。

（1）曲轴产生裂纹 曲轴裂纹多数是由于轴瓦巴氏合金过度磨损烧熔；主轴安装不当；运动机构中发生连杆螺栓折断等。曲轴的裂纹多发生在轴颈上。如有轻微轴向裂纹可作磨削处理，直到磨去裂纹为止；如裂纹径向很深则以更换新轴为宜。

（2）曲轴拉伤和磨损 当曲柄销和主轴颈拉毛不太严重时，可将油孔堵住，用油光锉修整拉痕和不圆处，再用细砂布打磨，最后用粗帆布抛光，取出油孔堵物，用煤油清洗干净即可。

这里具体介绍一种手工修整曲轴轴颈和曲柄销的简单操作方法。首先测出曲轴轴颈椭圆形和磨损突出的两边，并画上记号，然后将曲轴固定好。可先用细锉刀手工修理，边修理边量其尺寸，再用宽度与轴颈长度相等的布带，上面敷上 00 号砂布（或均匀涂上一层 180 号金刚砂）绕在轴颈要研磨的一边，用手拉住布带的两端作往复研磨，磨完一边再磨另一边，如图 3-35 所示。最后用砂布绕在整个曲轴轴颈上，用麻绳绕在砂布上几圈，在曲轴左右两侧各留一个拉绳，这样可以研磨整个曲轴颈，一直研磨到符合要求为止。

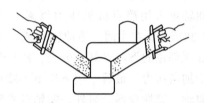

图 3-35 曲轴手工打磨方法

曲轴的曲柄销磨损比主轴颈大，当磨损达到 1mm 以上或拉痕很深时，可以进行镀铬或喷镀方法处理，然后再上曲轴磨床磨削。金属电喷镀方法，是利用两根碳钢丝通电产生电弧，碳钢熔化后被压缩空气吹成金属微粒，喷射到旋转的曲轴轴颈表面上，从而形成喷镀层，如图 3-36 所示。

另一种方法是金属气喷镀，其作用和电喷镀相类似，所不同的是气喷镀只有一根碳钢丝，而熔化钢丝是用氧乙炔火焰。气喷的主要设备是喷枪，并在喷枪头部装置一个空气帽，喷枪作上下运动，曲轴作旋转运动，如图 3-37 所示。

金属喷镀层与轴颈表面机械结合，而不是熔焊结合，所以在被喷镀的轴颈表面必须先除油、清污、干燥和粗糙化，这样才能使喷镀层与轴颈良好的结合。

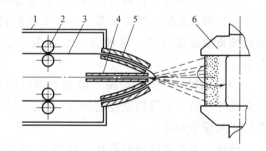

图 3-36 金属电喷镀作用原理
1—导线 2—滚轮 3—碳钢丝
4—喷嘴 5—导轨 6—曲轴

金属喷镀层厚度为 $0.5 \sim 1.2mm$ 为好，最厚可达 4mm。太厚不牢固，易脱落；太薄强度不够，也易脱落。有时采用喷镀前将轴颈车小 $1.6 \sim 2.0mm$，经喷镀的表面都需经过加工，恢复到原来的尺寸，见表 3-40。

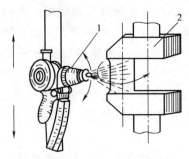

图 3-37　气喷镀的示意图
1—喷枪　2—曲轴

表 3-40　曲轴轴颈和曲拐轴颈允许的最大磨损量　　（单位：mm）

轴颈直径	轴颈的圆度和圆柱度	
	曲轴轴颈	曲拐轴颈
100 以下	0.10	0.12
100～200	0.20	0.22
200～300	0.25	0.30
300～400	0.30	0.35
400～500	0.35	0.40

（3）曲轴发生弯曲　对弯曲不大的小型曲轴可采用静点机械压力以敲击校正，如图3-38所示。在中间一道曲轴颈或曲拐曲轴颈部加压部位的下面立好千分表，然后分段缓慢地增加其压力，最后一次下压量不能过大，避免曲轴非弹性变形。另外，曲轴校直时的反向压弯量要比原来弯曲量大些，以不超过原来弯曲量的 1～1.5 倍为宜，这样校直后的曲轴具有微量的反向弯曲。沿曲轴长度方向进行"冷作"，以便分散塑性变形，可以增加曲轴的耐疲劳强度。

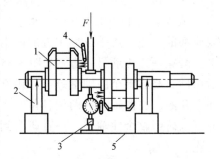

图 3-38　压力与敲击法校直曲轴
1—曲轴　2—V 形垫铁　3—千分表
4—敲击部位　5—平板

同样对弯曲程度比较大的曲轴可以采用热力机械校正方法。对于需要校正的弯曲部分，用乙炔焰或喷灯加热，一般温度控制在 500～550℃ 之间，呈现出暗红色后用机械负荷加压校直。这种方法比较复杂，对于小型制冷机的曲轴校正采用的不多。

（4）曲轴上的键槽磨损　曲轴上键槽磨损较大时，可用锉刀扩大键槽宽度尺寸来进行修复。若键槽宽度磨损太大时，可用电焊进行修补，然后刨削或铣削将键槽加工到原来的尺寸。

此外，为避免曲轴的损坏，特别对开启式压缩机，在安装时压缩机一定要放置水平，校正压缩机与电动机带轮的位置，使其平直后才能使用设备。

3-54　如何修理主轴承和连杆大头轴瓦？

答：轴承分为滑动轴承和滚动轴承两种类型。在制冷压缩机中使用较广泛的是滑动轴承。在高转速中有时也用滚动轴承，这类轴承修理比较简单，当它磨损超过极限尺寸后，一般不作修理而是更换新件。滑动轴承又分为固定式和可拆式两种，前者是套筒轴承，后者是轴瓦（对合式）。这里主要介绍滑动轴承的修理方法。

（1）滑动轴承的检查　当滑动轴承出现裂纹、破损、烧伤、磨损量过大等情况时需要进行修理。

轴瓦的主要修理方法是：调整轴瓦，重新更换轴瓦和刮削轴瓦。

当主轴瓦微量磨损时，可以调整垫片，修正轴颈与轴瓦的径向间隙。如果轴瓦磨损程度超过了调整尺寸，在小型制冷压缩机上采用更换成品轴瓦，在大中型制冷压缩机上采用浇注轴承合金来修配。

（2）轴瓦的刮削与配合　轴瓦的刮削可使轴瓦与轴配合尺寸准确，表面光滑，可以保持良好的接触面和正常的间隙，还可以校正曲轴上较小的圆柱度、圆度和同轴度误差。

1）连杆瓦的刮配方法。将曲轴固定在台钳上，轴颈表面涂以薄薄一层红丹涂料，然后将连杆按正确的位置和方向装上，适当拧紧连杆螺栓，转动连杆数圈，卸下连杆下盖，用三角刮刀刮削（刀口与刮削面须成30°），每次刮削一层很薄的黑点。开始刮削时，靠近轴瓦分界面两端合金先与轴颈接触，故一般由分界面逐渐地刮削到中央，如此反复进行若干次。当轴瓦与轴颈的贴合面积为总面积的75%～85%时，每25mm×25mm内至少有斑点7~8个，刮配即告完成。

如果间隙不正确，可用调整分界面垫片的方法来校正。同时要特别注意在刮削时，靠近油槽附近5mm内不要刮掉，否则会引起润滑油的泄漏。

2）主轴承的刮配。主轴承的刮配过程按照下列顺序，按轴颈尺寸先修整上半部，再修整下半部，然后上下合起作整体刮配。方法和要求与连杆瓦的刮配过程一样。

3-55　如何修理气缸？

答：修理气缸的方法如下：

1. 气缸套密封面的修理

1）气缸套与外阀座接触面的修理。气缸套座面稍微不严密或有条状的黑痕时，可放在平板或玻璃上，用研磨方法修理。

若气缸套座面是被破碎的阀片压伤，则用研磨方法难以修复，此时气缸套应先在车床上车削，然后用研磨（精磨）方法修复。

若气缸套座面车削有困难时，可用轴承合金填补方法修复。

2）气缸套与吸气阀片接触密封面的修理。若阀密封面损伤，用研磨方法消除有困难时，可用车削方法修复，必须注意根据阀密封面与凹槽平面的深度以及阀密封面与气缸套座面的高度进行修复。

2. 气缸套拉毛后的修理

气缸套内壁表面拉毛或轻微擦伤，如果有条件的修理单位，可在简易的钻床或手电钻上安装珩磨头（图3-39、图3-40），由主轴带动传动进行珩磨。珩磨头转速在 150~250r/min 范围内，不能太高。磨条采用粒度为 240~250 号的碳化硅砂条油石，调整好油石的平行度，用煤油作润滑液进行珩磨。

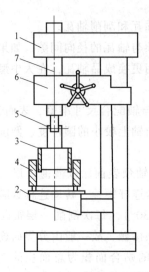

图 3-39　钻床上珩磨气缸示意图
1—钻床　2—工作台　3—磨头
4—气缸　5—万向接头
6—进给箱　7—主轴

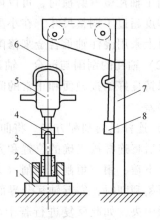

图 3-40　用手电钻珩磨气缸示意图
1—工作台　2—气缸　3—磨头
4—万向接头　5—手电钻　6—钢丝绳
7—支架　8—平衡铁

除用珩磨外还可用手工直接修理。手工修理可用条状半圆形油石，用手拿着沿气缸圆周方向反复研磨，然后用 400 号砂纸沾上煤油或柴油沿气缸圆周方向再次研磨，直到用手摸后感觉不到拉毛或擦痕为止。打磨完后应彻底清洗，再用帆布按气缸圆周方向擦磨多次。

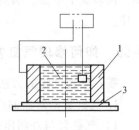

图 3-41　气缸内孔
镀铬示意图
1—气缸　2—镀液
3—防漏装置

当气缸孔径磨损较大，或经几次修理后缸径扩大，无法再镗孔或珩磨时，可采用镀铬方法进行修理，如图 3-41 所示。镀铬适用于磨损不大于 0.5mm 的气缸。镀铬层最适合的厚度为 0.05~0.15mm。气缸镀铬修理时，一般采用多孔性镀铬法，操作方法如下：镀前应使气缸内孔的圆度及圆柱度误差符合要求，并彻底清洗，除去油垢。

首先进行普通的耐磨性镀铬。气缸体为阳极，镀铬液通电分解后铬便牢固地附于气缸内壁上。

然后进行阳极酸蚀。以气缸体作为阳极，使铬层脱落，这样会在镀铬层上形成细孔及油沟，因而具有良好的润滑性和储油性，镀铬后需进行珩磨或抛光处理。

3-56 如何修理活塞和活塞环？

答：修理活塞和活塞环的方法如下：

（1）活塞的修理 活塞一般是由铸铁和铝合金制成。活塞常见的问题是活塞外表面拉毛、磨损；活塞本身出现裂纹；活塞销孔和活塞销的磨损。如活塞产生裂缝或裂痕，更换新活塞时，应考虑它的动平衡。同一机器上其他各个活塞质量的差别不宜大于单个活塞质量的 3.5%~5%。

1）活塞拉毛的修理。活塞外表面拉毛与气缸套的拉毛修理时，如产生裂纹或裂痕，则应更换新的。

若铸铁活塞磨损过多，需要恢复原来的尺寸时，应根据其直径的大小，可在活塞外表面镶上宽窄相当的磷青铜条，然后进行修复。

2）活塞销孔的修理。修理销孔时，要保证孔的尺寸及其同轴度，以及与活塞轴心线的垂直度等。通常用铰削方法将活塞夹持在固定架上（如小型的可夹在台虎钳上）进行修理；大型活塞必须用特制铰刀在机床上进行。为了保证销孔两端的同轴度，最好选用有导杆的或刀刃较长的铰刀，因为使用短铰刀容易破坏活塞销孔的同轴度以及与活塞轴心线的垂直度。调整铰刀时，要考虑到铰孔后的尺寸会略大于铰刀的尺寸（通常为 0.02~0.03mm）。为了保证与活塞销有良好的配合，当用木锤轻击活塞销使其进入销孔深度的 1/3 时，再用角尺检查活塞销孔与活塞轴心线的垂直度，如图 3-42 所示。销孔轴心线与活塞轴心线的垂直度误差，每 100mm 长度内不应大于 0.05mm。

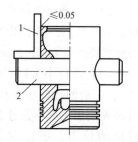

图 3-42 用角尺检查
活塞销孔轴心线与
活塞轴心线的垂直度
1—角尺 2—活塞销

3）活塞环槽的修理。若活塞环槽的磨损严重，可用镶环或补焊后在车床上车削、修整的方法，或者也可以更换新的较宽的活塞环。

（2）气环和油环的修理 活塞环和油环是易损件，当磨损达到一定限度后再继续使用，会造成压缩机制冷能力下降，润滑油耗量增加。常见的活塞环损坏现象是活塞环锁口间隙增大和弹性丧失，在使用中活塞常磨出飞边和毛刺。如果活塞环失去了弹性，其修理方法有两种：一是将活塞环放在台虎钳上，并垫上软金属块或石棉橡胶纸板夹牢，在活塞环的背面用锤隔一定距离进行冲眼或滚螺纹方法，以暂时恢复其弹性，待有零件时再予更换；二是为了增加活塞环的弹性和减少与气缸套的摩擦；可在活塞环外圆面车削一条燕尾槽，镶上磷青铜条，约高出表面 0.5mm，使高出的磷青铜与气缸壁摩擦。

1）由于高温高压和润滑条件的恶化等原因，会使活塞上部的第一道气环磨损严重。在更换时，可以把表面磨损较少的气环调至上部第一道环，而将新活塞环装在下面使用。

2）更换新环时，应将活塞环水平放在气缸套内，并用圆盖板（石棉橡胶纸板）遮住活塞环中的空内圆，把灯光放在气缸套下部，然后观察与缸壁的接触情况。如圆周的漏光弧长总和不超过60°（在环的锁口两侧30°范围内不允许漏光），而漏光处的间隙在0.02mm（旧环不超过0.04mm）以内者为合格，如图3-43所示。

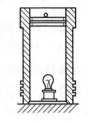

图3-43 活塞环的光隙检查

3）新环的锁口间隙过小，可用细锉加以修整，以达到规定要求，见表3-33。若轴向间隙过小，说明环的轴向高度大，可置于平板或玻璃板上，用研磨方法修整环的高度。

3-57 活塞销和连杆小头衬套如何修理？

答：活塞销和连杆小头衬套的修理方法如下：

（1）活塞销的修理 活塞销的表面渗碳层如有裂纹、裂痕或脱落现象，则应报废。直径磨损，可采用镀铬法等进行修理。修复后的活塞销，其圆度不大于0.05mm，表面粗糙度值 $Ra<0.2\mu m$，表面硬度为57~67HRC，硬度层不小于0.4mm。

（2）连杆小头衬套的修理 连杆小头衬套由磷青铜制成（要注意油槽是否畅通），一般的连杆小头孔可用车削或镗孔来保证圆度要求，但会使其尺寸加大，所以必须按加大的小头孔径配衬套。若铜套拉毛，则应予更新。装入新套后要用相应直径的铰刀，手铰一下，以保证铜套和活塞销的正常间隙（一般为0.04~0.06mm）。小型衬套可夹持在台虎钳上，双手握住铰刀边转动，边推进，大型衬套可用特制铰刀在机床上进行。为了保证销孔两端的同轴度，最好选用有导杆或刀刃较长的铰刀。为了保证与活塞销有良好的配合，铰孔时要用内径千分尺检查或用活塞销试配。如果没有铰刀，可在衬套内孔涂油，把活塞销用木锤轻轻打入，然后再打出，这样套内便有碰痕，用刮刀修碰痕，直至活塞销全部进入铜套，并能转动为止。

修复后的衬套除保证与活塞销正常的配合间隙外，还有以下要求：

1）小头衬套内表面光洁无明显沟纹，接触面应均匀。

2）衬套内表面的圆度和圆柱度不大于0.02~0.03mm。

3-58 连杆和连杆螺栓如何修理？

答：连杆和连杆螺栓的修理方法如下：

（1）连杆的修理 连杆在使用过程中，当发生以下故障时，应进行修理。

1）连杆大小头孔磨损或损坏。

2）连杆弯曲、扭转变形。

3）连杆螺栓的断裂。

当连杆大小头孔磨损较大或弯曲变形较大无法修理时，必须更换；若大小孔磨损不大，则可进行镗孔，经过修理后孔径变大，此时小头要另配衬套，大头可选配大轴瓦或厚壁轴瓦。不论另配衬套还是轴瓦均需保证曲轴和衬套或轴瓦活塞销和活塞销孔保持正常的配合。

连杆弯曲扭转变形不大，可采用手动螺栓或用压床将连杆校直。大型连杆的校正：可在压力机上进行冷校，也可以加热校正。加热校正连杆，常用喷灯或乙炔火焰，其加热温度控制在 500~550℃ 之间，用油压千斤顶加压并维持 10~15min 后卸下，进行测量，不符合要求可重复几次，直至校直为止。

（2）连杆螺栓更新　连杆螺栓一般不做修理，若发现下列情况时，必须更换新的连杆螺栓。

1）连杆螺栓螺纹处出现裂纹，螺纹损伤以及过渡圆角小于设计要求。

2）连杆螺栓螺纹和螺母配合松弛或螺栓变形过大。

3-59　吸气、排气阀组如何修理？

答：吸气、排气阀组是压缩机内重要的部件之一。它直接影响到压缩机的制冷量、功率消耗和机器的正常运转。吸气、排气阀组常见的问题是阀片的磨损和破碎以及阀座上的阀线擦伤和损坏，弹簧或阀片的弹性失效等。

（1）阀片的修理　阀片的密封面稍微不严，或有微小的斑点时，可用汽油洗净放在铸铁平板或玻璃板上，根据阀片的不平整度决定粗磨或细磨来选择研磨剂。粗磨时可用氧化铝系的单晶刚玉磨粉（180~230 号）和 N15 机械油调和成稀糊状的研磨剂。粗磨后可用研磨膏或煤油作研磨剂进行细磨，研磨时必须保持水平，用力均匀，路线按 8 字形轨迹移动，如图 3-44 所示。磨光后用煤油清洗干净，与内、外阀座组合，用煤油注入阀片的通道处，试验阀座圈与阀片的密封性，3~5min 内不应有油滴从密封线处漏出，即说明阀片与内、外阀座的密封良好。

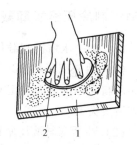

图 3-44　阀片的研磨方法
1—铸铁平板　2—阀片

（2）内、外阀座的修理　内、外阀座的密封面，如有斑点或轻微的拉痕时，可置于平板或玻璃板上涂上研磨剂进行研磨修复。

1）内、外阀座的密封面，允许深度为 1mm，当磨损量达 0.3mm 以上或密封面有较深的伤痕，无法用研磨方法消除时，应用车削方法修复。如果遇到阀线缺口，可用补焊方法解决。

2）补焊系用锡铋合金焊条加焊接剂浓盐酸和锌，在被焊处先用丙酮洗涤数次，然后涂上焊接剂，用电烙铁将锡、铋合金焊条焊接在需要补焊的部位上。凡经过补焊的地方，往往焊料堆积，毛刺也多，因此必须加工和研磨，直到零件达到加工要求为止。

3）阀座的阀线经多次车削、磨削及研磨后，其阀片升程要改变。因此，对其他相邻的零件要作相应的调整。

3-60　制冷压缩机轴封如何修理？

答：轴封只有开启式压缩机中才使用，全封闭式或半封闭式压缩机中没有轴封。轴封容易发生漏气漏油。造成轴封不密闭的原因是：固定环与活动摩擦环的密封面接触不良、弹性圈（耐油橡胶圈）老化以及轴封弹簧的弹力不足所致。

（1）固定环与活动摩擦环的修理　摩擦环的损伤，主要是固定环（高铅青铜）密封面与活动环（球墨铸铁）密封面拉毛所造成的，其修理方法：将环的密封面放在铸铁平板或玻璃上，进行细磨和精磨，细磨时用400号研磨剂；精磨用油石光磨，直至达到无拉痕和光洁为止。如果磨损、拉痕很深，可更换新件，更换的新件也要在研磨后使用。研磨的方法与阀片的研磨相同。

如摩擦环的密封面沟深时，可镀轴承合金来补偿，然后再进行修复和研磨；如摩擦环的密封面沟深，研磨或镀轴承合金有困难时，也可用车削的方法来修复，如不能修理，应更换新的。

（2）弹性圈老化　只能更换新件。

（3）弹簧弹力不够或变形　可以对弹簧重新进行热处理并校正。热处理的过程：退火整形，然后淬火后中温回火。不能修复的弹簧一定要更换新的。

3-61　制冷压缩机卸载机构如何修理？

答：制冷压缩机卸载机构的修理：

（1）油分配阀的修理　油分配阀的弹性圈（耐油橡胶圈）老化，应更换新的。如阀芯与壳体内表面拉毛和有斑痕时，用细砂纸轻轻打光，应注意间隙不能过大，否则造成失灵。

（2）油活塞与液压缸的修理　油活塞与液压缸的表面拉毛时，用细砂纸打光；油活塞与液压缸磨损间隙超过极限值时，应予更换新的；油环的修理，可参看活塞环的修理方法。

（3）拉杆的修理　拉杆的凸缘磨损时，可用堆焊方法修理，然后用车削方法恢复原来尺寸；如凸缘损伤，可用细锉修理毛刺；若不能修理，应更换新的。

（4）转动环的修理　转动环采用HT200铸铁制成，如转动环凹槽与拉杆凸缘接触过紧，用细锉修整转动环的凹槽，直至拉杆的凸缘放入灵活为止；转动环的斜角（斜角为75°）应符合要求，否则会影响顶杆的升降，造成卸载机构失灵。

（5）顶杆的修理　顶杆如过长，可用细锉修整多余部分；顶杆如弯曲，必须校直；若顶杆过短，不能修理，应更换新的。

3-62　制冷压缩机润滑系统如何修理？

答：制冷压缩机润滑系统的修理：

1. 液压泵的修理

1）转子泵的修理。用涂色法观察偏磨处，可用刮刀修复或用细砂纸打磨；泵盖磨损时，可放在铸铁平板或玻璃板上研磨；如端面间隙小，可用纸垫进行调整；若转子严重拉毛或有掉块现象，应更换新的内、外转子。

2）外啮合齿轮泵的修理。若泵壳的径向间隙过大，可在车床上镗大内孔，用镶套的方法恢复原有尺寸，如图3-45所示。

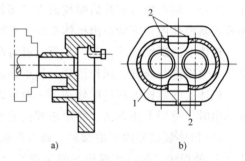

图 3-45　液压泵壳内腔镶套

a）在车床上镗孔　b）镶制补套

1—补套　2—焊道

若泵盖磨损，可用研磨方法修复；齿轮轻微拉毛，用细砂纸轻轻打磨；轴衬磨损量超过极限尺寸时，应更换新的；齿轮磨损超过齿厚的10%～20%时，应更换新齿轮，齿轮更换或修理时，应成对进行；如齿轮折断不便制造或无备件时，可将齿面清洗干净后，用堆焊方法修理。

3）月牙形内啮合齿轮泵的修理。主动齿轮和泵壳有轻微拉毛，可用280号砂纸轻轻打光。

2. 油管的修理

油管堵塞，用煤油清洗吹净；若破裂时，可用焊接（气焊）方法修理；当油管折断或因局部腐蚀而引起破裂时，可用直径大一号的管子套接起来，然后焊牢，如有备管也可更换新的。

3. 油过滤器修理

1）精过滤器的修理。若梳片、滤片和夹片不平，不能用锤子敲平，因太薄容易变形，可以磨平或压平；如有长刺，可用细锉锉光，否则更换新的。在装滤片时，应边装边转动枢轴，以便及时发现故障，枢轴螺母不要拧得过紧，以免滤油器枢轴旋转不动。

2）粗过滤器的修理。粗过滤器的钢丝网如有破裂或滤心松动，可用锡补焊或更换新网（一般采用孔眼为50目/cm² 左右的钢丝网）。气体过滤器破裂，也可用上述方法修理。

4. 油三通阀的修理

其方法与油分配阀相同，但阀芯与壳体的间隙不能过大，否则会造成泄漏而加不进油。

3-63 机体、气缸盖和油冷却器如何修理？

答： 机体、气缸盖和油冷却器的修理：

1. 机体的修理

1）螺纹的修理。机体上的螺纹有毛刺或螺栓旋入孔内有松动情况，必须进行修理。后者修理时可用大钻头将原来的螺纹孔直径扩大（或根据具体情况不扩大），再用比原螺孔大一号的丝锥进行重新攻螺纹，同时另制阶梯形螺栓与之相配。螺栓一端直径与扩孔后螺纹的直径相符，另一端直径与原来的螺纹相等。大头端拧入新螺孔内，不能高出机体平面，否则盖后拧紧螺母漏气。

机体上的螺纹倒牙，高出平面，可将高出飞边用锉修平。螺纹可用小三角锉或原尺寸丝锥进行修理。螺栓倒牙必须更换新的。

机体上的螺栓折断后的修理，一般可以用钻孔方法，用丝锥将断螺栓取出。如取不出时，可用上述方法，将原来螺孔的直径扩大和重配用阶梯形螺栓。

2）机体裂纹和渗漏的修理。修理方法有：

① 补焊法。制冷压缩机一般出现裂纹、破口和渗漏较多，当气缸体出现裂纹和渗漏时可以采用补焊法。

一般可用电、气焊补焊，铸件应用铸铁焊条。用气焊时，常用的铸铁焊条牌号，见表3-41。

表 3-41 铸铁气焊条的牌号和成分

铸铁焊条	元素的含量（质量分数,%)				
	碳	硅	锰	硫	磷
QHT-1	3.3~3.9	3.0~3.8	0.5~0.8	<0.08	0.15~0.4
QHT-2	3.3~3.9	3.8~4.5	0.5~0.8	<0.08	0.15~0.4

为了除去在焊接过程中产生的氧化物，增加液体的流动性和出渣，常用的焊药成分见表3-42。

表 3-42 焊接铸铁的焊药成分 （质量分数,%)

编号	硼砂	碳酸钾	碳酸钠	碳酸氢钠	二氧化硅
1	100	—	—	—	—
2	56	22	22	—	—
3	50	—	—	50	—
4	50	—	47	—	3
5	48	—	45	—	7

修理裂纹时，应先确定其长度，其方法如下：先涂上煤油，然后用浸透煤油的棉丝擦拭表面的油滴，再涂上一层白粉，并在检查的地方用小锤轻轻地敲击，这时

煤油将白粉渗湿，裂纹长度清晰地显现出来。除去油污，在裂纹两端处离裂纹 10～15mm 各钻一直径为 4～5mm 的孔，并在裂纹上用錾子或用砂轮打一道 90°～120°的 V 形槽，在补焊区进行净化处理，去掉氧化物、铁锈、灰尘、油污等。将气缸预先加热到 100～150℃，对于铸件气缸可采用气焊或用铸铁焊条焊接。用电焊修补时最好用直流电焊机，将电流控制在 100～130A 范围内；用直径为 3～4mm 铸 308～508号的焊条，短弧焊接，弧度为 1～3mm。焊件在避风处缓慢冷却或堆上生石灰保温冷却，以防冷脆出现裂纹。焊件冷却后应试压检漏。高压腔气压为 1.962MPa（表压），低压腔气压用 0.981MPa（表压）进行试压。在 5min 内没有任何泄漏现象即符合要求。

② 化学填补法。化学填补法是一种用环氧树脂填补的方法。它比焊接法简单，质量较好，技术要求不高，不怕水，耐酸碱。

先用碱水清除油垢，后用汽油脱脂干净，然后将裂纹处錾成 V 形槽，露出金属表面。黏合修理时，先用丙酮将机体裂缝仔细清洗干净，然后加热环氧树脂，使其软化，逐渐变成黏稠状的液体。当温度达到 85℃时，用木棍搅拌 3～5min，将环氧树脂内的水分、气泡排出去，然后停止加热片刻，将增塑剂按一定的配比放入，使其温度保持在 80～90℃之间，再均匀搅拌 5～7min，以消除混合剂中的气泡。环氧树脂黏合剂的配方见表 3-43。

表 3-43 环氧树脂黏合剂配方

热黏		冷黏	
配方名称	配方质量/g	配方名称	配方质量/g
环氧树脂 628 号	100	环氧树脂	100
顺丁烯二酸酐	40	乙二胺	10
硅-铁粉末	120	二丁酯	20
苯二甲酸二丁酯	20	硅-铁粉末	120

用环氧树脂黏合机体，常用热黏和冷黏两种方法。热黏：当环氧树脂温度降低到 70℃时，加入顺丁烯二酸酐；冷黏：当环氧树脂温度降低到 45℃时，加入乙二胺。浇注黏补液必须使液体向单一方向自然流动，然后在室温下或在 120～140℃温度下保持 5h，使黏补液硬化。

水玻璃型浸液修补法，水玻璃的固化反应为：$Na_2SiO_2 + 2H_2O = 2NaOH + H_2SiO_2$，生成的硅酸溶液由凝胶液体逐渐硬化，形成水玻璃薄膜，它能与浸透液中的氧化物、气缸裂缝处的金属机体连接起来，防止气缸的渗漏。

水玻璃的配方见表 3-44。为了加速浸渗液硬化，可采用自然干燥和加热干燥相结合的办法，以促使其干燥速度加快。

③ 贴板法。将裂纹两端钻 4～5mm 的孔，防止裂纹伸长。配制超过裂纹边缘15～25mm 的钢板，并将钢板与裂纹处加工贴合紧密。在钢板和机体上每隔 20～25mm 处钻孔，用丝锥攻螺纹，垫上耐油石棉橡胶板，纸板涂上铅油，用螺钉拧紧

在机体上，如图 3-46 所示。

表 3-44　水玻璃配方

名称	规格	质量分数(%)
钠水玻璃	$M = 2.8 \sim 3.2$ $B^\circ = 29 \sim 37.5$	97.85
氧化铝	粒度 200 目	1.32
二氧化铁	粒度 200 目	0.47
氧化钙	粒度 200 目	0.16
氧化镁	粒度 200 目	0.13
氧化锌	粒度 200 目	0.04

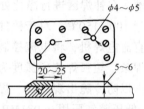

图 3-46　用贴板法修复裂纹

后两种方法可用在强度要求不高的水套外边。

3）砂眼的修理。机体上如有砂眼，修理方法与裂纹的修理方法相同。

2. 油冷却器的修理

若冷却水管冻裂，可清除油污，用气焊补焊。如不能焊接，可将裂纹部分截去，换上同规格的管子进行焊接，补焊后经 $5.88 \times 10^5 Pa$（表压）气压试漏，合格后即可使用。如果油冷却器的管子裂纹比较严重，应更换新的。

3-64　回油浮球阀如何修理？

答：回油浮球阀的修理方法：

1）浮球支脚与浮球上杆为动配合，如间隙过大，不作修理，应更换新的。

2）浮球的焊缝如有针状小孔，可用气焊或锡焊补焊；若阀芯与阀座密封面有斑痕时，可用研磨剂研磨，然后用油石光磨。磨时应用力均匀，以防磨偏造成泄漏。

3-65　联轴器如何修理？

答：压缩机联轴器孔与曲轴接触不良，应修整联轴器孔，直至联轴器孔与曲轴的锥度一致为止；如塞销磨损，必须更换新的，否则，容易引起塞销折断而发生事故。

3-66　安全阀和吸气、排气截止阀如何修理？

答：机器上的安全阀阀芯，采用聚四氟乙烯塑料制成。若因有斑痕而造成泄漏时，必须更换新的；如钢制阀芯可用研磨方法修复；如阀芯是轴承合金的，应用浇铸方法修复。经修理后，应按机器说明书所规定的压力进行校验。

机器上的吸气、排气截止阀阀芯，是聚四氟乙烯制成的。若阀芯受热膨胀，遇冷收缩会引起关闭不严、磨损及进入污物，使密封圈（芯子）拉毛，因此出现窜气现象。阀杆和填料的磨损会使阀杆处泄漏，其修理方法如下：

（1）阀芯的泄漏　机器停机后，由于阀芯冷缩引起窜气，再次关紧阀门便可不漏。

　　密封圈如有断裂、掉块及斑痕，则应予更换。若无备品，可用聚四氟乙烯塑料棒在车床上按尺寸加工出代用件。

　　（2）阀杆的修理　阀杆如轻微磨损和有斑点，可用细锉或细砂纸打光，严重时可更换新的。修复后的阀杆应更换新填料。若填料磨损或老化，必须更换填料。

　　（3）阀体的修理　阀体裂纹一般不修理。如有针状小孔，可用铸铁焊条补焊。补焊后经过试压，要求在水压 $29.4×10^5Pa$（表压）、气压 $19.6×10^5Pa$（表压）的情况下，持续 5min 不应有渗漏现象。试气压时，一般是浸在水箱里观察，并注意安全。

3-67　油压调节阀如何修理？

　　答：油压调节阀的修理：

　　1）拆下油压调节阀，检查阀芯（钢制）与阀座的密封面接触是否良好，如有斑痕应用研磨方法修理；若阀芯为钢珠结构，检查钢珠是否已成椭圆形及磨损情况，如不符合要求，必须更换新的。

　　2）检查弹簧有无变形和弹力是否减弱，如符合要求时，应与阀芯装入轴承座，然后将阀杆和阀体一同装入。

3-68　制冷压缩机修理装配过程中要注意哪些事项？

　　答：制冷压缩机的装配与试车工作是检修工艺的最后阶段，零件经过拆卸、检查和修理后，要重新组装。组装的程序和特点是先将零件组装成部件，然后将各部件逐一装入机体进行总装。装配过程中要注意下列事项：

　　1）在装配过程中，应按照程序进行，不要忘装垫圈、挡销、垫片、填料等零件。其次，应防止装配错误，不要将机件装反、偶合件弄错。轴瓦、连杆、螺栓与螺母都是偶合件，装配时要记上记号。还应防止小零件或工具掉入机件内，如不及时发觉取出，会造成机械事故。

　　2）在装配时，对有相对运动的机件，接触面等处要滴入适量的冷冻机油，既可以防锈，又可以帮助润滑。

　　3）在装配制冷系统及油气管路时，要注意防漏，尤其是管接头一定要拧紧。必要时按不同的要求加填料（如橡胶垫、耐油橡胶石棉板及各种垫圈以及涂厚漆等），防止设备运转时出现渗漏现象。

　　4）在总装时除要求各部件的相对位置、前后关系正确无误外，还要检查经修复后的零件和备件的表面有无损伤和锈蚀，如有应及时修理，并用煤油或汽油清洗干净后再装。

　　5）在装配时，紧固各部件的螺栓、螺母是一项重要的工作，紧固时用力要合适，不可太大或太小，特别是连杆螺栓和螺母的紧固，用力过小螺母易松动，用力过大易损坏螺栓。紧固螺母时，要对称地紧固，以防偏紧。待全部拧紧后，查看各部位紧得是否均匀。注意凡用螺栓连接的接触面都应加耐油石棉橡胶纸垫片，以保证密封性。特别是气缸体与气缸盖之间、机体上与前后主轴承配合的两主轴承座孔端面与端盖间的垫片厚度都应按照制造厂要求的厚度严格选用，不允许随意改变。

3-69 制冷压缩机部件如何组装？

答：制冷压缩机部件的组装：

1. 气缸套装配

将顶杆和弹簧装入气缸套的外孔内，开口销锁牢，再将转动环（分左右）和垫环以及弹性圈装好，最后检查转动环的移动是否灵活。

2. 活塞、连杆的装配

1）连杆小头与衬套的装配应注意配合尺寸的检查，可用台虎钳或压床将衬套压入连杆小头孔中，油槽方向不能搞错，再将活塞销放入衬套孔内，检查其灵活性。

2）检查活塞销的长短，要保证钢丝挡圈能放入活塞销孔的槽中。

3）装活塞销时，应检查连杆与活塞的号码，防止装错。装配时先将活塞放在 80~100℃ 的热油中加热，然后将活塞销插入一端活塞销孔和连杆小头衬套孔内。装时尽量不要用锤子敲击，若需要敲击时，可用木榔头轻轻地敲打，最后把钢丝挡圈装入活塞销座孔槽内。若环境温度较低，活塞销也要略微加热，不然，活塞与活塞销因金属材料不同，其膨胀系数也不相同，若活塞销太凉，插入孔内局部传热快，没等活塞销装好，活塞销座急剧收缩，装不进去。

4）将气缸和油环装入活塞环槽内。装配时，要检查活塞的表面状态，环槽口边缘凡有毛刺应仔细刮除掉。活塞环应能方便地卡进环槽中，并在槽中灵活自如地转动。如果发现卡咬现象，应对环槽进行修刮。活塞环两端平面与环槽之间的间隙应在 0.05~0.08mm 之间，活塞环搭口间隙取决于缸径，一般缸径大，间隙可略大；反之则小。具体见表 3-38。

5）对活塞环进行检验。活塞环的两端面应平直，不应有翘曲、扭曲等现象。检验时可将活塞环放在平板上，用塞尺塞入活塞环与平板之间缝隙内检验。其次要检查活塞环的弹力与活塞环开口间隙，确保在活塞环未装入活塞之前符合规定的技术标准，不然不能装配使用。

6）对于连杆小头是滚针轴承的，在装配前，首先将夹圈和滚针装入轴外壳内，然后把引套插入。

装配时加热小头，将一只孔用弹性挡圈，用尖嘴钳装入小头孔的凹槽内。将轴承挡圈和滚针轴承装入小头孔内，再放入轴承挡圈，然后装上另一只孔用弹性挡圈。

3. 液压泵的装配

1）装轴衬时，油槽应经过良好的润滑，否则，会造成里侧不进油而引起轴衬烧坏。

2）将油道垫板装好，再把内、外齿轮装入泵体，泵轴转动灵活即可。

3）将泵盖对准定位销装在泵体上，对称旋紧螺钉。

4）将传动块装入曲轴端槽内，转动应灵活。

4. 排气阀组的装配

1）装配时，阀盖应没有毛刺，气阀弹簧不能装偏。气阀弹簧要挑选长短一致的，用手旋转装入阀盖座孔内，决不能用劲硬往里塞，以防气阀弹簧变形。

2）装配前要把阀座的密封面洗擦干净，阀片要装平，阀弹簧要装正。阀盖与外阀座装配时，将外阀座密封面与阀片密封面贴合，使外阀座凸台进入阀盖凹槽内，然后用两只螺钉对称拧紧。检查阀片是否灵活，然后装上其余螺钉。

3）阀盖和外阀座与内阀座装配时，应使内阀座密封面贴合，再将气阀螺栓装入内阀座和阀盖的中央，用盖形螺母拧紧。同时注意拧入的螺栓底平面，不能高出内阀座下平面，以防撞击活塞。

4）排气阀组装好后，测量阀片的开启度。如不符合要求，应进行调整，然后用煤油试漏，5min内不允许有连续的滴油渗漏现象。

5. 油三通阀的装配

1）装配油三通阀时，将阀芯有孔处对准出口，再把弹性圈、圆环和阀盖装好，然后将标牌面螺钉装平，以防阀杆转动不灵活。

2）装配手柄时，注意手柄箭头指示要与标牌上的位置相符，最后用螺钉紧牢。

6. 油分配阀的装配

1）在清洗油分配阀零件时，不要用棉纱或棉织纤维多的织物，而用丝绸织物擦洗。阀芯与阀体的径向间隙为0.03mm左右。

2）在装配时，应注意将阀芯有油孔一侧，对准上载接头，另一侧对准泄压管（油回到曲轴箱）接头，如图3-47和图3-48所示。

3）阀芯和弹簧装入阀体后，将套筒与弹性圈以及阀盖装好，用沉头螺钉拧紧。试通时，可用手指按住接头孔，从进油口吹气，按数字从"0"位到"1"位逐个检查，同时检查一下回油孔的通向是否符合要求，然后将油分配阀装入控制台孔内，将标牌装好，手柄箭头指示"0"位，用螺钉紧牢。

4）装油管连接螺母时，先将垫圈装好，对应接头拧紧螺母。

7. 安全阀的装配

1）阀芯和弹簧放入阀体要平整，不能装偏。

2）试压时，要注意调节螺钉，如压力过高才能跳起，可调松一点；如不到规定压力便跳起，可调紧一点，直到压力调准为止。调整装好后进行铅封。

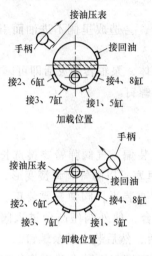

图 3-47　油分配阀上下载位置

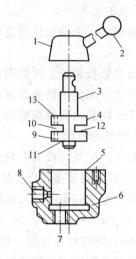

图 3-48　油分配阀零件
1—手柄头　2—手柄　3—阀杆　4—阀芯
5—弹性圈　6—阀体　7—进油孔
8—液压缸接头　9—弹簧座面　10—下油孔
11—增压侧　12—泄压侧　13—上油孔

8. 截止阀的装配

1）截止阀装配时，将半环垫圈和阀杆装入阀盖内，再把塑料网装进填料盒内，用压紧螺母拧上即可。

2）密封圈（塑料）放入阀瓣凹槽内，将压紧盖装上，用螺钉拧紧。再把阀瓣放入阀杆，一同装入阀体内，然后将周围的螺钉对称拧紧。

9. 浮球阀的装配

将阀杆与浮球下杆用开口销固定，然后把阀芯装在阀座密封面上。再将浮球上杆放入浮球支脚的孔内，用螺钉将浮球支脚与阀盖连接为一体。应注意浮球与阀芯的垂直度。

3-70　制冷压缩机如何进行总装配？

答：总装配是将各个组装好的部件逐一装入机体。一台制冷压缩机是由许多零部件组装而成，整机的性能好坏与每一零部件的材质、加工质量以及技术要求等都有很大关系。仅有合格零部件而没有合格的装配技术也会影响制冷压缩机的性能。装配压缩机要按照一定的装配程序，就能保证零部件装得快又正确。在进行总装配时，对每个零部件要仔细检查相对位置和相互关系是否正确，同时还要检查有无碰伤，如有碰伤要及时修理。各个零部件都应用煤油或汽油清洗干净。在装配过程中，凡有相对运动的零件表面均要涂上润滑油，既防腐蚀又便于装配。凡与外部接触的部件结合面都应加耐油石棉橡胶纸垫，以保证密封性。凡与机体装配有间隙的结合面（如前、后主轴承座与机体座孔的结合面等），其纸垫厚度应按要求选用，不得任意改变；凡是要拧紧的螺母都要用力均匀。总装配的程序及注意事项如下：

（1）装曲轴　安装时，将曲轴从后轴承座孔装入机体内，移动时要水平，慢慢移至正常位置，并注意安全，不能碰伤部件。将曲轴支承好，装配前、后轴承座，然后把保护主轴颈的布条去掉。

（2）装前轴承座　装配前应检查石棉耐油橡胶纸垫有无损伤，若已损坏或拆断，需按原来的厚度重新制作。安装纸垫时，应涂上润滑油脂，使纸垫贴牢，以便以后拆卸时不易损坏。装配时，将前轴承孔对准曲轴端推入座孔内，最后将螺栓对称拧紧。

（3）装后轴承座　检查石棉耐油橡胶纸垫的要求与前轴承座一样。安装时，防止碰伤主轴承；装好后，应转动曲轴是否灵活，测量装配后的轴向间隙，如不符合技术要求时，可用石棉纸垫的厚薄调整。

（4）装轴封　先将外弹圈套在固定环上，装入轴封盖，密封面要平整，然后将弹簧、压圈、内弹性圈及活动环装入，再将轴封盖慢慢推进，使定环与活动环的密封面对正，以松手后能自动而缓慢地弹出为宜。若推进去后松手根本不动，则过紧；若很快弹出，则证明太松。过松或过紧原因主要是：橡皮圈和上面垫圈松紧度不适宜，可用纸垫作适当的调整，也可更换橡皮圈或紧圈直到正常为止，再均匀地拧紧螺栓。否则会导致轴封泄漏。弹簧式轴封装配如图 3-49 所示。

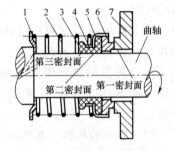

图 3-49　弹簧式轴封装配图
1—弹簧托板　2—轴封弹簧
3—密封橡胶环　4—紧圈
5—钢壳　6—石墨摩擦环　7—压板

（5）装联轴器和带轮　将曲轴键槽位置转向上，在轴上涂些润滑脂，半圆键装入键槽，键的两个侧面应与键槽贴合，装配压缩机联轴器时顺曲轴锥形端推进，装上挡圈，用螺钉拧紧。

将电动机轴键槽位置朝上，在轴上涂些润滑脂，平键装入键槽，将电动机联轴器内孔上键槽与键对准，轻敲使孔入键及轴上。

对准两联轴器柱销孔，插入柱销，锁紧螺母。

在装弹性联轴器时，应注意两轴同轴，一般允许径向偏差在±0.3mm 范围内，角度偏差≤1°。

小型制冷压缩机组采用 V 带传动。在制冷压缩机检修后重新装配时，必须保证电动机的带轮与制冷压缩机的带轮中心面对正，若带轮中心面不对正，会导致 V 带和带轮剧烈磨损或轴承发热，并会发出嘶嘶声，有的 V 带出现跑槽现象。

1）中心面找正的方法。在装配时用一根长线，一端系于一个轮轴上，延伸出来的线绳绕过两个带轮的正面，将线拉直拉紧，使线和带轮接触，如图3-50所示。如大小带轮中心面对正的话，则线段应同时紧贴两轮平面；如不正，可调整电动机位置。

2）V带松紧度的检查。V带松紧度应适当，以传动时不打滑、不出现凹陷为适宜。

V带松紧度的检查方法，一般可用手检法测定张力。即用手将V带按下凭手感觉来判断其张力的大小。

3）带轮装在轴上是否摇晃摆动的检查。一般可用肉眼和手感觉，如有问题应马上卸下检查。检查孔、轴的尺寸是否超过规定范围，根据情况采取相应的措施。

（6）组装气缸套（气缸体） 装气缸套时，要检查气缸套的编号，转动环有左、右之分，不能搞错。把纸垫装在气缸套的外平面上，注意转动凹槽对准拉杆凸缘和定位销的位置。

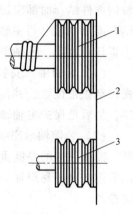

图 3-50 压缩机与电动机带轮找正法
1—制冷压缩机带轮
2—线绳 3—电动机带轮

对小型制冷压缩机气缸体的组装，首先放好气缸体和曲轴箱连接处的密封垫片，机体的端面清洗刮净，气缸镜面用干布擦净，涂上冷冻机油。将活塞慢慢下落，注意活塞环中的油环与气缸的开口要相互交错90°，当两个环进入气缸后才能下落。装配时要配合好，不能用力过猛，以免损坏活塞环或气缸表面。

（7）装卸载机构 按拆卸时的编号安装，装好液压缸外面棉纸垫，将拉杆套入液压缸中央，装上弹簧和挡圈等，再一同装入机体孔内。装上油活塞，将纸垫装在液压缸顶端，然后装上卸载法兰，将螺栓对称拧紧。法兰装好后，可用旋具插入法兰中心孔内，推动油活塞，活动灵活即可。

（8）装活塞连杆 先将曲柄销上的布条拆除，把曲柄销转到上止点位置，再将导套放入气缸套上，用吊栓将与气缸套对号的活塞连杆部件吊起，从大头轴瓦油孔中向活塞销加油，并向活塞外表面与气缸套内表面以及曲柄销上加油，注意活塞环和油环的锁口应错位120°。将活塞经导套装入气缸套内，连杆大头轴瓦装到曲柄销上，将大头轴瓦盖装上，随即将连杆螺栓拧紧。这时，应检查连杆大头瓦与所配曲轴的曲柄销均匀接触面是否达到75%；连杆螺栓的端平面与连杆大头盖的端平面是否密切贴合、均匀接触，并用铜垫片调整好间隙，拧紧、锁牢螺母，不应有松动现象；连杆是否能在重力的作用下使曲轴灵活转动。检查完后装上开口销固紧。

在装活塞连杆部件时，若连杆大头轴瓦为斜刮式，应按上述方法进行装配；若连杆大头轴瓦为平刮式，可将活塞连杆部件和气缸套一同装入机体内。

（9）装液压泵与精过滤器 先将过滤器芯装入壳体内，再检查过滤器壳体与油泵之间石棉纸垫的油孔与油路孔是否对准，然后将螺栓均匀拧紧。

液压泵装好后应转动曲轴，要求液压泵转动灵活。

（10）装油三通阀与粗过滤器　先将石棉纸垫装入机体座孔内，再把粗过滤器装入曲轴箱内。装配时，要注意过滤器与曲轴箱之间的石棉纸垫要贴牢，弹性圈应装入六孔盖的凹槽内，再一同装进阀体上。将石棉纸垫装入过滤器顶端，同时将油三通阀装好，然后用螺栓对称拧紧。连接油管时，两端的垫圈要装好，并分别与液压泵的进油孔和油三通阀的出油孔对好，拧紧螺母。

（11）装排气阀组与安全弹簧　装排气阀组前，先将卸载装置用专用螺钉顶起，使顶杆落下，处于工作状态，避免吸气阀片压死顶杆或放不正，以及滑到气缸套顶面上。装上后再将排气阀组活动一下，检查有无卡住现象，然后装上安全弹簧。安全弹簧必须与钢碗垂直。

（12）装气缸盖　首先检查耐油石棉纸垫是否完好，再将气缸盖装上，同时注意弹簧座孔要与安全弹簧对准，还要注意气缸盖冷却水管的进、出水方向，防止冷却水走短路。

装上气缸盖后，先均匀地拧紧两根较长螺栓上的螺母，然后将气缸盖的螺母全部均匀地拧紧。

气缸盖装好后，应转动曲轴，如发现有轻重不均和有碰击的感觉（如活塞顶碰击内阀座），则说明余隙太小，应适当调整石棉垫的厚度。

（13）装浮球阀　对于SA8-12.5制冷压缩机的回油浮球阀，在装配前，先将油管两端垫圈放好，再将高压级吸入腔右侧油孔与浮球阀平衡管的连接螺母、高压级吸入腔左侧出油孔与浮球阀进油孔的连接管螺母拧紧，然后装上浮球阀出油孔与曲轴箱进油孔的连接管，并拧紧螺母。

（14）装其他零部件　装配曲轴箱侧盖（包括油冷却器）、气体过滤器、回油阀与过滤器（如油分离器携带的）、安全阀、控制台（如压力表、高低压控制器以及油压油差控制器）、油管、放气阀及水管等，均按原来的位置装好。应注意垫圈或纸垫不能漏装。

机器装配完毕后，要以曲轴为基准校平，拧紧地脚螺栓，将曲轴箱侧盖上的加油孔帽盖拧下，向曲轴箱内加入按规定要求牌号和油量的润滑油，将帽盖放上，准备试车。

3-71　制冷压缩机全面修复后如何进行试车？

答：压缩机经过全面维修后，必须进行试车，检查压缩机各零件运动的摩擦情况，了解压缩机的工作性能，鉴定修理和装配的质量，为恢复正常运转做好准备。试车之前对设备还必须进行气密性试验：对开启式压缩机充入1.962MPa的氮气，15min不见漏气为合格；对全封闭式压缩机整机充入1.58MPa的氮气，15min不见漏气为合格。压缩机的试车可分为3个阶段进行：空车试运转、空气负荷试运转及连通制冷系统负荷试运转。试车时间可根据具体情况确定。各阶段试车的要求如下：

1. 空车试运转

1）空车试运转前的准备工作：

① 空车试运转前，应拆卸气缸盖，取下安全弹簧和排气阀组，将压板装好，防止气缸套跳起来。

② 轴封和液压泵内应加润滑油，防止不能及时上油，引起轴瓦磨损增大或熔化。

③ 曲轴箱侧盖的螺母应少装几只，便于迅速放油，检查连杆大头轴瓦的温度，准备放油用的工具和油盘，并向曲轴箱油冷却器供水。

2）空车试运转应注意的问题：开车时操作人员不得离开控制柜，以便机器在运转时发现异声或油压不正常时及时停车，待查明原因，排除故障后，重新起动。

3）空车试运转的程序：

① 用手转动联轴器（带轮）检查运动件是否能灵活地作相对运动，发现障碍应加以排除。

② 起动，观察机器的运转方向，发现反转，可倒换电动机的接线，同时查看油压表是否已经动作。

③ 开车 1~3min，查看油压，液压泵压力调节在 0.196~0.40MPa（表压）范围内，以保证各摩擦表面有充足的润滑油。阶段停车后，检查活塞的温度是否正常，检查气缸套的表面是否被拉毛。一切检查妥当，准备再次试车。

④ 开车 5~10min，机器运转时可按上述情况检查。如零部件的摩擦温度、油温以及油压正常，未发现异声，可按时停车。停车后，把曲轴箱内的润滑油迅速放出，并较快地将曲轴箱侧盖拆掉，检查连杆大头轴瓦是否正常，查看连杆螺栓的防松开口销是否完好，寸动联轴器灵活即可。检查完毕后，未发现异常，装上侧盖，准备试车。

⑤ 开车 15~20min，检查油分配阀和卸载机构是否灵活，检查轴封和过滤器的温度，轴封和过滤器温度差不超过 10℃，轴封有无漏油现象，有无异声。

空车试运转，让机器自行跑合时间不得少于 2h。空车试运转结束，检查润滑油，如油发黑，可放出脏油，应按④的检查方法再次进行，清洗曲轴箱，再换润滑油。

2. 空气负荷试运转

空气负荷试运转，即压缩空气条件下，观察各摩擦部位的温度与压缩机的工作性能。

1）空气负荷运转的要求：

① 空气负荷试运转的排气压力为 0.195~0.294MPa（表压），应避免负压下运转，使液压泵油压过低，造成控制器动作，自动停车。

② 在运转过程中，调整卸载机构，要求各气缸套能准确及时地上载与卸载。

③ 空气负荷试运转后，检查进排气阀、活塞、气缸套以及曲轴箱等，如无缺陷不要拆卸。空气负荷连续试运转时间不少于 4h。

2）空气负荷试运转时，应注意的事项：

① 检查安全阀有无泄漏现象。

② 检查排气温度不超过 135℃。如温度过高，可将几个气缸套卸载，待排气温度下降后，再逐步增加载荷。

③ 若发现液压泵不上油，应查看油三通阀是否在工作位置。油温一般保持在 35～55℃ 比较适宜，轴封温度不超过 70℃。

④ 检查气缸盖水套的温度，若有温差，这是冷却水套的水分布不均所引起，应将气缸盖的水接头位置重装。

⑤ 各紧固件接触面如轴封、法兰、阀门不出现漏气现象。

⑥ 空气负荷试运转后，应进行压缩机本身的抽空密封性试验。试验时，真空度可达到 86.66kPa，并要求在 15～20min 内，压力表指针无上升现象即为合格。

3. 连通制冷系统试运转

连通制冷系统试运转时间不得小于 24h，以便进一步观察压缩机的工作性能，以及修理与装配质量。试运转时最好能单独担负某一制冷系统的降温，以便与通常降温所需的时间和制冷效果进行对比。符合规定时，即依照既定手续交付使用。

3-72　全封闭式制冷压缩机制冷系统检修前如何检查？

答：全封闭式是将压缩机和电动机封闭在一个钢制壳体内，这给修理带来一些困难。如电动机绕组烧毁或压缩机零件有损坏时，都需要剖开壳体才能检修，由于剖开壳体十分麻烦，因此对于全封闭式制冷压缩机故障，是否需要剖壳修理，必须通过下列的试车运行才能决定。

1）当送电后，听不见电动机运转时的声音。遇到这种情况，首先要排除壳体外部的电器元件及电路、温度控制器等故障，然后对电动机绕组断线检查和绕组通地检查。若发现有问题或电动机不起动，必须作剖壳修理。

2）如果电动机没有问题，可将制冷压缩机从制冷系统中拆卸出来，通电起动检查，观察吸气、排气管口是否有吸气、排气现象。如果没有吸气、排气，必须作剖壳修理。

3）对于能起动而制冷效率下降的压缩机，可从两个方面判断，然后再确定是否剖开壳体。首先检查制冷系统效率下降是否因为系统内缺乏氟利昂所引起。只要起动制冷机，如果是系统中缺乏氟利昂或者根本没有，则压缩机吸气管就不会发凉，而且与室温差不多，排气管也不会热。对这种情况不需要剖壳修理，只需修补漏口，充注氟利昂就能解决问题。另一方面，如果排气温度很高，壳体发热严重，说明制冷机内部零件出现毛病，或气缸窜气，需要进行剖壳修理。

为了准确判断起见，也可以在吸气、排气管处各接一只压力表，以测试压缩机运转的实际工况，也可以知道压缩机的效率。

3-73　全封闭式制冷压缩机如何修理？

答：当需要作剖壳修理时，先将全封闭式压缩机充氟利昂管锯开，放出制冷剂。然后再将壳剖开，拆卸气阀组、连杆活塞、电动机等。如电动机绕组烧坏，应重新绕线。在电动机绕组重绕线过程中，其线圈绝缘漆应能耐氟利昂和冷冻机油的侵蚀，且不溶解。若压缩机各运动件磨损需修理时，其方法与开启式压缩机的修理方法相同。修理时各部位间隙见表3-45。

表 3-45　部分全封闭式压缩机装配间隙　　　　　（单位：mm）

冷冻机型号	2FM4	3FM4G	3FY5Q	2FS4.2M
气缸余隙（死隙）	0.4~0.6	0.4~0.6	0.5~0.9	0.1~0.15
气缸与活塞	0.01~0.030	0.02~0.03	0.02~0.03	0.02~0.027
活塞销孔与活塞销	0.01~0.02	0.01~0.02	0.015~0.025	0.015~0.02
连杆小头与活塞销	0.01~0.02	0.01~0.02	0.025~0.037	-0.024~-0.001
连杆大头与曲柄销	0.015~0.045	0.03~0.045	0.03~0.045	0.015~0.020
主轴颈与轴承	0.02~0.04	0.02~0.04	0.025~0.04	0.015~0.020
曲轴与电动机转子	0.003~0.045	0.003~0.045	0.003~0.045	-0.030~-0.022
电动机定子与机体	-0.10~-0.03	-0.10~-0.03	-0.10~-0.03	-0.030~-0.022
电动机定子与电动机转子	0.4~0.45	0.4~0.5	0.4~0.5	0.6~0.7
吸气阀片升程	1.40~1.90	1.40~1.90	3.0	1.5
排气阀片升程	2.00	2.00	2.96	4
活塞环锁口间隙	—	—	—	—
活塞环槽与环间隙	—	—	—	—

全封闭式制冷压缩机曲轴一般为偏心轴，电动机与压缩机同装于一轴，轴的下端沿纵向钻有偏心油孔，在离心力作用下，压缩机油通过油孔及左右螺旋油线上升到各摩擦面润滑。因此，修理时一定要疏通油路，不允许有堵塞现象。

拆修曲轴时要小心轻放，不要碰伤。因为整个曲轴，除电动机转子轴颈外均为磨合面，所以曲轴拆卸后，应平放于冷冻机油中，或者清洗干净后放在干燥箱里。

为了装配需要，全封闭式压缩机连杆大小头孔不在一条铅垂线上，连杆大头孔为整体式，直接套在曲轴上。如连杆大头轴瓦需要更换，可将轴瓦取出，用相同的材料车制，压配到连杆大头孔中。对于气缸与活塞之间的严密性检查，可用手按着气缸口，如活塞连杆组不下落，说明密封性好，不必修理。

压缩机、电动机组装之后，应进行壳外空载试车。壳外空载试车是在与外壳下半部相似的钢制小盆中进行。小盆上设有与压缩机固定安装用的两孔。内装一定数量的冷冻机油，其油面以不超过水平气缸口的下缘为宜。接上临时电源，通电空载试车，试车时间一般不少于 10h。

空载试车之后，进行壳体焊接，为了检查焊缝的可靠性，需对壳体内作 0.981MPa 氮气压力试验（氮气瓶出口必须加装减压表），并作沉水检查，不漏为合格。最后从低压修理口按说明书要求加入一定数量的冷冻机油，如果无资料时，一般加入 1.5~2.0kg 即可。

3-74　全封闭式制冷系统怎样试漏、抽真空、充氟利昂？

答：将制冷压缩机及系统焊接好，从低压修理口小管接上三通管，装上真空压力表（-0.101~2.45MPa 刻度的压力表）。然后将氮气从低压修理口灌入，但应注意氮气瓶出口处应装有减压阀，控制试压所需要压力。待系统内充氮压力稳定后，作沉水检查，合格后放尽氮气，送入干燥箱干燥。干燥温度一般控制在 60~80℃，干燥时间为 24h。紧接着对系统进行抽真空，其真空度不应低于 0.0866MPa，并静置 18~24h，其真空度不变为合格。图 3-51 所示为全封闭式制冷系统抽真空流程图。

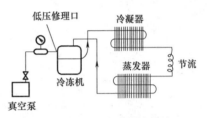

图 3-51　全封闭式制冷系统抽真空流程图

抽真空的接管是在低压修理口上接出，真空泵进口处安装一个截止阀，当系统达到真空后，应将此阀关闭，以免空气沿真空泵轴封处进入系统。

全封闭式制冷系统中没设干燥器，为了保证充氟利昂质量，在充氟利昂工具管路上应加装干燥过滤器，氟利昂瓶放在磅秤上，它们之间的接管，如图 3-52 所示。起动真空泵，再次把系统及充氟利昂工具内的空气抽尽，停止真空泵运转，关闭阀 1，开启氟利昂瓶阀 2，氟利昂便在压力差作用下经干燥过滤器进入系统。充足到产品说明书所规定的数量时关闭氟利昂钢瓶阀。用专用卡钳将低压修理口 A 处纯铜管夹死并锯断，再用锡焊封口，以防泄漏。最后用肥皂水或检漏灯，对整个系统检漏一次，不漏时进行性能测试。

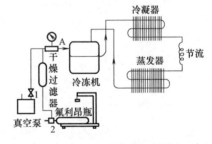

图 3-52　全封闭式制冷充氟利昂流程图
1—真空泵吸入阀　2—氟利昂瓶阀

氟利昂充灌数量，如果无资料参考时，还可以根据设备容量大小而决定。比如使用工质为 R12、200L 的电冰箱，充 300~400g 即可。作为空调器，制冷量为 466W，可充 1.2kg 即可。

全封闭式制冷系统是用毛细管代替热力膨胀阀工作的。它的长短对制冷系统的影响也是很重要的。如果在检修过程中，需要更换毛细管，对其长度的决定可用下面方法：将低压修理口打开，高压管口接一高压表，毛细管出口与蒸发器断开，起动制冷压缩机，如果压力表能稳定在0.981~1.177MPa左右，可以认为流量恰当。压力过高时可将毛细管锯掉一段，过低时加一段，要经反复试验，然后将毛细管焊好，焊接时，因为管径小而容易焊堵通道，所以要特别小心。

全封闭式系统的修理与操作质量，关键在于修理要细心，确定系统内部的洁净、干燥无水、严密不漏、焊接可靠。只要严格做到以上各点，一般能保证修理质量。

第4章

螺杆式、离心式制冷压缩机的维护

4-1 螺杆式制冷压缩机有哪些基本参数?

答：螺杆式制冷机是以螺杆式制冷压缩机为主机的制冷装置。螺杆式制冷压缩机是一种容积型回转式压缩机，它是靠气缸内螺杆的回转造成螺旋状齿型空间的容积变化来完成气体的压缩过程。现在用于制冷装置上的多是双螺杆喷油式螺杆制冷压缩机。

螺杆式制冷压缩机有开启式和半封闭式两种，两种又都有单级机和双级机。机组出厂形式分为螺杆式制冷压缩机组、螺杆式制冷压缩冷凝机组和螺杆式制冷（盐水或冷水）机组三种。

开启螺杆式制冷压缩机的基本参数见表 4-1，半封闭螺杆式制冷压缩机的基本参数见表 4-2。

表 4-1 开启螺杆式制冷压缩机的基本参数

阳转子公称直径 D_0/mm	阳转子转速 n/(r/min)	长 径 比									
		1	1.5	1	1.5	1	1.5	1	1.5	1	1.5
		R717						R22			
		标准制冷量 Q_0/kW		标准轴功率 P_e/kW		标准工况系数 K_e /[10^4kJ/(kW·h)]		标准制冷量 Q_0/kW		标准轴功率 P_e/kW	
63	4440	15.12	24.40	4.70	7.20	11577	12209	15.12	23.26	4.90	7.30
80		33.73	51.17	10.10	15.20	12021	12117	31.40	47.68	9.90	14.80
100		68.62	104.7	20.20	30.90	12184	12193	65.13	98.86	19.90	30.20
125		137.2	205.9	40.40	60.50	12226	12247	131.4	198.9	39.00	56.90
	2960	89.55	137.2	26.60	40.30	12117	12260	86.06	131.4	26.30	39.70
160		191.9	289.6	56.60	81.80	12205	12745	185	279	54.80	82.40
200		385	580	110.20	161.90	12574	12904	371	559	108.90	160.30
250		759	1158	211.40	317.3	12929	13143	731	1115	207.50	312.30
315		1548	2343	422.6	633.7	13185	13310	1486	2234	419.10	620.00

(续)

阳转子公称直径 D_0/mm	阳转子转速 n/(r/min)	长径比							
		1	1.5	1	1.5	1	1.5	1	1.5
		R22		R12					
		标准工况系数 K_e /[10^4kJ/(kW·h)]		标准制冷量 Q_0/kW		标准轴功率 P_e/kW		标准工况系数 K_e /[10^4kJ/(kW·h)]	
63	4440	11108	11468	9.30	13.96	3.00	4.40	11163	11418
80		11418	11598	19.77	30.23	6.00	9.30	11862	11703
100		11782	11782	39.54	60.48	12.20	18.10	11665	12025
125		12130	12155	80.25	121	23.90	35.90	12088	12126
125	2960	11778	11916	52.33	80.25	15.90	24.10	11850	11987
160		12146	12193	112.8	172	33.20	49.70	12230	12297
200		11887	12561	226.8	343	66.00	97.80	12368	12628
250		12690	12854	447.8	682.7	126.50	190.80	12741	12879
315		12745	12980	915	1396	256.20	388.30	12858	12938

表 4-2 半封闭螺杆式制冷压缩机的基本参数

转子公称直径 D_0/mm	阳转子转速 n/(r/min)	长径比											
		1	1.5	1	1.5	1	1.5	1	1.5	1	1.5	1	1.5
		R22						R12					
		标准制冷量 Q_0/kW		标准轴功率 P_e/kW		标准工况系数 K_e/ [10^4kJ/(kW·h)]		标准制冷量 Q_0/kW		标准轴功率 P_e/kW		标准工况系数 K_e/ [10^4kJ/(kW·h)]	
63	4440	13.96	22.10	5.00	7.60	10049	10468	8.14	12.80	3.00	4.50	9756	10258
80		31.40	47.60	10.30	15.40	10974	11146	19.80	30.24	6.30	9.60	11297	11338
100		64.00	97.70	20.60	31.20	11175	11271	39.50	59.30	12.60	18.50	11297	11539
125		130.3	196.5	40.20	60.60	11665	11724	79.10	119.8	24.30	36.60	11715	11782
125	2960	84.9	129.1	27.20	41.10	11234	11305	51.17	79.10	16.30	24.70	11301	11527
160		182.6	276.8	56.40	84.90	11652	11736	111.65	168.6	33.90	50.60	11853	11996

4-2 螺杆式制冷压缩机有什么性能特点?

答：螺杆式压缩机属于容积式气体压缩机，即通过工作容积的逐渐减少来达到工质压力提高的目的。

螺杆式压缩机的工作腔是由一对相互平行放置的啮合的阴阳转子和壳体组成。转子两端置于轴承之上，阳转子的一端与电动机相连，阴转子为从动转子，由阳转子带动，转子的两端有吸气口及排气口。

一般阳转子有四个凸而宽的齿，阴转子有六个凹而窄的齿。与一对螺旋齿轮相似，相互咬合，凸齿逐渐地在齿沟的总长度上移动，达到压缩的目的，并更进一步促进吸气。螺杆式制冷压缩机的结构如图 4-1 所示。

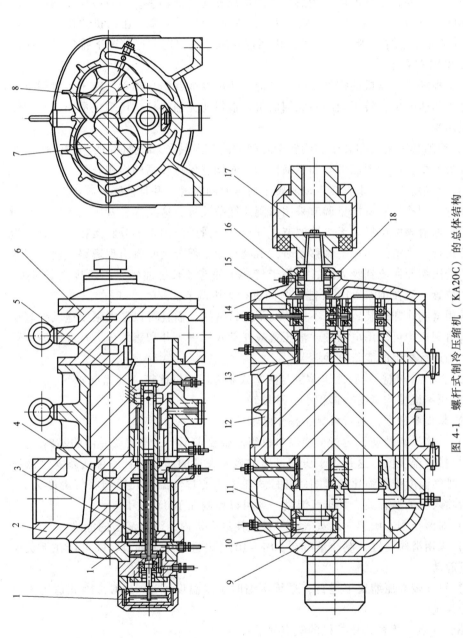

图 4-1　螺杆式制冷压缩机（KA20C）的总体结构

1—能量指示装置　2—吸气端座　3—油活塞　4—卸荷液压缸　5—滑阀　6—排气液压缸　7—阳转子　8—阴转子　9—吸气端盖　10—平衡液压缸
11—平衡活塞　12—机体　13—滑动轴承　14—排气端盖　15—角接触球轴承　16—轴封　17—联轴器　18—轴封盖

（1）喷油的作用　螺杆式制冷压缩机在工作时喷入大量的油，其作用如下：

1）带走压缩机压缩过程中所产生的压缩热，使压缩尽可能接近于等温压缩以提高热效率。并且排气温度与绝热压缩的情况相比要低得多。如单级压缩的冷凝温度为40℃，蒸发温度为-40℃的情况下，工质使用氨时活塞式压缩机的排气温度达到200℃左右，根本不能工作，如采用螺杆式压缩机，在上述情况下排气温度可以控制在80℃左右。

由于螺杆式压缩机的排气温度十分低，所以就能够防止轴承、转子、滑阀机构及箱体等的热变形，转子间的间隙因而可以造得比无油螺杆式压缩机更小，从而使内部泄漏减少。

2）用油膜来密封阳转子和阴转子之间的间隙及转子和气缸间的间隙，使内部泄漏损失减少，增大了压力差和压缩比，从而能够保持较高的容积效率。

3）提供用阳转子来直接带动阴转子所需要的润滑，并且使噪声减小。

螺杆式制冷压缩机能量调节采用滑阀式卸载装置，这是螺杆式压缩机所特有的机构，根据滑阀的位置来无级地调节排气量。当滑阀与固定部分紧接在一起时，为全负荷运行。当滑阀向排气侧移动时，滑阀与固定部分之间就出现短路，使一部分气体不受压缩而回流到吸入侧，这等于将转子的有效长度缩短，因而排气量减少。滑阀的位置一般在10%～100%能量之间进行无级调节。

采用滑阀式卸载装置后，不但节约了运行费用，而且可以最大限度地减少起动负荷，滑阀机构可以用电动式、油压式或气动式操纵，并和蒸发压力及温度继电器配合使用进行机组的能量自动调节。

（2）优点　螺杆式制冷压缩机与活塞式制冷压缩机比较，其优点如下：

1）压缩机结构紧凑、体积小、重量轻。

2）易损零件少，运行可靠，操作维护简单。

3）气体没有脉动，运行平稳，对机组基础要求不严，不需要专门的基础。

4）排气温度低。这是由于压缩过程中喷入大量的润滑油，不像活塞式制冷压缩机，排气温度受压缩比的影响。螺杆式压缩机的排气温度几乎与吸气温度无关，而与所喷入的油温有关。其排气温度一般可以控制在100℃以下。

5）对湿行程不敏感。湿蒸气或少量液体进入机内，没有液击的危险。

6）采用滑阀装置，制冷量可在10%～100%内进行无级调节，并可以在无负荷条件下起动。

7）可在较高压缩比下运行，单级压缩时蒸发温度可达-40℃，因此适用于低温制冷系统。

（3）缺点　螺杆式压缩机的缺点如下：

1）单位功率制冷量比活塞式低。

2）要求复杂的油处理设备，要求分离效率很高的油分离器，否则喷入气缸中的大量的润滑油，会进入辅助设备而恶化传热效果。

3）适应多种用途的性能比多缸活塞式压缩机差。每台螺杆式压缩机都有固定的容积比，当实际工作条件下（压缩比）不符合给定容积比时，将导致效率降低。

4）噪声比较大，常采取专门的隔音措施。

4-3 什么叫作对称型线？什么叫作非对称型线？

答：在螺杆制冷压缩机中，最重要的零件是一对相互啮合且齿面扭曲的阴、阳转子。在转子中，其扭曲了的螺旋齿面叫作型面。型面为一空间曲面，如图 4-2 所示。

和转子轴线相垂直的平面与型面相交的曲线叫作型线。型线是平面上的曲线。转子两端平面上的轮廓线就是型线，图 4-3～图 4-5 所示均为型线。根据型线的不同类型，把转子分为对称型线和非对称型线。在非对称型线中，又分为双边非对称型线和单边非对称型线。

（1）对称型线　对称型线是指对齿顶中心线而言的，两边的齿型是完全对称的，都是圆弧型线，所以称为对称圆弧型线，如图 4-3 所示，阳转子齿顶中线 NN 两边的曲线 AB 和 BC 型线完全相同，都是由相同的圆弧所组成的，对 NN 来说，这两边的型线是完全对称的。

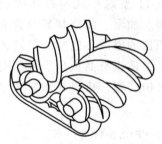

图 4-2　相互啮合的阴、阳转子

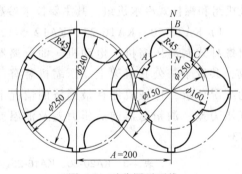

图 4-3　对称圆弧型线

对称圆弧型线转子，加工比较容易，对加工和装配所引起的误差与带来的不良影响不像非对称型线转子那样敏感，这些都是它的优点。但是，它的效率比较低，存在比较大的泄漏，因此在目前螺杆制冷压缩机中已经很少采用了。

（2）非对称型线　对齿顶中心线来说，两边的齿形不一样，如图 4-4 所示，$A'B'$ 为摆线，$B'C'$ 为圆弧，$C'D'$ 为包络线。也就是说，对齿顶中

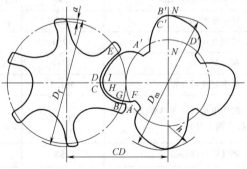

图 4-4　双边非对称圆弧型线

心线 *NN* 来说，两边的齿形不对称，所以称为非对称型线。

1）双边非对称型线。在转子的型线上，在节圆的内、外均具有型线的，称为双边非对称型线（图 4-4）。国外的螺杆制冷机多数采用双边非对称摆线包络线型线。

2）单边非对称型线。在转子端面齿形中，仅仅在节圆的一边具有型线而另一边没有型线的称为单边非对称型线（图 4-5）。从理论分析得知，具有单边非对称型线的转子和对称圆弧型线、双边非对称型线的转子比较，具有最小的泄漏面积，因此其效率最高。目前制造的螺杆制冷压缩机，其转子大多都采用单边非对称型线。

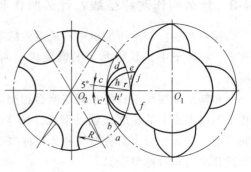

图 4-5　单边非对称型线

4-4　开启螺杆式制冷压缩机有什么技术性能？

答：开启螺杆式制冷压缩机，可分为螺杆式制冷压缩机组、螺杆式制冷压缩冷凝机组和螺杆式冷水机组，其主要技术参数、性能如下所述：

1）KA20-50、KA16-25、KA12.5-12、KF12.5-11 型螺杆式制冷压缩机组由螺杆式制冷压缩机、电动机、油分离器、滤油器、油泵、油冷却器及仪表组成，共置于一公共机架上。压缩机装有可调内容积比的滑阀，能适应广泛范围的工况要求，保证机器在最经济的情况下运行。机组还设有高低压、油压与排气压力差、油精滤器前后压力差及油温差等自动保护装置，机组技术参数见表 4-3。

表 4-3　KA20-50、KA16-25、KA12.5-12、KF12.5-11 型
螺杆式制冷压缩机组主要技术参数

机组型号	KA20-50	KA16-25	KA12.5-12	KF12.5-11
转子名义直径/mm	200	160	125	
转子长度/mm	300	240	190	
转速/(r/min)	2960	2960	2960	
制冷剂	R717	R717	R717	R22
标准制冷量/kW	581.5	290.8	139.6	127.9
配用电动机功率/kW（标准工况/空调工况）	220/275	125/150	55/75	
吸气管直径/mm	150	100	80	
排气管直径/mm	100	80	70	

（续）

机组型号	KA20-50	KA16-25	KA12.5-12	KF12.5-11
油冷却器冷却水进出管直径/in	2	$1\frac{1}{4}$	$1\frac{1}{4}$	
制冷量调节方式	滑阀无级调节			
制冷量调节范围(%)	15~100			
机组质量/kg	≈3800	≈3000	≈2300	
噪声/dB(A)	86~89	86~89	85	
机组外形尺寸/mm（长×宽×高）	2875×1410×1767	2470×1355×1300	2550×980×1560	

注：1in=0.0254m。

KA20-50、KA16-25、KF12.5-11 型螺杆式制冷压缩机组的性能曲线如图4-6~图4-8所示。

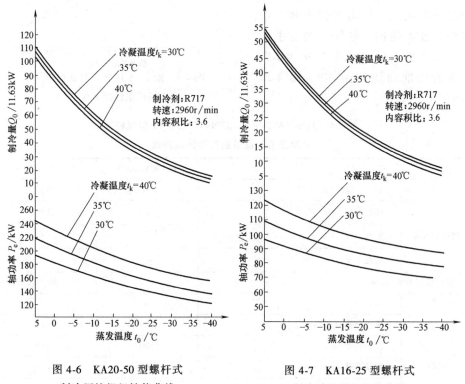

图4-6　KA20-50型螺杆式
制冷压缩机组性能曲线

图4-7　KA16-25型螺杆式
制冷压缩机组性能曲线

2）JZN-KA10-3.5 型螺杆式制冷压缩机冷凝机组配用 KA10-3.5 型开启式螺杆

制冷压缩机，JZN-BF12.5-11 型螺杆式制冷压缩冷凝机组配用的 BF12.5-11 半封闭螺杆式制冷机（电动机兼作油分离器）。机组由压缩机、电动机、油分离器、冷凝器、仪表箱等组成，结构紧凑，易于安装。机组主要技术参数见表 4-4。

JZN-BF12.5-11 型螺杆式制冷压缩冷凝机组的性能曲线与 KF12.5-11 型机组通用，如图 4-8 所示。

3）JZS-KF12.5-20、JZS-KF16-48、JZS-KF20-96 型螺杆式冷水机组是提供空调和工艺过程所需的 0℃ 以上的整体式制冷装置，整套设备除制冷系统外，还包括电动机起动及电气控制全套装置，只需要接通水、电源即可投入使用。电气控制有手动和自动。机组的主要参数见表 4-5。机组的性能曲线如图 4-9 ～ 图 4-14 所示。

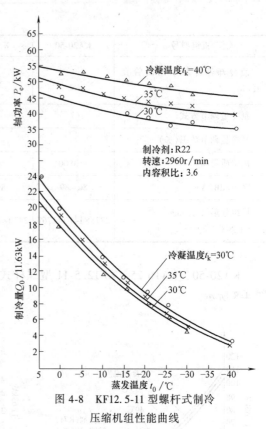

图 4-8　KF12.5-11 型螺杆式制冷压缩机组性能曲线

表 4-4　JZN-KA10-3.5、JZN-BF12.5-11 型螺杆式制冷压缩冷凝机组主要技术参数

型　号		JZN-KA10-3.5	JZN-BF12.5-11
制冷剂		R717	R22
制冷量/kW	标准工况	40.7	128
	空调工况	—	—
	低温工况	—	—
制冷量调节范围(%)		—	10～100 无级调节
压缩机	型号	—	—
	转子公称直径/mm	100	125
	转子长度/mm	100	190
	阳转子转速/(r/min)	2960	2960
	理论排量/(m³/h)	89.8	264
	吸气管径/mm	—	—
	排气管径/mm	—	—

（续）

型　号			JZN-KA10-3.5	JZN-BF12.5-11
制冷剂			R717	R22
压缩机电动机	型号	标准工况	JO_271-2D_2/T_2	YB65-2
		空调工况	JO_271-2D_2/T_2	YB65-2
		低温工况	—	—
	功率/kW	标准工况	22	55
		空调工况	22	65
		低温工况		
液压泵排量/（L/min）			—	—
液压泵电动机	型号			
	功率/kW			
油冷却器	冷却水进出口管径/in		1	$1\frac{1}{4}$
	冷却水进水温度/℃			
	冷却水量/（m^3/h）			
冷凝器	形式		卧式壳管水冷式（兼作贮液器）	—
	冷凝面积/m^3		—	—
	冷却水进水温度/℃			
	冷却水流量/（m^3/h）			
	冷却水侧水阻力/9.81kPa			
	冷却水进出口管径/in		$1\frac{1}{2}$	$2\frac{1}{2}$
	制冷剂出液口管径/mm			
	放空口管径/mm			
	放油口管径/mm			
机组噪声/dB（A）				
润滑充灌量/kg				
机组总质量/kg			11000	2200
机组外形尺寸/mm（长×宽×高）			1810×875×1285	2600×1100×1600

注：1. 标准工况：蒸发温度为-15℃，冷凝温度为30℃。

　　2. 空调工况：蒸发温度为5℃，冷凝温度为40℃。

　　3. 低温工况：蒸发温度为-35℃，冷凝温度为35℃。

表 4-5 JZS-KF12.5-20、JZS-KF16-48、JZS-KF20-96 型
螺杆式冷水机组主要技术参数

	型　　号	JZS-KF12.5-20	JZS-KF16-48	JZS-KF20-96
制冷剂		R22	R22	R22
制冷量/kW ($t_k = 35℃$, $t_0 = 5℃$)		232.6	558.2	1116.5
制冷量调节范围(%)		15~100	15~100	15~100
压缩机	型号	KF12.5-11	KF16-20	KF20-50
	转子公称直径/mm	125	160	200
	转子长度/mm	—	—	—
	阳转子转速/(r/min)	—	—	—
	理论排量/(m³/h)	—	—	—
	吸气管径/mm	—	—	—
	排气管径/mm	—	—	—
压缩机电动机	型号	J_2-82-2	$JK_2$112-2	$JK_2$124-2
	功率/kW	75	125	275
液压泵排量/(L/min)		—	—	—
液压泵电动机	型号			
	功率/kW	—	—	—
油冷却器	冷却水进出口管径/in	—	—	—
	冷却水进水温度/℃	—	—	—
	冷却水流量/(m³/h)	—	—	—
冷凝器	形式	卧式壳管式	卧式壳管式	卧式壳管式
	冷凝面积/m²		—	—
	冷却水进水温度/℃	32	32	32
	冷却水出水温度/℃	—	—	—
	冷却水量/(m³/h)	50	127	254
	冷却水侧水力阻力/9.81kPa	—	—	—
	冷却水侧承压能力/0.1MPa	—	—	—
	冷却水侧水容积/m³	—	—	—
	冷却水进出口管径/mm	70	150	200
蒸发器	形式	卧式壳管式	卧式壳管式	卧式壳管式
	蒸发面积/m²	—	—	—
	制冷水进水温度/℃	—	—	—
	制冷水出水温度/℃	5~15	7~12	7~12
	制冷水量/(m³/h)	45~60	80~103	160~206
	制冷水侧水力阻力/9.81kPa	—	—	—
	制冷水侧承压能力/0.1MPa	—	—	—
	制冷水侧水容积/m³	—	—	—
	制冷水进出口管径/mm	100	150	150
机组噪声/dB(A)		—	—	—
润滑油充灌量/kg		—	—	—
制冷剂充灌量/kg		80	330	500
机组总质量/kg		3200	6500	9000
机组外形尺寸/mm (长×宽×高)		3280×1500×1660	4010×1967×1785	5260×1745×2905

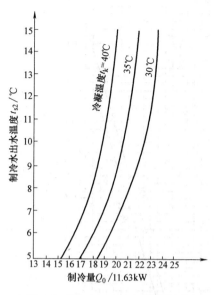

图 4-9　JZS-KF12.5-20 型螺杆式
冷水机组性能曲线

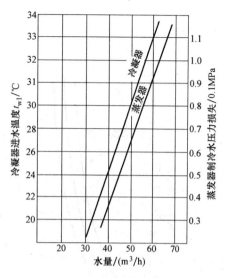

图 4-10　JZS-KF12.5-20 型螺杆式冷水
机组冷凝器进水温度与水量以及
蒸发器压力损失与水量的关系曲线

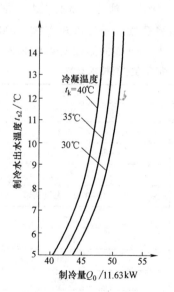

图 4-11　JZS-KF16-48 型螺杆式
冷水机组性能曲线

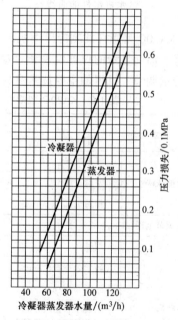

图 4-12　JZS-KF16-48 型螺杆式
冷水机组冷凝器、蒸发器水侧
压力损失与水量的关系

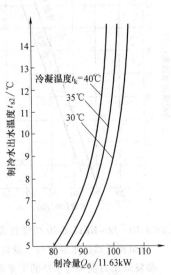

图 4-13　JZS-KF20-96 型螺杆式
冷水机组性能曲线

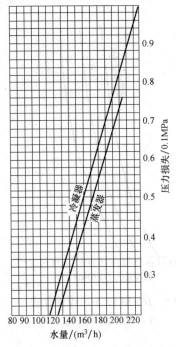

图 4-14　JZS-KF20-96 型螺杆式冷水机组
冷凝器、蒸发器水侧压力损失与水量关系

4）KA20C 型螺杆式制冷压缩机组装有排压、吸压、油压、喷油压力、排温、吸温、油量、油面显示的仪器仪表和自动保护及报警装置，并且可在 10%～100% 内进行无级能量调节。机组的主要技术参数见表 4-6。机组性能曲线如图 4-15 所示。

表 4-6　KA20C 型螺杆式制冷压缩机组的主要技术参数

型		号	KA20C
制冷剂			R717
制冷量/kW	标准工况		582
	空调工况		—
	低温工况		—
制冷量调节范围(%)			10～100　无级调节
压缩机	型号		—
	转子公称直径/mm		200
	转子长度/mm		300
	阳转子转速/(r/min)		2960
	理论排量/(m³/h)		1068
	吸气管径/mm		150
	排气管径/mm		100

（续）

型　号			KA20C	
压缩机电动机	型号	标准工况	JK₂124-2	JK₂123-2
		空调工况	—	—
		低温工况	—	—
	功率/kW	标准工况	275	220
		空调工况	—	—
		低温工况	—	—
液压泵排量/（L/min）			—	
液压泵电动机	型号		JO₂-31-2（直联）	
	功率/kW		3	
油冷却器	冷却水进出口管径/mm		70	50
	冷却水进水温度/℃		≤32	≤28
	冷却水量/（m³/h）		≤28	≤20
机组噪声/dB（A）			86	
润滑油充灌量/kg			140	
机组总质量/kg			4500	
机组外形尺寸/mm（长×宽×高）			3300×1270×1940	

注：限定工作条件冷凝温度 $t_k \leqslant 40℃$，蒸发温度 $t_0 = -40 \sim 5℃$，油温 $\leqslant 60℃$，排气温度 $\leqslant 100℃$，油压比排气压力高 $0.2 \sim 0.3$MPa。

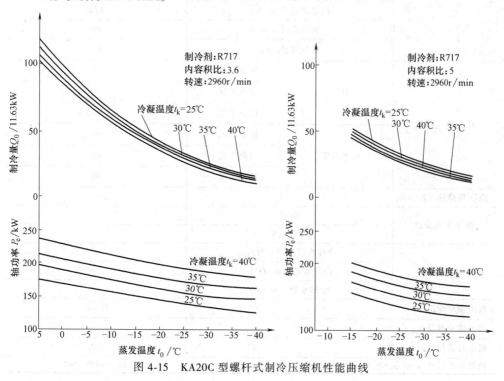

图 4-15　KA20C 型螺杆式制冷压缩机性能曲线

4-5 半封闭螺杆式制冷压缩机有什么技术性能？

答：半封闭螺杆式制冷压缩机可分为螺杆式制冷压缩机组、螺杆式制冷压缩冷凝机组、螺杆式制冷压缩冷水机组等。

1）BLG125型半封闭螺杆式制冷压缩机主要技术参数见表4-7。BLG125型螺杆式制冷压缩机性能曲线（空调用）如图4-16所示。BLG125型螺杆式制冷压缩机性能曲线（低温用）如图4-17所示。

表 4-7　BLG125 型半封闭螺杆式制冷压缩机主要技术参数

型　号			BLG125
制冷剂			R22
制冷量/kW	标准工况（-15℃/30℃）		—
	空调工况（5℃/40℃）		151.2
	低温工况（-35℃/35℃）		29.1
制冷量调节范围(%)			10~100
压缩机	型号		—
	转子公称直径/mm		125
	转子长度/mm		125
	阳转子转速/(r/min)		2930
	理论排量/(m³/h)		172
	吸气管径/mm		80
	排气管径/mm		65
压缩机电动机	型号	标准工况	—
		空调工况	—
		低温工况	LY30-2-F
	功率/kW	标准工况	—
		空调工况	40
		低温工况	30
液压泵排量/(L/min)			—
液压泵电动机	型号		
	功率/kW		
油冷却器	冷却水进出口管径/in		—
	冷却水进水温度/℃		—
	冷却水量/(m³/h)		—
机组噪声/dB(A)			74~83
润滑油充灌量/kg			—
机组总质量/kg			540
机组外形尺寸/mm(长×宽×高)			1830×490×480

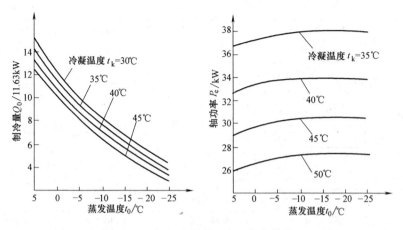

图 4-16　BLG125 型螺杆式制冷压缩机性能曲线（空调用）

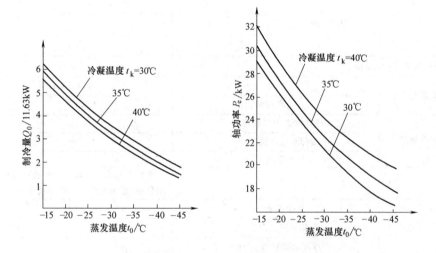

图 4-17　BLG125 型螺杆式制冷压缩机性能曲线（低温用）

2）BLKZ-130（M）型空调用螺杆式制冷压缩冷凝机组、BLDZ-25（M）型低温用螺杆式制冷压缩冷凝机组见表 4-8。

表 4-8　BLKZ-130（M）、BLDZ-25（M）型螺杆式制冷压缩冷凝机组主要技术参数

型　　号		BLKZ-130(M)	BLDZ-25(M)
制冷剂		R22	R22
制冷量/kW	标准工况	—	—
	空调工况	151.2	—
	低温工况	—	29.1
制冷量调节范围（%）		10~100 无级能量调节	

（续）

型 号			BLKZ-130（M）	BLDZ-25（M）
压缩机	型号		BLG-125	BLG-125
	转子公称直径/mm		—	—
	转子长度/mm		—	—
	阳转子转速/（r/min）		—	—
	理论排量/（m³/h）		—	—
	吸气管径/mm		—	—
	排气管径/mm		—	—
压缩机电动机	型号	标准工况	—	—
		空调工况	LY40-2-F	LY30-2-F
		低温工况	—	—
	功率/kW	标准工况	—	—
		空调工况	—	—
		低温工况	—	—
液压泵排量/（L/min）			23.3	
液压泵电动机	型号		BY1.5-4-F	
	功率/kW		1.5	
油冷却器	冷却水进出口管径/in		1	
	冷却水进水温度/℃		—	
	冷却水量/（m³/h）		—	
冷凝器	形式		卧式壳管水冷式陆用为外肋片纯铜管钢质管板,船用为外肋片铝黄铜管复合钢板	
	冷凝面积/m²		87	27
	冷却水进水温度/℃		≤32	≤30
	冷却水流量/（m³/h）		40	14
	冷却水侧水力阻力/9.81kPa		—	—
	冷却水进出口管径/mm		80	80
	制冷剂出液口管径/mm		—	—
	放空口管径/mm		—	—
	放油口管径/mm		—	—
机组噪声/dB（A）			74	≈83
润滑油充灌量/kg			50	30
机组总质量/kg			1750	1500
机组外形尺寸/mm（长×宽×高）			2600×1080×1460	2140×1000×1310

注：1. 标准工况：蒸发温度为-15℃，冷凝温度为30℃；空调工况：蒸发温度为5℃，冷凝温度为40℃；低温工况：蒸发温度为-35℃，冷凝温度为35℃。

2. 型号尾部加 M 表示陆用条件配电控箱，不加 M 的则按船用条件配电控箱。

3. 限定工作条件：油压高于排气压力 0.2～0.3MPa。

3）BLK-130（M）型空调用螺杆式冷水机组主要技术参数见表4-9。

表 4-9　BLK-130（M）型空调用螺杆式冷水机组主要技术参数

型　　号		BLK-130(M)
制冷剂		R22
制冷量/kW （$t_k = 40℃$，$t_0 = 5℃$）		151.2
制冷量调节范围(%)		10～100 无级调节
压缩机	型号	BLG-125
	转子公称直径/mm	—
	转子长度/mm	—
	阳转子转速/(r/min)	—
	理论排量/(m³/h)	—
	吸气管径/mm	—
	排气管径/mm	—
压缩机电动机	型号	LY40-2-F
	功率/kW	—
油泵排量/(L/min)		23.3
油泵电动机	型号	BY1.5-4-F
	功率/kW	1.5
油冷却器	冷却水进出口管径/in	1
	冷却水进水温度/℃	—
	冷却水流量/(m³/h)	—
冷凝器	形式	卧式壳管水冷式，陆用为外肋片纯铜管钢质管板，船用为外肋片铝黄铜管复合钢板
	冷凝面积/m²	87
	冷却水进水温度/℃	≤32
	冷却水进水温度/℃	—
	冷却水量/(m³/h)	40
	冷却水侧水力阻力/9.81kPa	—
	冷却水侧承压能力/0.1MPa	—
	冷却水侧水容积/m³	—
	冷却水进出口管径/mm	80

（续）

型　号			BLK-130（M）
蒸发器	形式		卧式干式蒸发器内肋片
	蒸发面积/m²		28
	制冷水进水温度/℃		—
	制冷水出水温度/℃		8～10
	制冷水量/（m³/h）		35
	制冷水侧水力阻力/9.81kPa		—
	制冷水侧承压能力/0.1MPa		—
	制冷水侧水容积/m³		—
	制冷水进出口管径/mm		80
机组噪声/dB（A）			74
润滑油充灌量/kg			50
制冷剂充灌量/kg			165
机组总质量/kg			2500
机组外形尺寸/mm（长×宽×高）			2760×1060×1730

注：1. 型号尾部加 M 表示按陆用条件配电控箱，不加 M 则按船用条件配电控箱。
　　2. 限定工作条件：油压高于排气压力 0.2～0.3MPa。

4-6　螺杆式制冷压缩机的常见故障及排除方法是什么？

答：螺杆式制冷机的维修重点是螺杆制冷压缩机，如何正确判断压缩机故障是维修工作中的一个重要环节。检修人员在对压缩机进行系统检查和综合分析时，首先必须了解压缩机的型号、规格、结构，通过看、听、摸来作出初步判断，再通过仪表的检查判断故障，最后方能进行维修。螺杆式制冷压缩机的常见故障现象、产生原因和排除方法见表 4-10。

表 4-10　螺杆式制冷压缩机的常见故障现象、产生原因和排除方法

故障现象	产生原因	排除方法
不能起动	1）排气压力高	1）打开吸气阀，使高压气体回到低压系统
	2）排气止回阀泄漏	2）检查止回阀
	3）能量调节未在零位	3）卸载复原至零位
	4）机腔内积油或液体过多	4）用手盘压缩机联轴器，将机腔内积液排出
	5）部分机械磨损	5）拆卸检修、更换、调整
	6）压力继电器故障或设定压力过低	6）拆卸检修、更换、调整

（续）

故障现象	产生原因	排除方法
机组启动后连续振动	1)机组地脚螺栓未紧固	1)塞紧调整垫块,拧紧地脚螺栓
	2)压缩机与电动机轴线错位偏心	2)重新找正联轴器与压缩机同心度
	3)压缩机转子不平衡	3)检查、调整
	4)机组与管道的固有振动频率相同而共振	4)改变管道支撑点位置
	5)联轴器平衡不良	5)校正平衡
机组启动后短时间振动,然后稳定	1)吸入过量的润滑油或液体	1)停机用手盘车使液体排出
	2)压缩机积存油而发生液击	2)将油泵手动起动,一段时间后再起动压缩机
运转中有异常响声	1)转子内有异物	1)检修压缩机及吸气过滤器
	2)止推轴承磨损破裂	2)更换
	3)滑动轴承磨损,转子与机壳磨损	3)更换滑动轴承,检修
	4)运动连接件(联轴器等)松动	4)拆开检查,更换键或紧固螺栓
	5)油泵气蚀	5)检查并排除气蚀原因
压缩机无故自动停机	1)高压继电器动作	1)检查、调整
	2)油温继电器动作	2)检查、调整
	3)精滤器压差继电器动作	3)拆洗精滤器、调整
	4)油压差继电器动作	4)检查、调整
	5)控制电路故障	5)检查修理控制线路元件
	6)过载	6)检查原因
制冷能力不强	1)喷油量不足	1)检查油泵、油路,提高油量
	2)滑阀不在正确位置	2)检查指示器指针位置
	3)吸气阻力过大	3)清洗吸气过滤器
	4)机器磨损间隙过大	4)调整或更换部件
	5)能量调节装置故障	5)检修
能量调节机构不动作或不灵	1)四通阀不通,控制回路故障	1)检修四通阀和控制回路
	2)油管路或接头不通	2)检修吹洗
	3)油活塞间隙过大	3)检修更换
	4)滑阀或油活塞卡住	4)拆卸检修
	5)指示器故障:定位计故障;指针凸轮装配松动	5)检修
	6)油压不高	6)调整油压

（续）

故障现象	产生原因	排除方法
排气温度或油温过高	1）压缩比过大	1）降低压缩比或减少负荷
	2）油冷却器传热效果不佳	2）清除污垢、降低水温、增加水量
	3）吸入过热气体	3）提高蒸发系统液位
	4）喷油量不足	4）提高油压或检查原因
压缩机机体温度高	1）机体摩擦部分发热	1）迅速停机检查
	2）吸入气体过热	2）降低吸气温度
	3）压缩比过高	3）降低排气压力或负荷
	4）油冷却器传热效果差	4）清洗油冷却器
耗油量大	1）一次油分离器中油过多	1）放油至规定油位
	2）二次油分离器有回油	2）检查回油通路
油压不高	1）油压调节阀调节不当	1）调整油压调节阀
	2）喷油过大	2）调整喷油阀，限制喷油量
	3）油量过大或过小	3）检查油冷却器，提高冷却能力
	4）内部泄漏	4）检查更换"O"形环
	5）转子磨损，油泵效率降低	5）检修或更换油泵
	6）油路不畅通（精滤器堵塞）	6）检查吹洗油滤器及管路
	7）油量不足或油质不良	7）加油或换油
油面上升	1）制冷剂溶于油内	1）继续运转提高油温
	2）进入液体制冷剂	2）降低蒸发系统液位
压缩机及油泵油封漏油	1）磨损	1）运转一个时期，看是否好转，否则停机检查
	2）装配不良造成偏磨振动	2）拆卸检查调整
	3）"O"形密封环变形腐蚀	3）检修或更换
	4）密封接触面不平	4）检查更换
停机时压缩机反转不停（有几次反转是正常的）	1）吸入止回阀卡住，未关闭	1）检修
	2）吸入止回阀弹簧弹性不足	2）检查、更换

4-7 螺杆式制冷压缩机拆卸应注意的事项是什么？

答：螺杆式制冷压缩机拆卸的注意事项：

1）首先将压缩机进行抽空，切断电源，关闭吸、排气截止阀，若机器内压力不上升时，可开启放空阀，将机器内的少量气体制冷剂放掉。

2）若机器内压力升高，应查明原因，加以排除，拆卸压缩机时要有步骤地进行，一般是由外到里，然后将部件拆成零件，防止碰伤。

3）在拆卸过程中，应细致地作好记号，标明方向，以防装错。

4-8　以开启螺杆式 KA20C 压缩机为例，其拆卸步骤和方法是什么？

答：压缩机拆卸步骤和方法如下：

1）润滑系统的拆卸：

① 将各部件的连接油管和控制台以及四通阀拆下。

② 关闭有关阀门，拆下粗、精油过滤器。

③ 拆卸转子油泵的连接油管，拧下地脚螺栓和支架螺钉，取下油泵，注意联轴器的方形垫块（胶木制）不能损坏。

2）拆卸联轴器，先将压板和传动芯子拆下，然后把飞轮推向电动机一侧。

3）将吸、排气口的连接螺栓拆下，吊下吸气过滤器。

4）拆卸压缩机的地脚螺栓，然后将压缩机吊到修理台上平放。

① 拆下吸气止回阀和轴端（靠近主动转子侧）的压紧螺母，然后敲击联轴节，将压缩机联轴器和半圆键取下。

② 拆下能量指示器的帽盖，取下能量指示器组件。

③ 拆下内六角螺钉，拔出定位销后，平行地移出吸气端盖。

④ 再用吊环螺钉（专用工具）拉出油活塞部件，然后用尖头钳取出挡圈和垫圈，抽出气缸套。

⑤ 拆下平衡活塞螺钉、挡圈、平衡活塞以及平衡油缸套（内外侧作好标记）。

⑥ 拆卸轴封。

⑦ 拔出定位销钉后，拆下排气端盖和轴封护圈，然后取出轴封组件。

5）以压缩机的吸气端座为底，并在其下垫上木块，竖直放置。

① 拆下压缩机螺母。

② 拆下定位销钉和六角螺钉后，用两只吊环螺钉对称地旋入排气端座的螺孔内，水平吊起，并放在平台上，然后用专用工具拉出轴承，取下调整块。

③ 用吊环螺栓旋入主动转子阳螺杆，慢慢地吊出，此时，从动转子阴螺杆就会跟随转动，使主动转子旋出。

④ 在拆下与吸气端座相连的螺钉和销钉后，可用两只吊环螺钉对称旋入机体，这样就可吊离机体，然后取下滑阀组。

⑤ 取出挡圈后，可用螺旋工具将滑动轴承拉出，然后再拆下止推轴承。

⑥ 拆卸润滑系统的部件。

拆卸油泵：拆下联轴器以及机械轴封组件（含静环、动环以及弹性圈等零件）；拆下泵体端盖，压紧螺母，然后拆下轴承座（包括滚珠轴承）；拆下内齿轮、外齿轮、偏心套以及油道垫板。最后取出轴承（滚珠轴承）。

拆卸粗精油过滤器：拆下粗油过滤器盖，取出过滤网；精油过滤器盖拆下后，取下永久磁铁和过滤网。

4-9　螺杆式制冷压缩机零件如何检查和修理？

答：螺杆式压缩机的检查测量工作，应伴随零部件的拆卸过程同时进行，因为各部件的配合必须有一定的间隙，对拆下的零件测量部位、间隙和磨损情况，应进行认真检查，如发现问题，及时分析，找出原因，提出修理或更换方法，其主要部件的配合见表 4-11。

表 4-11　螺杆式制冷压缩机装配间隙　　　　（单位：mm）

序号	配合部件	间隙或过盈		
		KA16C	KA20C	备注
1	转子排气端面与排气端座间隙	0.08～0.10	0.10～0.12	—
2	转子吸气端面与吸气端座间隙	0.30～0.40	0.30～0.45	—
3	机体孔与转子径向间隙	0.18～0.24	0.20～0.25	—
4	滑阀与机体径向间隙	0.05～0.06	0.04～0.08	装配时选配 0.04～0.06
5	滚动轴承孔与转子轴颈间隙	0.06～0.08	0.06～0.10	装配时控制在 0.08～0.115
6	滚动轴承内圈与轴颈间隙	—	0～0.028	—
7	主轴承外径与机座孔间隙	—	-0.026～0.014	装配时选配 -0.026～-0.005
8	平衡活塞与平衡活塞缸套间隙	0.08～0.10	0.08～0.135	—
9	轴承护圈与单列向心轴承外圈端面间隙	0.01～0.02	0.005～0.01	—
10	滑阀导块宽部间隙		0～0.044	—

1. 机体和滑阀的检查与修理

（1）机体和滑阀的检查

1）用内径千分尺测量机体内径尺寸（取上、中、下三处），同时也测量滑阀的尺寸。

2）检查机体内表面和滑阀表面有无摩擦痕迹。

3）用塞尺测量主动转子和从动转子与机体之间的间隙（主动转子和从动转子未吊出机体时进行检查）。

（2）机体和滑阀的修理

1）机体。若机体内表面有轻微磨损或因杂质引起的拉毛痕迹，其修复方法可参见气缸套的修理，或在机床上加以修光。如拉毛严重超过极限尺寸，则不作修理。

2）滑阀。滑阀表面有不太严重的磨损或因杂质引起的拉毛，其修理方法与机体相同。

2. 主动转子和从动转子的检查与修理

（1）主动转子和从动转子的检查

1）用千分尺测量转子的外径尺寸和轴颈尺寸，检查转子表面磨损情况。

2）检查转子两端与吸、排气端座间有无相互摩擦痕迹。

3）检查转子端面轴向间隙（吸、排气端面与吸、排气端座之间），用塞尺测量，即可得出上述数值。

（2）主动转子和从动转子的修理

1）转子。阴、阳转子表面有稍许局部磨损或拉毛时，可用细油石磨光。转子轴颈表面和轴封部位表面不允许有锈斑、裂纹等缺陷。微量磨损或拉毛可用细砂布打光，然后测量尺寸，以便决定滑动轴承的装配间隙。

2）零件若在机床进行磨光，必须把零件校正精确，以减少不必要的磨削量。

对于机体与转子任何一个机件的磨损量较大时，都必须按实际情况考虑更新，否则，长期运转会降低制冷量和增加耗电量。

3. 主轴承的检查和修理

1）主轴承的检查。主轴承从端座拆下前，用内径千分尺测量主轴承内径尺寸。

2）主轴承的修理：

① 主轴承的磨损量若超过与轴配合的间隙限度范围时，应更换新的。

② 更换主轴承后，如需要刮削内孔时，必须保证主轴承内孔与机体的同心。

③ 主轴承在更换时，应保证油槽在机壳内的位置不变。

4. 推力轴承的检查

1）检查推力轴承的滚道和滚珠（或圆锥滚柱）的粗糙度及磨损情况，若发现滚道粗糙度升高、光泽变暗时，应更换新的。

轴承间隙超过极限尺寸时，也必须更换新的。

2）重新装配和更换轴承应注意的问题：

① 若在紧固轴承发现无间隙时，应停止紧固，否则会损伤轴承。

② 更换轴承时，首先应测量新旧轴承的内、外圈厚度和两侧内、外圈高度差，然后根据测量结果，调整端面间隙。

5. 轴封的检查与修理

1）轴封的检查。检查轴封的动环和静环的摩擦面有无斑点、拉毛或掉块等现象和它们的磨损程度，同时检查密封环和撑环是否老化，以及接触面有无斑痕。

2）轴封的修理。轴封的动环和静环的修复，以及轴封弹簧的检查和修理。

6. 油活塞的检查

检查油活塞的密封圈与轴封密封圈的检查方法相同，如不符合要求，应更换新的。用内径千分尺测量油缸套的磨损情况，如超过极限值应更换新的。

7. 平衡活塞和平衡油缸套的检查

1）检查平衡活塞。用千分尺测量平衡活塞的磨损情况。

2）检查平衡油缸套。用内径千分尺测量平衡油缸套的磨损情况。

若平衡活塞和平衡油缸套磨损量超过极限值时，应更换新的。

8. 润滑系统的检查与修理。

（1）润滑系统的检查

1）检查油泵。检查油泵的内、外齿轮间的间隙和磨损状况。

2）检查油泵轴封。检查静环和动环两摩擦表面的磨损量以及是否拉毛，检查弹性圈是否老化，以及弹簧的弹力是否减弱。

3）检查滚珠轴承的磨损状况。

4）检查粗、精油过滤器的过滤网有无腐烂现象。

（2）润滑系统的修理

1）油泵内、外齿轮和轴封的修复。

2）滚珠轴承的磨损超过极限值，应更换新的。

9. 止回阀

装在机组上的吸、排气止回阀，应定期检查阀瓣的填料、弹簧、螺钉等，对已损坏或老化的填料应更新。

4-10　螺杆式制冷压缩机机体如何密封？

答：压缩机机体平面的密封是采用厌氧胶。拆卸机器时，表面上的厌氧胶要刮净，最后用汽油清洗干净。

装配时，将机器的密封面呈平放状，表面清洗干净，不能有任何油污，待表面干燥后，在密封面上涂上一层很薄的厌氧胶。装配后，应静放几分钟，待厌氧胶干燥之后，才能将机器翻身，否则，未凝固的厌氧胶将流到机器的运动部位，影响运转。

4-11　螺杆式制冷压缩机如何装配和调整？

答：压缩机的零部件通过检查、测量、修理和清洗后，就可进行装配工作，其步骤如下：

1. 以压缩机的吸气端座为底，并在其下垫上木块，竖直装配

1）将各主轴承按号装入吸、排气端座内，再将吸气端座的两个主轴承各装上挡圈。在压入主轴承后，查看是否变形，并测量主轴承内径尺寸，使与转子轴颈配合的间隙符合表 4-11 的要求。

2）将吸气端座平放在平台上，其平面涂上厌氧胶，吊起机体，呈垂直状装在吸气端座上，压入定位销后，才可拧紧螺钉。

3）装上滑阀组件，但滑阀导向块（导键）应按出厂要求装配，不得前后调换，如图 4-18 所示。

将机体内和待装入的转子表面涂上润滑油，用吊环螺栓将阴转子吊起，垂直装

入机体内，然后用吊环螺栓吊起阳转子，慢慢地旋入机体内，此时，阴转子要跟随阳转子旋转恢复原来位置。

4）当转子放入机体后，待转子的下端已与吸气端座紧靠，可测量转子排气端面与机体端面的间隙。

5）用两只吊环螺栓水平地吊起排气端座，然后通过转子轴端装入机体上，在放置时，勿使轴端碰伤主轴承表面。

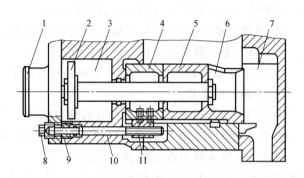

图 4-18　滑阀组件

1—能量指示装置　2—油活塞　3—油缸　4—固定端（可调滑阀）
5—滑阀　6—排气口　7—排气腔内容积比调节组件　8—密封帽
9—锁紧螺母　10—调节螺杆　11—导向块

6）放入调整垫块。将推力轴承装入排气端转子轴（阴螺杆）上，然后将圆锥滚柱轴承装在吸气端的轴上。

在各转子轴上旋上锁紧螺母（必须拧紧），装上推力轴承压板，用螺钉压住。

注意用手盘动转子应是轻便无阻力，且能惯性转动若干转。

7）用两个吊环螺栓垂直而慢慢地吊起排气端座，此时转子也跟着上升，使转子露出适当高度，垫上垫块，用塞尺测量转子排气端面与排气端座的间隙，其值见表 4-11。

若排气侧的间隙过大，可减薄调整垫块；如间隙过小，则加厚调整垫块。调整结束后，将机体平面按上述方法涂上厌氧胶。

转子的吸气端面与吸气端座的间隙，其调整方法与上述相同。

8）排气端座平面放上纸垫，对准定位销和紧固连接螺钉装上排气端座。

9）装上轴封弹簧座、弹簧、推环、密封圈、动环及静环等零件，最后将轴封盖的连接螺钉紧固，如图 4-19 所示。在装配上述零件时，应涂上润滑油。

2. 压缩机水平放置后的装配

1）装上平衡油缸套和平衡活

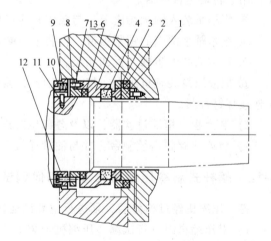

图 4-19　轴封

1—静环座　2—静环密封圈　3—静环　4—动环
5—动环座　6—V 形密封圈　7—动环传动销
8—推环　9—弹簧　10—弹簧座　11—圆柱销
12—传动螺钉　13—撑环

塞，以及油缸套和油活塞（包括密封圈和压板）。

2）将吸气端座平面放上纸垫，装上吸气端盖，要对准定位销和紧固连接螺钉，然后装上能量调节指示器、组件和帽盖。

3）装上压缩机的联轴器，将压缩机装到机组上。

4）联轴器的安装：

① 将飞轮与电动机半联轴器的连接螺钉紧固。

② 将千分表固定在压缩机半联轴器上，如图 4-20 所示。

测量飞轮的外圆表面和端面，应达到下列要求：两轴的同心度偏差应小于或等于 0.04mm；飞轮的端面跳动量小于或等于 0.1mm。

5）装上止回阀、气体过滤器、安全阀以及油压调节阀。

3. 润滑系统的装配

1）液压泵：

① 将轴承和轴装入壳体内，再把油道垫板放入泵体，方向不要装错，以防油泵不上油。

② 将内、外齿轮以及偏心套装泵体，用手转动是否灵活。

③ 将轴承装入轴承端座上，与泵体和连接螺钉紧固。

④ 拧紧轴承两端的锁紧螺母，再装上后端盖。

⑤ 轴封的装配步骤与拆卸相反。

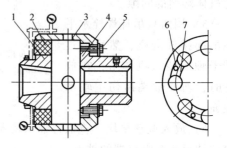

图 4-20　联轴器校正
1—压缩机半联轴器　2—传动芯子
3—飞轮　4—电动机半联轴器
5、6—螺钉　7—压板

⑥ 把液压泵装到机组上，校正联轴器，紧固度脚螺栓，然后再把支架与泵体和连接螺钉拧紧。

2）装上粗、精油过滤器，以及各部位的连接油管。

3）将四通阀装入控制台，并与油管连接。

4-12　螺杆式制冷压缩机修理后如何调试？

答：压缩机经过检修后，须进行空载试运转与调整，其步骤如下：

1）对压缩机组进行试漏。压缩机未装上联轴器前，应检查电动机转向（螺杆压缩机不允许倒转），然后接上联轴器，用手盘动联轴器应能轻便转动。

2）液压泵油压试验，使油压压差维持在 $(1.96 \sim 2.94) \times 10^5 Pa$（表压），油压可通过装在机组上的油压调节阀调节。

3）起动压缩机，并注意其振动、响声、油压及油温等情况。

4）在开动油泵时，用手动按钮进行加载或减载，试验滑阀的动作，检查机器负荷能否由 0 增至 100% 或由 100% 减至 0。

当能量调节指示在 0 的位置，即可停机，当压缩机停止运转后，用手盘动联轴器，应能轻便转动。

4-13 螺杆式制冷压缩机的能量调节原理是什么？

答：螺杆式制冷压缩机采用滑阀式能量调节，它是在两转子之间装设一个可以轴向移动的滑阀（相当于机体可动的一部分），如图 4-21 所示。移动滑阀即改变了转子的有效工作长度，达到调节能量的作用。

图 4-22 表示滑阀的移动与能量调节的关系，a 图为全负荷时（100%）滑阀的位置，这时齿槽容积对 V_c 中的气体全部排出。b 图为部分负荷时滑阀的位置，这时滑阀向排气端移动，吸气口即形成旁通口，吸进的气体部分通过旁通口不经压缩而返回吸气侧，转子的有效工作长度减短，仅排出齿槽容积对 V_p 中的气体。滑阀连续移动时能量便在 10%~100% 的范围内达到无级调节。

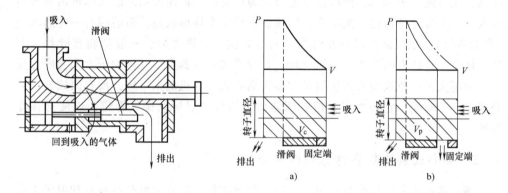

图 4-21　滑阀式能量调节　　　　图 4-22　滑阀移动与能量调节的关系

滑阀的位置可通过电动或液压控制，一般根据吸气压力或温度的变化实现自动能量调节，也有由手轮调节的。

4-14 为什么螺杆式制冷压缩机的油分离器要求分油效率高？它的结构有什么特点？

答：螺杆式制冷压缩机多数采用对转子喷油使机器内部气体泄漏减少，这样不仅提高了机器效率，而且使排气温度降低，机器运转噪声相应减少。一般喷油量约是压缩机输气量的 1%~2%，因此螺杆排出的高压蒸气中混有大量的油，为了不使其进入制冷系统导致传热恶化，必须设置高效率的油分离器。

油分离器的结构形式的特点是：直径较大；进出气流方向改变；具有细密编织的金属丝网或其他类型过滤装置。压缩机排出的高压气、油混合蒸气进入油分离器后，由于气流方向突变并减速，油分因重力沉降而分离，然后气流继续流经金属丝网或其他类型过滤装置，由于撞击、过滤，油被进一步分离。

螺杆式制冷机的排气温度低，油的黏性和表面张力降低较少，油主要呈细小的液相微粒，因此分离效果较好，一般可达99%以上。

4-15 离心式制冷机的工作原理是什么？

答：离心式制冷机是以离心式制冷压缩机为主机的制冷装置。离心式制冷压缩机通过高速旋转的叶轮把能量传递给连续流动的制冷剂蒸气来完成压缩过程。它的工作过程是由蒸发器来的气体经由压缩机的进气室进入叶轮的吸入口，由于叶轮以高速转动，就把叶片间的气体以高速度甩出去，气体在被甩出的过程中，叶轮对气体作了功，因此气体的速度增大，同时压力也增高。这从能量转化的角度看，也可以理解为叶轮给气体一定的能量，此能量又转化为气体的压力能和速度能。

由叶轮出来的气体，其速度很高，因此在叶轮的后面设有扩压器，一般是一个环形的通路，气体流经扩压器时沿流动方向的截面积是逐渐增大的，因而气流的速度低，压力进一步增高，即由速度能转化为压力能。扩压器出来的气体再由回流器引入下一个叶轮进行再一次压缩。回流器也是一个环形通道，但前端有一弯曲部分（称为弯道），把气体由离心方向改为向心方向，弯道之后，一般都装有叶片，引导气体以一定的方向进入下一级叶轮，在弯道和回流器中，气体的压力和速度的变化一般不大，在单级离心式压缩机和多级离心式压缩机的末一级，没有回流器，而是接上一个蜗壳，它的作用是把扩压器出来的气体引导到排气管道，以便通往冷凝器。

4-16 离心式制冷机有什么性能特点？

答：离心式制冷压缩机适用于大冷量的冷冻站，随着大型公共建筑和电子工业的大面积空调厂房的建立，离心式制冷压缩机得到相应的发展。

离心式制冷压缩机具以下特点：

1）体积小、质量小、制冷量大。这是由于离心式压缩机内气体作高速流动，流量可以很大，因此制冷量也就很大。在同样制冷量下与活塞式压缩机相比，机器就显得小而轻。

2）结构简单，零部件少，制造工艺简单。这是由于离心式压缩机工作时是旋转运动，气体作连续压送，所以没有活塞式复杂的曲柄连杆机构及进排气阀。

3）可靠性高。因为结构简单，没有易出故障的部件如进排气阀，相互摩擦的部件只有轴承，所以工作可靠，检修期限可以是一年以上。

4）便于安排多种蒸发温度。在多级的压缩机中，可以根据需要设计成具有中间抽气的多种蒸发温度的机器。将蒸发器出来的气体加到相应压力的中间级去。

5）制冷剂不污染。因为润滑油与气体基本上不接触。这样就不会影响到蒸发器和冷凝器的工作。

6）运转平稳。因为机器作旋转运动没有往复惯性力，同时旋转惯性力也几乎可完全平衡掉。

离心式制冷机组存在一些缺点。例如它的排气量和排气压力与叶轮尺寸和转速保持一定的依存关系。由于叶轮的转速很高，而尺寸受加工的限制往往不能造得太小。它的排气量一般希望不小于 $2500m^3/h$，因此决定了离心式制冷机适用于较大的制冷量。

1）离心式压缩机由于气流速度高，在流道中的能量损失也很大。因此效率一般低于活塞式压缩机。对小型机组尤为显著。

2）由于转速高，对材料的强度、加工精度和制造质量都提出了较高的要求，因而造价较高。离心式制冷机使用的材料，无论是壳体、叶轮、叶轮轴、隔板和迷宫等，均需使用高级合金钢，而活塞式则一般多使用黑色金属，同时在大多数情况下不能和电动机直联，而要增添增速器。

此外，离心式制冷机的工况范围比较狭窄。不宜采用较高的冷凝温度和过低的蒸发温度。

4-17 离心式制冷机对使用制冷剂有什么要求？

答：离心式制冷机对制冷剂提出一些特殊要求：

1）制冷剂的相对分子质量要大，气体常数要小，这样有利于提高压缩比，减少压缩机的级数。

2）制冷剂的冷凝压力和蒸发压力之比（在给定的冷凝温度和蒸发温度下）要小。这样有利于降低转速或减少级数，简化结构，使造价降低。

3）制冷剂在压缩过程中蒸气的过热度不宜过大。这样有利于防止压缩终温过高，不用或少用中间冷却器，简化结构，提高工作循环效率。

4）液体制冷剂的热容量要小，而其汽化潜热要大。这样有利于减少节流损失，提高工作循环效率。

5）对大冷量机组，制冷剂的单位容积制冷能力要大。这样有利于缩小机器的体积。但对小冷量机组，则又要求制冷剂的单位容积制冷能力要小，这样不致使压缩机叶片流道太狭窄而降低效率。

6）制冷剂在工作循环中的真空度不太低。这样可以防止空气漏入，避免金属腐蚀和不需使用附加的排除空气的装置。

以前，空调离心式制冷机几乎都使用氟利昂做制冷剂，其中主要是用 R11、R12 和 R113，因 R11、R12 对臭氧层破坏作用较大，已逐步采用 R22 和 R123 替代。

4-18 离心式制冷压缩机如何分类？

答：离心式制冷压缩机是借助叶轮旋转运动产生离心力来压缩制冷剂的气体。

离心式制冷压缩机有开启式、半封闭式、全封闭式和单级、多级之分。国内尚没有全封闭式的离心式制冷压缩机。空调用制冷机都用单级压缩。

目前，国内生产的离心式制冷机，就组装形式而言有两种形式，一种是机组形式，即将压缩机、冷凝器、蒸发器等设备组装成一体，结构紧凑、安装方便，只需接上水源、电源即可使用，这种整体式机组多用于空调工程和小型工业物料的冷却。用于空调工程的机组通常称为离心式冷水机组，分单筒式和双筒式两种，但单筒式居多；用于物料冷却的称为低温制冷机组，一般是双筒式的。所谓单筒，即蒸发器和冷凝器装在同一筒体内。所谓双筒，即蒸发器、冷凝器分别装在两个筒体内。另一种组装形式是将离心式制冷压缩机、蒸发器、冷凝器等设备分别安装在建筑物内和框架上，大型离心式制冷系统，一般都属于这种组装形式。离心式制冷压缩机具体分类见表4-12。

表 4-12　离心式制冷压缩机分类

分类方式	分　类
按驱动方式	蒸汽轮机驱动 燃气轮机驱动 电动机驱动
按压缩机与电动机连接方式	半封闭式 开式
按蒸发器、冷凝器的结构形式	单筒式 双筒式
按冷凝器冷凝方式	水冷式 风冷式
按压缩机级数	单级 双级 三级
按能量利用程度	单一制冷型 热泵型 热回收型
按能耗指标	一般型能耗指标为 0.253kW/kW 节能型能耗指标为 0.238kW/kW 超节能型能耗指标不大于 0.222kW/kW

4-19　离心式冷水机组有哪些技术参数？

答：离心式制冷机的机型很多，但用于空调工程的机组常用离心式水冷机组。

（1）工质为 R22 的离心式冷水机组的技术参数　用 R22 为工质的离心式冷水机组的技术参数见表4-13。

表 4-13 水冷离心式冷水机组技术参数

机组简称		19×L300	19×L350	19×L400	19×L450	19×L500	19×L580
蒸发器规格		43	50	52	53	53	53
冷凝器规格		43	51	52	53	53	53
压缩机型号		416	424	435	445	457	466
电动机型号		CN	CN	CP	CQ	CR	CR
名义制冷量/kW/(10^4kcal/h)		1055	1231	1407	1583	1758	2040
		90	105	120	135	150	175
冷水	进水温度/℃	12					
	出水温度/℃	7					
	流量/(m³/h)	181	212	242	272	302	351
	流程数	2					
	进出口径/mm	200					
	压头损失/kPa	47	55	48	51	62	81.2
	污垢系数/[(m²·℃)/kW]	0.086					
冷却水	进水温度/℃	32					
	出水温度/℃	37					
	流量/(m³/h)	1220	255	290	327	367	422
	流程数	2					
	进出口径/mm	200					
	压头损失/kPa	52	50	54	58	72	93.3
	污垢系数/[(m²·℃)/kW]	0.086					
电动机	电动机功率/kW	210	237	265	302	355	394
	电压/V	400(3Ph,50Hz)(电压使用范围为360~440V)					
	额定工况电流/A	373	416	450	506	597	660
	冷却方式	直接喷氟利昂液体冷却					
质量	R22 充入量/kg	658	748	807	839	839	839
	润滑油充入量/L	28					
	机组吊装质量/kg	7108	8321	8605	8811	8823	8596
	机组运行质量/kg	8317	9715	10156	10462	10474	10248
机组尺寸	长度/mm	4160	4170				
	宽度/mm	1670	1840				
	高度/mm	2200	2340				

（2）工质为 R213 的水冷离心式冷水机组的技术参数　用 R123 为工质的离心式冷水机组的技术参数，见表 4-14。

表 4-14 水冷离心式冷水机组技术参数

参数名称	机器型号	LSLXR123								
		-700	-900	-1050	-1206	-1400	-1750	-2100	-2450	-2800
制冷量	Q_0/kW	703	879	1055	1206	1406	1758	2110	2461	2813
	Q_0/(10^4kcal/h)	60.5	75.5	90.7	103.7	121	151	181.5	211.5	242
制冷剂	代号	R123								
	充灌量/kg	700	700	700	750	800	1000	1000	1100	1150
设计工况	蒸发温度 t_0/℃	—	—	—	—	—	—	—	—	—
	冷凝温度 t_k/℃	—	—	—	—	—	—	—	—	—
蒸发器	载冷剂名称	水								
	进出口温度/℃	12/7								
	流量/(m^3/h)	121	151	181.4	207.4	242	312	363	423	484
	水阻损失/MPa	0.12	0.12	0.12	0.125	0.125	0.125	0.125	0.093	0.093
	水侧承压能力/MPa	—	—	—	—	—	—	—	—	—
	额定污垢系数/[(m^2·℃)/kW]	0.086	0.086	0.086	0.086	0.086	0.086	0.086	0.086	0.086
冷凝器	进出口温度/℃	32/37								
	冷却水流量/(m^3/h)	150	188	266	272	302	378	453	—	604
	水阻损失/MPa	0.078	0.083	0.083	0.057	0.057	0.057	0.057	0.11	0.11
	额定污垢系数/[(m^2·℃)/kW]	0.086	0.086	0.086	0.086	0.086	0.086	0.086	0.086	0.086
压缩机	级数 τ	1	1	1	1	1	1	1	1	1
	转速/(r/min)	—	—	—	—	—	—	—	—	—
主电动机	功率/kW	153	191	224	261	310	380	467	544	615
	电压/V	380	380	380	380/6000	380/6000	380/6000	380/6000	380/6000	380/6000
机组质量	净重/kg	7000	7100	7200	8600	8900	10600	10800	13400	13800
	运行质量/kg	8400	8600	8800	9800	10100	12300	12800	15400	16000
	最大件质量/kg	—	—	—	—	—	—	—	—	—
机器型式		水冷单筒、单级压缩、开式组装、固态起动、微型计算机控制						水冷单筒、单级压缩、开式组装、固态起动、微型计算机控制		
外形尺寸/mm(长×宽×高)		3860×1810×2300	3860×1810×2300	3860×1810×2300	4952×1810×3020	4952×1810×3020	5020×2005×3450	5020×2005×3450	6160×2005×3500	6160×2005×3500

4-20 离心式制冷机的制冷量如何调节？

答：离心式制冷机的制冷量调节方法主要有下列几种：速度调节、进口节流调节、进口导流叶片调节、冷凝器水量调节和旁通调节。其中前三种调节方法是以改变制冷机主机的特性来适应冷量变化的调节方法。后两种是用改变管网特性来适应冷量变化的调节方法。

速度调节用于可变转速的原动机驱动时，它的调节经济性最高，它可以使制冷量在50%~100%的范围内进行无级调节。

进口节流调节是在进口管路上装设蝶形阀，利用阀的节流作用来改变流量和进口压力，使机器特性改变。这种调节方法在固定转速下的大型氨离心式制冷机上用得较多，而且常用于使用过程中制冷量变化不大的场合，其缺点是经济性差，冷量的调节范围只能在60%~100%之间。

进口导流叶片的调节方法是在叶轮进口前设置多叶片的轴向或径向导流叶片，在启闭这些导流叶片时，使进入工作轮的气流方向发生变化，产生迂旋，导致机器产生的压头和流量发生变化，从而达到调节冷量的目的。这种调节方法结构简单，在固定转速的空调离心式制冷机中几乎都采用。它的经济性比改变转速要差，但比进口节流调节经济得多。而且可以在25%（最低可达10%）到100%的冷量范围内进行无级调节。这种调节方法在叶片开度小于50%以下时冷量的变化特别明显。如叶片开度为50%，冷量已达90%，叶片开度在20%，冷量就变化到60%，因此，它在单级时的效果更好。

用改变冷凝器水量来调节冷量是不经济的，一般不使用。利用旁通调节也是不经济的，但由于它可以在极小冷量时加以使用，所以往往和其他调节方法配合起来使用。当用其他调节方法再不能使冷量减少，如果再减少冷量就会使机器发生喘振，这时就可用旁通来作辅助调节。由于制冷机的排气温度比吸气温度高，当用旁通调节时，为防止改变机器特性及机壳温度过高，所以有的采用将液态制冷剂喷入旁通管来冷却旁通气体。

4-21　离心式制冷机的泄漏怎样判断和检测？

答：保持离心式制冷机组的气密性是保证机组安全运行的首要条件。离心式制冷机泄漏的判断和检测方法如下：

（1）根据制冷剂的饱和温度和压力判断泄漏　利用校正过的压力表，测量冷凝器的压力，借助制冷剂饱和温度与压力的关系，可得出该冷凝压力下制冷剂的饱和温度。利用校正后的温度计，实测冷凝温度，并与查表后得出的温度比较，若两者差值在1.5℃以上时，则可以判断机器内有空气存在。因机内有空气时，由压力表读数查得的温度较高。

（2）停机时判断泄漏　当机器停止运转较长时间后，使机内温度等于室温，读机内液体温度与压力，并与该压力下的相应制冷剂饱和温度比较，若温差大于1.0℃时，就可判断机内渗入了空气。

（3）停机后向机组内充氮气检测泄漏　可利用向机组内充氮气进行气密性检

查。但机内充气压力一定不能超过 0.7MPa（表压），以免设备损坏。充气后要用电子检漏仪或用肥皂水检漏。

4-22　离心式制冷机常发生哪些故障？如何排除？

答：离心式制冷机在操作运行中的故障，一部分要借助指示仪表，如液位指示、信号指示来加以分析和判断，另一部分要靠有经验的运行维修人员凭借多年的实践经验来判断处理，其中还包括他们对压缩机的结构，电动机、齿轮增速器、蒸发器、冷凝器的构造，油润滑系统，抽气回收装置的作用及构造，制冷量的控制方法，离心式制冷机的特性及有关电气控制系统的基本原理的了解，才有可能准确无误地对离心式制冷机的故障分析和排除，具体方法见表 4-15。

表 4-15　离心式制冷机常见故障及排除方法

故障现象	产生原因	排除方法
压缩机起动不了	1）电动机电源故障	1）检查电源,恢复供电
	2）导叶不能全关	2）将导叶自动——手动切换至手动位置上,并手动将导叶关闭
	3）控制线路熔断器断线	3）检查熔断器进行更换
	4）过载继电器动作	4）按下继电器的复位开关,或检查继电器的电流设定值
压缩机转动不平稳,出现振动	1）油压过高	1）降低油压至给定值
	2）轴承间隙过大	2）调整间隙或更换轴承
	3）防振装置调整不良	3）调整弹簧或更换
	4）密封填料和旋转体接触	4）调整间隙,消除接触
	5）增速齿轮磨损	5）修理或更换
	6）轴弯曲	6）修理调直
	7）齿轮联轴器齿面污垢磨损	7）调整、清洗或更换
电动机过负荷	1）制冷负荷过大	1）减少制冷负荷
	2）压缩机吸入液体制冷剂	2）降低蒸发器内制冷剂液面
	3）冷凝器冷却水温过高	3）降低冷却水温
	4）冷凝器冷却水量减少	4）增加冷却水量
	5）系统内有空气	5）开启抽气回收装置排出空气
压缩机喘振	冷凝压力过高或蒸发压力过低或导叶开度太小	1）开启抽气回收装置,排出系统内空气
		2）清除铜管壁污垢
		3）增加冷却水量,检查冷水过滤器
		4）检查冷却水塔工作情况
		5）检查制冷剂量,如不足应增加
		6）调整导叶风门的开度
		7）检查浮球阀的开度

（续）

故障现象	产生原因	排除方法
冷凝压力过高	1)机组内渗入空气	1)开动抽气回收装置,排除空气
	2)冷凝器管子污垢	2)清洗冷凝器水管
	3)冷却水量不足使循环不正常	3)增加冷却水量,检查过滤器
	4)冷却水温过高	4)降低冷却水温,检查冷却塔工作情况
蒸发压力过高	1)制冷负荷加大	1)开足导叶风门
	2)浮球室液面下降,没有形成液封	2)检修浮球阀
蒸发压力过低	1)制冷剂不足	1)增加制冷剂
	2)蒸发器管子污垢	2)清洗蒸发器水管
	3)浮球阀动作失灵	3)检查浮球阀
	4)制冷剂不纯	4)提纯或更换制冷剂
	5)制冷负荷减少	5)关小进口导叶
	6)水路中有空气	6)打开铜考克放气
压缩机排气温度过低	蒸发器液面太高,吸入了液态制冷剂	取出多加入的部分制冷剂
油压过低	1)油内含有制冷剂,使油变稀	1)提高油温,减少油冷却器水温
	2)油过滤器堵塞	2)清洗过滤器
	3)油压调节阀失灵	3)研磨修理调节阀
	4)均压管阀开度过大,油箱内压力过低	4)减少均压管的开度
	5)油面过低	5)补充油到规定液位
	6)液压泵故障	6)检修油泵,排除故障
油压过高	1)调节阀失灵	1)检修调节阀
	2)压力表至轴承间堵塞	2)拆卸清洗
油压波动激烈	1)油压表故障	1)修理或更换
	2)油路中有空气或气体制冷剂	2)打开油路中最高处的管接头放气
	3)油压调节阀失灵	3)检修或更换
油封漏油,并伴有温度升高现象	1)机械密封损坏	1)更换新元件
	2)油循环不良	2)检查、清洗油路系统
	3)油压降低	3)用调节阀增大油压
轴承温度过高	1)轴瓦磨损	1)更换轴瓦
	2)润滑油污染或混入水	2)更换新油
	3)油冷却器有污垢	3)清洗冷却器或更换
	4)油冷却器冷却水量不足	4)检查冷却器水路系统
	5)压缩机排气温度过高	5)参见上面的"冷凝压力过高"

（续）

故障现象	产生原因	排除方法
机器严重腐蚀	1)机器气密性不好,有空气渗入	1)检查渗漏部分,修复
	2)冷冻水、冷却水水质不好	2)进行水质处理,改善水质,添加缓蚀剂
	3)润滑油质不好	3)更换润滑油
	4)长期停止使用时,R11 没有抽净	4)抽净 R11

第5章

中央空调及整体空调机的维护

5-1 空调的目的是什么？

答：空调是空气调节的简称，是一项工程技术。由于人员和设备散发的热量与潮气及外界气候的变化，导致室内空气条件变化。要使室内有一个比较稳定、适宜的空气环境，必须采用空气调节设备。

工业空调的目的是人们利用一定的设备和技术对空气进行调节，从而使空气的温度、相对湿度、流动速度、压力和洁净度等符合空调房间内生产科研的工艺要求或建筑物内人员的舒适性要求，以便提高劳动生产率，确保产品质量，改善劳动条件。

由于生产工艺不同，它们对空气环境的要求也不同。有的需要恒温恒湿（如计量、精加工），有的需要对空气净化或超净化（如电子工业），有的需要降温（如公共建筑），对于地下建筑，又需要以降湿为主的空调。为了保证各种空调对象达到不同的环境要求，除采用不同的空气处理方法外，一般都用自动控制来保证空调精度。使房间内的空气状态参数能够稳定在一定的基础上，并且不能超过所允许的波动范围。

5-2 空调机如何分类？

答：空调机按空气处理设备的集中程度分类，可分为集中式、局部式和混合式。

集中式空调机常是大型空调机组，常用的有带表冷器和带喷水室两种。这类机组应用于大面积的空调，空调冷量、送风量都较大。空调机组需配以冷冻机作为冷源，锅炉房作为热源。

混合式空调机由集中式空调系统与室内的诱导器或风机盘管等组成。

局部空调机也称整体式空调机，机组设备齐全，有空调部件、制冷部件和电气控制部件。局部空调机的种类很多，有柜式恒温、恒湿空调机，立柜式空调机，窗式空调机，分体式空调机等。

空调系统的分类方法并不完全统一，还有一种分类方法是把空调机分为中央系统及室内空调器两类：

中央系统包括冷却和加热空气装置，如单元空调机、压缩机-冷凝器组合、柜式空调机等。

室内空调器是放置在室内的空调器，由于功能的不同可有单冷却装置、冷却和加热装置（电阻丝加热）以及热泵装置等。

室内空调器有窗式、挂壁式、落地式，其中空调器与冷凝器分别放置在室内、室外的又叫分体式。小型的柜式、立柱式空调机也属室内空调器。

5-3　ZK 型空调器的结构特点、技术性能是什么？

答：ZK 型空调器，是采用模数网格制（基本截面单元）组合的金属空调器，箱体为框架结构，由标准元件组合而成。ZK 型空调器断面尺寸和长度尺寸的模数定为 440mm。

ZK 型空调器应用冷水式表面冷却器降温、减温，需供低温冷冻水或深井水。

ZK 型空调器部件有回风机段、新回风混合段、空气过滤段（初效过滤段、中效过滤段）、表面冷却器段（排深为四排和八排两种）、二次回风段、加热段（热水加热段、蒸汽加热段和电加热段）、干蒸汽加湿段、喷水表冷器、送风机段等。根据用户需要任意分段组合，其功能多样、灵活，可以满足各种不同空调系统的需要，适于工厂车间、会议室、餐厅、办公楼、实验室等场合使用。

ZK 型空调器的特点较多，占地面积小，质量小，安装方便，维修容易。

ZK 型空调器的主要技术数据见表 5-1。

表 5-1　ZK 型空调器的主要技术数据

型　号		ZK-1	ZK-2	ZK-3	ZK-4	ZK-5	ZK-6
主要技术指标	风量/（m³/h）	6000	9000	13500	18000	24000	30000
	冷量/kW	35	52	76	105	140	174
	热量/kW	42	63	94	126	167	209
	水量/（t/h）	6.65	10.6	14.2	19.5	24	31
	剩余压头/Pa	491	589	687	785	883	1079
	噪声/dB（A）	75	80	80	85	85	90
粗过滤器段	形式	袋式					
	滤料	粗孔聚氨酯泡沫塑料，厚 25mm					
	段长度/mm	440					
中效过滤器段	形式	袋式					
	滤料	TL-Z-17 无纺布空气过滤卷材，厚 10mm					
	段长度/mm	880					

（续）

型　号		ZK-1	ZK-2	ZK-3	ZK-4	ZK-5	ZK-6
表冷器（加热器段）	形式	UⅡ型铜管绕铜片，铜管 $\phi_外$ 16×1，铜片厚 0.2mm，片距 3.2mm					
	散热面积/m²	58	96	155	213	264	343
	段长/mm	880（8 排）					
电加热段	功率/kW	45	67.5	90	125	159	210
	分组功率/kW	7.5+15+22.5	15+22.5+30	15+30+45	12.5+37.5+75	26.5+53+79.5	35+70+105
蒸汽加热段	型号（SRZ）	6×6D	7×7D	10×7D	15×7D	10×7D 二台	12×7D 二台
	连接管/in	1 1/2	2	2	2	2	2
	散热面积/m²	15.33	20.31	28.59	42.93	57.18	71.34
干蒸汽加湿器段	段长/形式	440mm/带保护套管的干蒸汽加湿器					
	蒸汽量/(kg/h)	60	90	135	180	240	300
一排淋水段	喷嘴形式	Y-1 型，孔径为 4.5mm					
	喷嘴个数	9	12	16	24	30	42
	喷水量/(t/h)	—	—	—	—	—	—
通风机段	通风机型号	4 号前倾多叶		6 号 4-72 双进风		8 号 4-72 双进风	
	通风机转速/(r/min)	1250	1440	1300	1400	1120	1250
	段长/mm	1365	1365	1770	1770	2210	2210
电动机	型号	JO₂42-2	JO₂51-4	JO₂51-4	JO₂52-4	JO₂61-4	JO₂62-4
	功率/kW	5.5	7.5	7.5	10	13	17
机组质量/kg		900	1300	1700	2200	3000	3300

注：1. 机组的冷热量按冷水温度 7℃，热水温度 60℃ 考虑。

2. 机组的水量按水管内流速 0.6~1.0m/s，进出口水温差 4~5℃。

3. 淋水段喷嘴密度为 13~18 个/m²，喷水量按喷嘴直径 4.5mm，喷嘴前水压 2×10⁵Pa。

4. 电加热段、干蒸汽加湿器段、一排淋水段，段长度为 440mm。

5-4　W 型空调机的构造特点、技术性能是什么？

答： W 型空调机是一种喷水的、由功能段组合而成的卧式空调机。可供一般空调和恒温恒湿工程使用。它的功能段包括混合段、水处理段（喷雾段）、加热段和风机段等。

1）混合段：有利用回风的密闭式混合段（代号 A）和排除回风的直流式混合段（代号 E）。

2）水处理段（喷雾段）：有单级处理段（代号 B）和两级处理段（代号 F）。

3）加热段：有蒸汽（或热水）加热段（代号 C）和电加热段（代号 G）。

4）风机段：有低压风机段（代号 D）。

W 型空调机还配用控制系统，恒温精度可以达到 ±(0.2~1)℃，相对湿度可以达到（45±5）%~（65±5）%。

W 型空调机构造如图 5-1 所示。

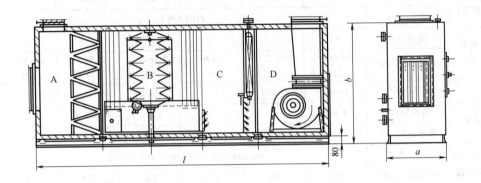

图 5-1　W 型空调机构造

W 型空调机构造特点：

1）空调机外壳有 50mm 细孔泡沫塑料保护层。

2）空气过滤器的滤料为粗孔聚氨酯泡沫塑料（初效过滤器）。

3）通风机为双进风离心通风机，与电动机直接连接，电动机装在通风机蜗壳内部。

4）仅设置第二次加热用加热器（电、蒸汽或热水），第一次加热和精加热用加热器需另配备。

5）喷嘴均为 Y-1 型。在出厂时配备孔径 $d=3$mm 的喷嘴。若用于冷却降温时，可换 $d_0=4$mm 的喷嘴。

6）空调机的喷嘴密度为 22~24 个/m²。

7）后挡板为 4 折，折角为 90°，间距为 40mm。分水板（前挡水板）为 3 折，间距为 40mm。两者均为镀锌钢板制成。

8）空调机本身的阻力为 167~196Pa。

W 型空调机技术性能：

1）W 型空调机的工作条件。

夏季工况：

室外新风计算温度　　　　　　$t_w=34℃$；

相对湿度　　　　　　　　　　$\phi_w=52\%$；

室内空气温度　　　　　　　　$t_n=20℃$；

相对湿度　　　　　　　　　　$\phi_n=60\%$；

新风量占总送风量的 25%。

冬季工况：

室外计算温度 $t_w = -12℃$；

相对湿度 $\phi_w = 50\%$；

室内空气温度 $t_n = 20℃$；

相对湿度 $\phi_n = 60\%$；

新风量占总送风量的 25%。

2）W 型空调机主要技术数据见表 5-2 与表 5-3。

表 5-2 W 型空调机的主要技术数据（一）

型号	风量 /(m³/h)	冷量 /kW	热量 /kW	水量 /(t/h)	二次加热器功率/kW	余压 /Pa	电动机功率 /kW	参考面积① /m²
W-1	6000	37	35	12~18	30	196	3	100~150
W-2	9000	53	50	18~24	45	275	4	150~250
W-3	14000	70	65	24~30	75	373	7.5	250~400
W-4	20000	112	105	36~42	92.5	491	10	400~600

① 此数据供参考用，指机组服务的房间面积。

表 5-3 W 型空调机的主要技术数据（二）

型号	净断面积 /m²	喷嘴总数 /个	加热器型号 SRZ 型	通风机用电动机		水泵		通风机噪声 /dB(A)
				型号	功率/kW	型号	功率/kW	
W-1	0.75×1.35	34	10×6D	JO₂32-4	3	2BA-6A	3	82
W-2	1.0×1.45	50	10×7D	JO₂41-4	4	2BA-6	4	84
W-3	1.2×1.7	72	12×10D	JO₂42-4	7.5	3BA-9A	5.5	89
W-4	1.4×1.92	98	15×10D	JO₂51-4	10	3BA-9	7.5	90

5-5 JW 型空调器的构造特点、技术性能是什么？

答：JW 型空调器为大型卧式空调器，如图 5-2 所示。机组风量由 10000～160000m³/h，用于净化空气，调节温度与湿度，与自动调节装置配合后可保证室内空气参数严格地控制在一定范围内。它被广泛地应用于纺织、印染、轻工、化工、电子仪表、精密机械制造等工业部门以及展览馆、影剧院等。

1. JW 型空调器的规格型号和构造特点

1）JW 型空调器共分 9 种型号，以满足不同风量的要求，见表 5-4。

2）每种型号包括 19 种部件，可根据空气处理过程的不同要求，选择适当的部件组合成所需要的空调器。各部件的名称及型号见表 5-5。

3）为便于选用和安装，除新风阀、回风阀支架外，各部件的连接法兰尺寸完全相同。

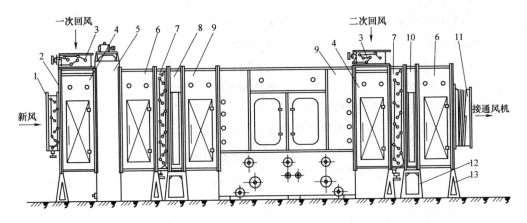

图 5-2　JW 型空调器（二次回风式）示意图

1—新风阀　2—混合室法兰盘　3—回风阀　4—混合室　5—过滤器　6—中间室　7—混合阀
8——次加热器　9—淋水室　10—二次加热器　11—风机接管　12—加热器支架　13—三角支架

表 5-4　JW 型空调器的风量及截面尺寸

型号	额定风量/(m³/h)	通风截面尺寸/mm	通风截面积/m²	额定风速/(m/s)
JW10	10000	776×1300	1.01	2.75
JW20	20000	1536×1300	2.00	2.78
JW30	30000	1536×1800	2.76	3.02
JW40	40000	2046×1800	3.68	3.02
JW60	60000	2300×2550	5.87	2.84
JW80	80000	2800×2550	7.14	3.11
JW100	100000	3669×2550	9.36	2.97
JW120	120000	3919×2800	10.97	3.04
JW160	160000	4921×2800	13.78	3.23

表 5-5　JW 型空调器部件名称、型号

序号	部件名称	JW10	JW20	JW30	JW40	JW60	JW80	JW100	JW120	JW160
1	自动浸油滤尘器	JW10-2	JW20-2	JW30-2	JW40-2	—	—	—	—	—
2	泡沫滤尘器	JW10-2a	JW20-2a	JW30-2a	JW40-2a	JW60-2a	JW80-2a	JW100-2a	JW120-2a	JW160-2a
3	三排淋水室	JW10-3	JW20-3	JW30-3	JW40-3	JW60-3	JW80-3	JW100-3	JW120-3	JW160-3
4	二排淋水室	JW10-3a	JW20-3a	JW30-3a	JW40-3a	JW60-3a	JW80-3a	JW100-3a	JW120-3a	JW160-3a
5	双级淋水室	—	—	—	—	JW60-3b	JW80-3b	JW100-3b	JW120-3b	JW160-3b
6	表面式冷却器	JW10-4	JW20-4	JW30-4	JW40-4	—	—	—	—	—
7	翅片管加热器	JW10-5	JW20-5	JW30-5	JW40-5	JW60-5	JW80-5	JW100-5	JW120-5	JW160-5
8	光管加热器	—	—	—	—	JW60-5a	JW80-5a	JW100-5a	JW120-5a	JW160-5a
9	混合室	JW10-6	JW20-6	JW30-6	JW40-6	JW60-6	JW80-6	JW100-6	JW120-6	JW160-6
10	中间室	JW10-7	JW20-7	JW30-7	JW40-7	JW60-7	JW80-7	JW100-7	JW120-7	JW160-7
11	转弯室	JW10-8	JW20-8	JW30-8	JW40-8	JW60-8	JW80-8	JW100-8	JW120-8	JW160-8
12	混合室法兰盘	JW10-9	JW20-9	JW30-9	JW40-9	JW60-9	JW80-9	JW100-9	JW120-9	JW160-9
13	风机接管	JW10-10	JW20-10	JW30-10	JW40-10	JW60-10	JW80-10	JW100-10	JW120-10	JW160-10

（续）

序号	部件名称	JW10	JW20	JW30	JW40	JW60	JW80	JW100	JW120	JW160
14	混合阀	JW10-14	JW20-14	JW30-14	JW40-14	JW60-14	JW80-14	JW100-14	JW120-14	JW160-14
15	三角支架	JW10-16	JW20-16	JW30-16	JW40-16	JW60-16	JW80-16	JW100-16	JW120-16	JW160-16
16	空气加热器支架	JW10-18	JW20-18	JW30-18	JW40-18	JW60-18	JW80-18	JW100-18	JW120-18	JW160-18

4）空调器的操作面（正面）有保温层，其余三面由用户或安装部门自行保温，也可根据用户要求，出厂时全部保温。

5）考虑到用户不同的保温要求和涂色规定，除空气加热器涂银粉外，其余各部件涂环氧红丹防锈漆。

2. 各部件的技术性能

1）自动浸油滤尘器的技术性能见表5-6。

表5-6 自动浸油滤尘器的技术性能

技术性能		型 号			
		JW10-2	JW20-2	JW30-2	JW40-2
有效过滤面积/m^2		0.88	1.87	2.58	3.50
滤网片数		71	71	92	92
滤网材料及规格		$\phi 0.3^{+0.05}_{0}$mm 镀锌铁丝网，12 孔/in			
滤网运行速度/（mm/min）		25.5			
用油种类		10 号或 20 号润滑油（RHB1104-62）			
减速机形式及速比		三段蜗轮减速机，$i=21950$			
电动机型号及功率		JO_2-11-4，0.6kW			
油槽容量/L		117	232	232	310
质量/kg	不包括油重	379	494	563	663
	包括油重	462	660	729	883

2）淋水室。喷嘴型号为 Y-1 型离心喷嘴和 3/8in 黄铜喷嘴的喷水量如图 5-3 和图 5-4 所示。

淋水室的技术规格见表 5-7。空气通过淋水室的阻力如图 5-5 所示。

3）表面冷却器的技术规格见表 5-8。

4）翅片管加热器的技术规格见表 5-9，传热系数和阻力如图 5-6所示。

5）光管加热器外形尺寸见表 5-10。光管加热器的传热系数和阻力曲线如图5-7所示。

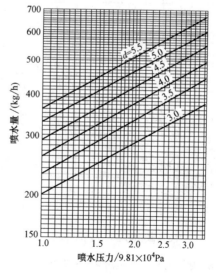

图 5-3 Y-1 型离心喷嘴的喷水量

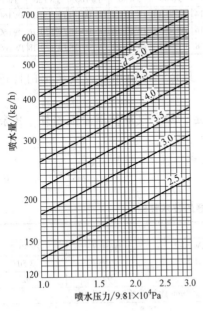

图 5-4　3/8″黄铜喷嘴的喷水量

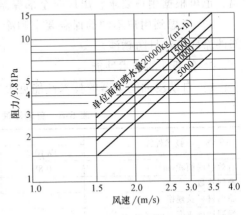

图 5-5　空气通过淋水室的阻力

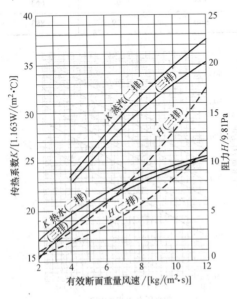

图 5-6　翅片管加热器传热系数和阻力曲线

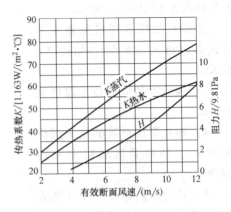

图 5-7　光管加热器的传热系数和阻力曲线

表 5-7 淋水室的技术规格

技术规格	JW10-3	JW20-3	JW30-3	JW40-3	JW60-3	JW80-3	JW100-3	JW120-3	JW160-3	JW10-3a	JW20-3a	JW30-3a	JW40-3a	JW60-3a	JW80-3a	JW100-3a	JW120-3a	JW160-3a	JW60-3b	JW80-3b	JW100-3b	JW120-3b	JW160-3b
	三排淋水室									二排淋水室									双级淋水室				
喷嘴总数/个 密度/[(2~3)个/m²]	—	—	—	—	—	—	—	—	—	—	—	—	—	—	—	—	—	—	(二级)18	24	30	30	42
密度/(18个/m²)	54	108	144	192	324	396	546	585	741	36	72	96	128	216	264	364	390	494	(一级)216	264	364	390	494
密度/(24个/m²)	72	144	198	264	459	561	714	810	1026	48	96	132	176	306	374	476	540	648	(一级)306	374	476	540	684
喷淋方式	一排顺喷,二排逆喷									一排顺喷,二排逆喷									二排顺喷,二排逆喷				
管排数/排	3									2									4				
竖管数/根 每排根数	3	6	6	8	9	11	14	15	19	3	6	6	8	9	11	14	15	19	3	4	5	5	7
总数	9	18	18	24	27	33	42	45	57	6	12	12	16	18	22	28	30	38	12	16	20	20	28
水过滤器面积/m²	0.47	0.94	0.94	1.41	1.41	1.41	1.41	1.90	1.90	0.47	0.94	0.94	1.41	1.41	1.41	1.41	1.90	1.90	1.41	1.41	1.41	1.90	1.90
底槽容积/m³	0.72	1.43	1.43	1.91	2.15	2.60	3.39	3.62	4.52	0.55	1.07	1.07	1.44	1.62	1.96	2.55	2.72	3.40	4.67	5.69	7.45	7.96	9.99
接管法兰公称直径/mm p_g=0.6MPa 进水管	50	65	65	80	80	80	100	100	100	50	65	65	80	80	80	100	100	100	80	80	100	100	100
溢水管	100	150	200	200	225	225	225	225	225	100	125	150	200	225	225	225	225	225	225	225	225	225	225
排水管	50									50									50				
快速充水管	25									25									25				
自动充水管	20									20									20				
滤水管	80	150	150	150	150	150	175	175	175	80	100	100	150	150	150	150	175	175	150	150	150	175	175
质量(不充水)/kg	924	1332	1652	1970	2538	2889	3598	3835	4682	710	1174	1659	—	—	—	—	—	—	—	—	—	—	—

表 5-8　表面冷却器的技术规格

型号	迎风面积 /m²	换热面积 /m²	管束数	水管内表面积 /m²	介质通过截面积 /m²	连接管 /in	质量 /kg
JW10.4-4s		48.6	138	4.05			250
JW10.4-6s	0.944	72.9	207	6.07	0.00407	2	310
JW10.4-8s		97.2	276	8.09			370
JW10.4-10s		121.5	345	10.1			430
JW20.4-4s		96.2	138	8.06			386
JW20.4-6s	1.87	144.3	207	12.1	0.00407	2	498
JW20.4-8s		192.4	276	16.1			612
JW20.4-10s		240.5	345	20.2			726
JW30.4-4s		133.6	192	11.2			498
JW30.4-6s	2.57	200.4	288	16.8	0.00553	2	658
JW30.4-8s		267.2	384	22.4			817
JW30.4-10s		334	480	28			975
JW40.4-4s		178	192	14.9			620
JW40.4-6s	3.43	267	288	22.4	0.00553	2	827
JW40.4-8s		356	384	29.8			1035
JW40.4-10s		445	480	37.3			1243

表 5-9　翅片管加热器的技术规格

型号	管排数	通风有效面积 /m²	旁通面积 /m²	管子根数	散热面积 /m²	接管直径 /in	阀叶数	质量/kg 带阀	质量/kg 不带阀
JW10-5	1	0.320	0.288	20	15.1	2	2	114	91
	2			40	30.2			142	117
	3			60	45.3			170	143
	4			80	60.4			199	168
JW20-5	1	0.633	0.570	20	29.9	2	2	152	121
	2			40	59.8			211	169
	3			60	89.7			251	217
	4			80	119.6			292	265
JW30-5	1	0.855	0.825	28	41.8	2	3	200	157
	2			55	82.1			264	221
	3			83	124.0			333	289
	4			110	164.0			401	353
JW40-5	1	1.18	1.100	28	55.8	2	3	234	181
	2			55	110.0			317	264
	3			83	165.0			419	352
	4			110	219.0			491	435
JW60-5	1	1.824	1.771	39	87.4	4	4	—	329
	2			78	174.7			—	467
	3			117	262.1			—	613
	4			156	349.5			—	750

（续）

型号	管排数	通风有效面积/m²	旁通面积/m²	管子根数	散热面积/m²	接管直径/in	阀叶数	质量/kg 带阀	质量/kg 不带阀
JW80-5	1	2.220	2.156	39	106.4	4	4	—	368
	2			78	212.7			—	541
	3			117	319.1			—	725
	4			156	425.4			—	887
JW100-5	1	2.909	2.825	39	139.4	5	4	—	417
	2			78	278.7			—	679
	3			117	418.1			—	896
	4			156	557.5			—	1122
JW120-5	1	3.479	3.155	44	168.0	5	5	—	512
	2			86	328.3			—	765
	3			129	492.4			—	1027
	4			172	656.5			—	1279
JW160-5	1	4.369	3.961	44	210.9	5	5	—	655
	2			86	412.2			—	931
	3			129	618.3			—	1262
	4			172	824.4			—	1585

表 5-10 光管加热器外形尺寸

型号	管排数	L_1/mm	L_2/mm	L_3/mm	B_1/mm	H/mm	通风有效面积/m²	散热面积/m²	接管直径/mm
JW60-5a		2404	2550	1838.5	2215	2618	1.789	12.1	
JW80-5a		2904	2550	1838.5	2715	2618	2.187	15.0	
JW100-5a	2	3785	2550	1844.5	3584	2630	2.876	20.0	$\phi50$
JW120-5a		4035	2800	2057	3834	2880	3.890	23.9	
JW160-5a		5047	2800	2062	4836	2890	4.904	30.3	

5-6 JS 型空调机的构造特点、技术性能参数是什么？

答：JS 型空调机的构造特点、技术性能参数如下：

1. JS 型空调机的构造特点

JS 型空调机是一种框板组合卧式空调机，它有 6 种规格，风量为 20000 ~ 100000m³/h。

空调机每种规格备有 16 种功能段，即：

1）送风段：供连接送风管用，配有密闭式多叶调节阀。

2）中效过滤段：为无纺布袋式过滤器及机械密封压紧装置，密封性好，更换方便。

3）中间段：即过渡段。

4）消声段：设有双腔穿微孔板消声器。

5）送风机段：配有 4~79 双进风离心式通风机，分"S"形安装（水平送风型）和"H"形安装（垂直向上送风形）2 种安装形式，上部设有照明电源变压器。

6）加热段：可用蒸汽或热水两种介质，配 KL-2 型铝轧管加热器（排深分 1、2、4 排 3 种）及 GL 型钢制加热器（排深分 1、2 排 2 种）。

7）冷却段：配有 KL-2 型铝轧管表冷器，分为 4、6、8 排 3 种排深。

8）初效过滤段：有自动卷绕式和袋式（形式同中效过滤器）两种，滤料均为无纺布，用户自行选用。

9）回风机段：配 4-79 型双进风离心式通风机，只有 S 型安装形式。

10）分风混合段：有平顶式和交叉式两种。本段上部设有新风入口及排风口、下部设有一次回风阀（此段的功能是完成新风和一次回风的混合及排风）。交叉式可预冷或预热新风，节约能源。此段与回风机段配合使用。

11）混合（回风）段：当采用单风机时称为混合段，设有回风口及新风口；当采用双风机时，其上只有回风口，称为回风段。

12）二次回风段：顶部设有二次回风阀门。

13）淋水段：设有单级双排对喷及单级单排逆喷（用于加湿）两种淋水装置。

14）挡水板段：配冷却段用。设有 3 折挡水板。

15）拐弯消声段：在拐弯段内设有微穿孔消声弯头。

16）加湿段：设有干蒸汽加湿器。

2. JS 型空调机的技术性能

1）JS 型空调机的主要技术性能指标见表 5-11。

2）表面式冷却器传热系数 K 值如图 5-8 所示。

3）加热器传热系数。KL-2 型加热器当使用蒸汽作为热媒时传热系数 K 值如图 5-9 所示。

4）表面式冷却器空气阻力。KL-2 型表面式冷却器空气阻力如图 5-10 所示。阻力计算公式如下：

$$\Delta H_q = 2.76 V^{1.48}（干式）$$

$$\Delta H_s = 4.31 V^{1.13} \xi^{0.18}（湿式）$$

5）加热器空气阻力。KL-2 型加热器（二排）空气阻力曲线如图 5-11 所示。

6）表面式空气冷却水阻力。KL-2 型表面式空气冷却器水阻力如图 5-12 所示。计算公式为

$$\Delta H = 2.3 W^{1.79}$$

表 5-11 JS 型空调机的主要技术性能指标

空调机型号		JS-2	JS-3	JS-4	JS-6	JS-8	JS-10
主要技术性能	额定风量/(m³/h)	20000	30000	40000	60000	80000	100000
	额定冷量/kW	≈116	≈174	≈233	≈349	≈465	≈582
	额定热量/kW	≈140	≈209	≈279	≈419	≈558	≈698
	噪声/dB(A)	70	70	75	75	85	85
	振动/μ	$\frac{1}{11}$ <50	$\frac{1}{11}$ <50	$\frac{1}{11}$ <50	$\frac{1}{11}$ <50	$\frac{1}{11}$ <50	$\frac{1}{11}$ <50
	冷水量(表冷式)/(kg/h)	≈25000	≈37000	≈50000	≈75000	≈100000	≈125000
	断面尺寸/mm($B_2 \times H_2$)	1828×1809	2078×2059	2328×2359	3078×2559	3078×3559	4078×3559
送风段	段长 L_1/mm 风口在端部	500	500	500	500	500	500
	风口在顶部	500	1000	1000	1000	1500	1500
	阀门规格/mm	1250×500	1000×1000	1250×1000	2000×1000	2000×1250	1500×1000(2 个)
中间段	段长 L_2/mm	500					
	段长 L_3/mm	1000					
消声段	消声量/dB(A)	9					
	段长 L_4/mm	1000					
初效过滤段 自动卷绕式	滤料名称	WY-CP-200					
	滤料厚度/mm	8					
	过滤面积/m²	2.89	3.67	5.62	8.2	5.1×2	6.6×2
	滤速/(m/s)	2.2	2.5	2.3	2.2	2.5	2.4
	初阻力/Pa	49~78					
	终阻力/Pa	98~157					

（续）

			JS-2	JS-3	JS-4	JS-6	JS-8	JS-10
初效过滤段	自动卷绕式	大气尘记数效率（≥1μ,%)	30					
		电功率 电动机 380V/kW	0.18	0.18	0.18	0.3	0.3	0.3
		电功率 电磁铁 380V/VA 起动	2×10000	2×10000	4×10000	8×10000	8×10000	8×10000
		电功率 电磁铁 380V/VA 吸持	2×480	2×480	4×480	8×480	8×480	8×480
		电功率 控制 220V/kW	≈0.1	≈0.1	≈0.1	≈0.1	≈0.1	≈0.1
		段长 L_4/mm	500					
		滤料名称	WZ-CP-200					
		滤料厚度/mm	8					
	袋式	过滤面积/m²	5	8.5	10.2	15.2	20.2	25.3
		滤速/(m/s)	≈1.1	≈1.0	≈1.1	≈1.1	≈1.1	≈1.1
		初阻力/Pa	49~78					
		终阻力/Pa	98~157					
		大气尘记数效率（≥1μ,%)	30					
袋式中效过滤段		段长 L_5/mm	500					
		滤料名称	WZ-CP-2					
		滤料厚度/mm	15					
		过滤面积/m²	28	42	56	84	112	139
		滤速/(m/s)	≈0.2					
		初阻力/Pa	≈118					
		终阻力/Pa	≈235					
		大气尘记数效率（≥1μ,%)	60~70					

冷却段

段长 L_6/mm：500

KL-2铝轧管结构参数：管内径16，外径20，肋片高9，肋片间距2.5，肋片平均厚度0.4，理论肋化系数15.4

表冷器台数/只	1	2	2	4	6	8
排深数	4　6　8	4　6　8	4　6　8	4　6　8	4　6　8	4　6　8
总散热面积/m²	153.19　229.79　306.38	215.44　323.14　430.88	310.6　452.4　603.18	435.6　653.4　871.2	560　840　1120	775　1163　1551
迎风面积/m²	2.08	1.476×2＝2.952	2.05×2＝4.10	1.48×4＝5.92	1.274×6＝7.644	1.764×6＝10.584
总水通路断面积/m²	0.00643	0.00402×2＝0.00804	0.0056×2＝0.0112	0.0056×4＝0.0224	0.0048×6＝0.0288	0.0048×6＝0.0288

进出水管内径/mm：$\phi64$

加热段

段长 L_7/mm：500

肋管结构参数：KL-2型同冷却段；GL型管内径14，外径18，片高10，片距3.34，平均片厚0.3，理论肋化系数14.56

加热器台数		1	2	2	4	6	8
排深数		1　2　4	1　2　4	1　2　4	1　2　4	1　2　4	1　2　4
总散热面积/m²	KL-2	28.73　57.45　114.9	43.08　86.16　172.3	59.24　118.48　237.0	85.58　171.16　342.32	124.5　248.96　498	172.34　344.68　689.36
	GL	24.56　49.12　98.24	36.83　73.67　147.3	50.65　101.30　202.6	73.17　146.34　292.68	106.4　212.86　425.8	147.35　294.7　589.4
迎风面积/m²		1.568	1.188×2＝2.376	1.62×2＝3.24	1.17×4＝4.68	1.69×4＝6.76	2.34×4＝9.36
总热媒流通断面积/m²	KL-2	0.00482	0.00322×2＝0.00644	0.00442×2＝0.00884	0.00442×2＝0.00884	0.00643×4＝0.02572	0.00643×4＝0.02572
	GL	0.00367	0.00245×2＝0.0049	0.00337×2＝0.00674	0.00337×2＝0.00674	0.0049×4＝0.0196	0.0049×4＝0.0196
热媒进出管管径	KL-2				44mm		
	GL				2in		

（续）

	空调机型号	JS-2	JS-3	JS-4	JS-6	JS-8	JS-10
淋水段	双排 段长 L_8/mm	1500					
	喷嘴密度/(个/m²·排)	18					
	喷嘴孔径/mm	5					
	喷嘴型号及个数	Y-1,80	Y-1,102	Y-1,156	Y-1,208	Y-1,294	Y-1,394
	喷水量/(kg/h)	21600~26400	32400~39600	43200~52800	64800~79200	86400~105600	108000~132000
	进水管径/mm	70(2个)	80(2个)	100(2个)	100(2个)	125(2个)	150(2个)
	吸水管径/mm	100	125	150	200	200	250
	溢水管径/mm	125	150	200	250	250	300
	自动补水管径/mm	20	20	25	25	32	32
	排水管径/mm	50	50	80	80	100	100
	单排 段长 L_8/mm	1500					
	喷嘴密度/(个/m²·排)	24					
	喷嘴孔径/mm	3.5					
	喷嘴型号及个数	Y-1,54	Y-1,68	Y-1,104	Y-1,140	Y-1,208	Y-1,272
	喷水量/(kg/h)	7200~12000	10800~18000	14400~24000	21600~36000	28800~48000	36000~60000
	进水管径/mm	70	80	100	100	125	150
	吸水管径/mm	70	80	100	100	125	150
	溢水管径/mm	100	100	150	200	200	250
	自动补水管径/mm	15	15	20	20	25	25
	排水管径/mm	50	50	80	80	80	80
挡水板段	段长 L_9/mm	500					
	挡水板折数	3					

送风机段	安装型式	H	S	H	S	H	S
	段长 L_{10}/mm	3000	3500	2500	3000	2000	2500
	通风机型号	4-79 NO_2-10C	4-79 NO_2-10C	4-79 NO_2-8C	4-79 NO_2-7C	4-79 NO_2-7C	4-79 NO_2-6C
	送风量（m³/h）	69200~114000	61500~102600	36500~77200	24300~44600	21300~39000	15350~28140
	风压/Pa	1442~2119	1148~1668	1785~2335	1236~2060	952~1579	912~1521
	通风机转速/（r/min）	1170	1040	1500	1600	1400	1600
	电动机型号	JO_3-250S-4	JO_3-225S-4	JO_3-225S-4	JO_3-180L-4	JO_3-180M-4	JO_3-160S-4
	电动机功率/kW	75	55	45	30	22	15
回风机段	安装型式	S	S	S	S	S	S
	段长 L_{11}/mm	3000	3500	2500	3000	2000	2000
	通风机型号	4-79 NO_2-10C	4-79 NO_2-10C	4-79 NO_2-8C	4-79 NO_2-7C	4-79 NO_2-7C	4-79 NO_2-6C
	送风量（m³/h）	55700~91800	49100~81000	25400~46600	19000~34800	17000~31200	10740~19680
	风压/Pa	932~1364	726~1059	795~1324	755~1265	608~1010	441~746
	通风机转速/（r/min）	940	830	1120	1250	1120	1250
	电动机型号	JO_3-200M-4	JO_3-180_2M-4	JO_3-180M-4	JO_3-160S-4	JO_3-140M-4	JO_3-112M-4
	电动机功率/kW	40	30	22	15	11	5.5

（续）

空调机型号	JS-2	JS-2	JS-3	JS-3	JS-4	JS-4	JS-6	JS-6	JS-8	JS-8	JS-10	JS-10
分风混合段 段长 L_{12}/mm	1000	2000	1000	2000	1000	2000	1000	2000	1000	2000	1000	2000
交叉式分风器型号	GF-1	GF-2	GF-3	GF-4	GF-5	GF-6	GF-7	GF-8	GF-9	GF-10	GF-11	GF-12
交叉式分风器接管尺寸/mm　高	500	1250	500	1250	500	1250	1250	1250	1250	1250	1250	1250
交叉式分风器接管尺寸/mm　宽	630	1000	800	1250	1000	1600	1250	2600	1250	2600	2000	3800
平顶式分风器型号	PF-2	PF-2	PF-3	PF-3	PF-4	PF-4	PF-6	PF-6	PF-8	PF-8	PF-10	PF-10
平顶式分风器接管尺寸/mm	800×500	800×500	1000×500	1000×500	800×800	800×800	1000×800	1000×800	1000×800	1000×800	1000×1000	1000×1000
二次回风段混合段（回风）段 段长 L_{13}/mm	500	500	500	500	500	500	1000	1000	1000	1000	1000	1000
阀门规格/mm	800×500	800×500	1000×500	1000×500	800×800	800×800	1000×800	1000×800	1000×800	1000×800	1000×1000	1000×1000
段长 L_{14}/mm	500	500	1000	1000	1000	1000	1000	1000	1500	1500	1500	1500
一次回风阀门规格/mm	1250×500	1250×500	1000×1000	1000×1000	1250×1000	1250×1000	2000×1000	2000×1000	2000×1250	2000×1250	1500×1000（2个）	1500×1000（2个）
部分新风时阀门规格/mm	800×500	800×500	1000×500	1000×500	800×800	800×800	1000×800	1000×800	1000×800	1000×800	1000×1000	1000×1000
全新风时阀门规格/mm	1250×500	1250×500	1000×1000	1000×1000	1250×1000	1250×1000	2000×1000	2000×1000	2000×1250	2000×1250	1500×1000（2个）	1500×1000（2个）
拐弯消声段 段长 L_{15}/mm	1828	1828	2078	2078	2328	2328	3078	3078	3078	3078	4078	4078
消声量/dB（A）	≈6	≈6	≈9	≈9	≈9	≈9	≈9	≈9	≈9	≈9	≈9	≈9
干蒸汽加湿器 段长 L_{16}/mm	500	500	500	500	500	500	500	500	500	500	500	500
加湿量/（kg/h）	≈60	≈60	≈90	≈90	≈120	≈120	≈180	≈180	≈240	≈240	≈300	≈300

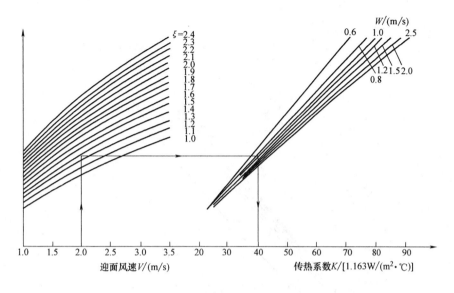

图 5-8　KL-2 型表面式冷却器传热系数 K 计算（冷却时用）

注：计算公式

$$K=\left[\frac{1}{24.92\xi^{0.758}V^{0.622}}+\frac{1}{331.8\omega^{0.8}}\right]^{-1}$$

（冷却时用）

$$K=9.60V+13.36\omega^{0.270}$$

（热水加热时用）

实际 K 值为 $K'=C_1K$

C_1 ——水垢修正系数，加热时 $C_1=0.85$，冷却时 $C_1=0.90$。

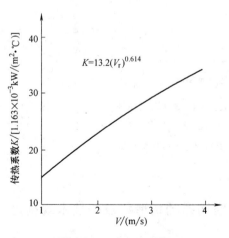

图 5-9　KL-2 型加热器
（蒸汽热媒）的 K 值曲线

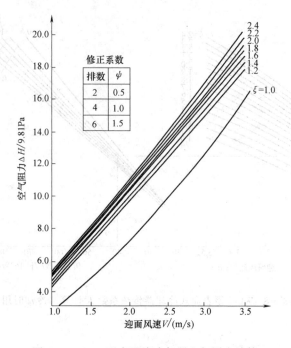

图 5-10　KL-2 型表面式冷却器空气阻力计算

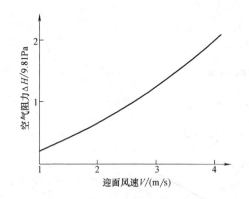

图 5-11　KL-2 型加热器（二排）空气阻力曲线

注：1. 空气阻力计算式：$\Delta H = 0.0784(V_r)^{1.641} \cdot N$

　　2. 图中曲线是 $N = 2$ 排绘制的，当单排加热器时，从图中查得数值除以 2。

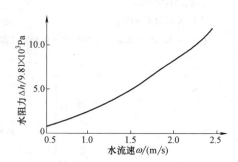

图 5-12　KL-2 型表面式空气
冷却器水阻力计算

5-7　WP 和 WB 型空调器的构造特点、技术规格是什么？

答： WP 和 WB 型空调器的空气冷却、降湿分别采用喷水室（分 2 排和 3 排）与表面冷却器（分 4 排、6 排、8 排）进行。WP 和 WB 型空调器为大型卧式装配空调机，空调器外壳均带有保温层。型号各有 10、20、30、40、60、60A、90、90A、120、120A 共 10 种。按气流方向分为左式（Z）和右式（Y）两种。

1. 空调器的构造特点

1）WP 和 WB 型空调器除冷却处理段部件 WPXX-21（二排喷水室编号）、WPXX-22（三排喷水室编号）、WBXX-31（表冷器编号）和 WPB 型喷水表冷段部件不同外，其余末端堵板、初中效空气过滤器、加热器、中间室、混合室、转弯室、风机接管、调节阀和各种支架等部件，都和 WPB 型的部件相同。

2）WP10、WP20、WP30、WP40、WP60 型进水管为单侧接管，WP60A、WP90、WP90A、WP120、WP120A 型为双侧接管，但这 10 种型号的循环水管、溢水管、补水管和排水管均在操作面接管。

3）WB 型空调器的表冷器采用铝轧肋片管制成。

4）WP 和 WB 型空调器外壳及内板采用 20mm 厚钢板，外板采用 1.5mm 钢板，两板之间采用 40mm 厚聚苯乙烯泡沫塑料作保温层。

2. WP 和 WB 型空调器的主要技术规格

WP 型空调器的主要技术规格见表 5-12。

表 5-12　WP 型空调器的主要技术规格　　　　（单位：mm）

机组型号	WP-10	WP-20	WP-30	WP-40	WP-60	WP-60A	WP-90	WP-90A	WP-120	WP-120A
额定风量 /（m³/h）	10000	20000	30000	40000	60000	60000	90000	90000	120000	120000
迎风面积 /m²	1.235	2.21	3.72	4.84	7.26	7.26	10.89	9.46	14.52	14.19
迎面风速 /（m/s）	1.42~2.75	1.51~2.75	1.63~2.72	2.12~2.75	1.837~2.75	1.837~2.75	1.837~2.75	2.11~2.75	2.07~2.75	2.11~2.75
选用风量 /（m³/h）	6300~12000	12000~22000	22000~37000	37000~48000	48000~72000	48000~72000	72000~108000	72000~94000	108000~144000	108000~140000
B	1050	1800	1800	2300	2300	3400	3400	4400	3400	4400
B_1	950	1700	1700	2200	2200	3300	3300	4300	3300	4300
H	1400	1400	2300	2300	3400	2300	3400	2300	4500	3400
H_1	1300	1300	2200	2200	3300	2200	3300	2200	4400	3300
H_2	1980	1980	2880	2800	4080	2980	4080	2980	5180	4080
H_3	1850	1850	2750	2750	3950	2850	3950	2850	5050	3950
H_4	580	580	580	580	680	680	680	680	680	680
H_5	1280	1280	1730	1730	2380	1830	2380	1830	2930	2380
D	根据用户选用的风机而定									

WB 型空调器的主要技术规格见表 5-13。

表 5-13　WB 型空调器的主要技术规格　　　　（单位：mm）

机组型号	WB-10	WB-20	WB-30	WB-40	WB-60	WB-60A	WB-90	WB-90A	WB-120	WB-120A
额定风量 /(m³/h)	10000	20000	30000	40000	60000	60000	90000	90000	120000	120000
选用风量 /(m³/h)	5000~ 9600	9600~ 18000	20000~ 30000	30000~ 40000	40000~ 60000	40000~ 60000	60000~ 90000	60000~ 80000	90000~ 120000	90000~ 120000
B	1050	1800	1800	2300	2300	3400	3400	4400	3400	4400
B₁	950	1700	1700	2200	2200	3300	3300	4300	3300	4300
H	1400	1400	2300	2300	3400	2300	3400	2300	4500	3400
H₁	1300	1300	2200	2200	3300	2200	3300	2200	4400	3300
H₂	1500	1500	2400	2400	3500	2400	3500	2400	4600	3500
H₅	800	800	1250	1250	1800	1250	1800	1250	2350	1800
D	根据用户选用的风机而定									

5-8　什么称为风机盘管空调器？

答：风机盘管加新风系统是中央空调的主要方式之一，因此风机盘管是空调设备的主要组成部分。风机盘管是一种将风机和表面式换热盘管组装在一起的装置。风机盘管的形式有卧式、立式和顶置式等数种。风机盘管通常与冷水机组（夏）或热水机组（冬）组成一个供冷或供热系统。风机盘管是分散安装在每一个需要空调的房间内（如宾馆的客房、医院的病房、写字楼的各写字间等）。为了缩小外形和体积以及降低气流噪声，多采用贯流式风机并用多级电动机驱动，以便对风量进行调节。图 5-13 所示为卧式暗装风机盘管和立式明装风机盘管的结构图。

风机盘管机组空调方式的特点：

1）噪声较小。

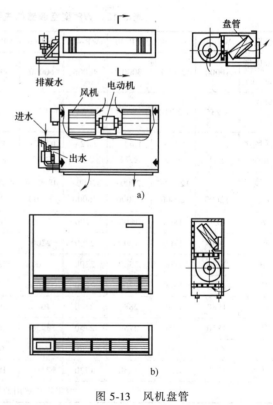

图 5-13　风机盘管
a）卧式　b）立式

2）具有个别控制的优越性。风机盘管机组的风机速度可分为高档、中档、低档三档；水路系统采用冷热水自动控制温度调节器等，灵活地调节各房间的温度；室内无人时机组可停止，运转经济。

3）系统分区进行调节控制容易。冷热负荷按房间朝向、使用目的、使用时间等把系统分割为若干区域系统，进行分区控制。

4）风机盘管机组体型小，布置和安装方便，属于系统的末端机组类型。

5）占建筑空间少。

风机盘管的最大缺点是漏水问题。冷冻水或冷凝水漏滴在天花板吊顶上，既影响美观又对于建筑物有害，因此在装设风机盘管时，应特别注意冷凝水的排出和冷冻水管的保温等。

5-9　风机盘管机组的构造形式和工作原理是什么？

答：风机盘管机组是空调系统的末端机组之一，工作原理是机组内不断地再循环所在房间的空气，使它通过供冷水或热水的盘管，空气被冷却或加热，保持房间的温度。机组内的过滤器不仅改善房间的卫生条件，同时也为了保护盘管不被尘埃堵塞。机组可以除去房间的湿气，维持房间一定的相对湿度。盘管表面的凝结水滴入水盘内，然后不断地被排到下水道中。

风机盘管机组包括风机、电动机、盘管、空气过滤器、室温调节装置和箱体等。机组的形式有立式和卧式两种。从安装方式上，可分暗装形和明装形。机组的主要构造如下：

（1）风机　采用的风机一般有两种形式，即离心多叶风机和贯流式风机。叶轮直径一般在150mm以下，静压98.1Pa以下。

（2）风机电动机　考虑噪声不应大，一般采用电容式电路，运转时可以改变电动机输入端电压调速。国内FP-5型机组采用含油轴承，平时不加油，也能保证运转10000h以上。

（3）盘管　一般采用铜管串铝片制作而成。在工艺上，均采用胀管工序，保证管与肋片间充分接触，提高导热性能。盘管的排数一般为二排或三排。

（4）空气过滤器　过滤材料采用粗孔泡沫塑料或纤维织物制作。要求定期清洗或更换，一年中清洗1~2次，机组设计上应考虑更换方便。

（5）调节装置　机组具有三档变速调节风量（高档、中档、低档三挡），调节风量范围为50%左右。FP-5型机组根据用户的要求，另配带SKZ-1型室温自动调节装置。

5-10　风机盘管机组有什么技术特性？

答：国内研制的几种风机盘管机组的主要技术特性见表5-14。各机组的性能曲线和性能数据分述如下：

表 5-14　国内几种风机盘管机组的技术特性

型号		FP-5AWA（卧式暗装）	FP-5ALZ（立式暗装）	FP-5MLZ（立式明装）	FP-5BLZ（立式半明装）	FLM-79（立式明装）	FLA-79（立式暗装）	FWA-79（卧式暗装）	FPG-2（立式明装）	FP-2（立式明装）	K-5LM（立式明装）	K-5WA（卧式暗装）	K-10LM（立式明装）	K-10WA（卧式暗装）
产冷量/kW		2.3~2.9	2.3~2.9	2.3~2.9	2.3~2.9	3.6	3.6	3.6	3.1	2.3~2.6	2.6	2.6	5.5	5.5
加热量/kW		3.5~4.7	3.5~4.7	3.5~4.7	3.5~4.7	7	7	7		5.1~60	3.3	3.3	8.4	8.4
尺寸	高（长）/mm	600	540	615	655	710	700	595	630	650	636	480	636	500
	宽/mm	990	980	990	1030	1000	927	930	1040	1010	1000	830	1200	950
	厚/mm	220	220	235	245	250	220	288	230	220	205	230	205	230
风机	形式	双进风多叶离心式风机				离心式风机			贯流式	贯流式	离心式风机			
	个数	2×D130				2×D140			1×D142	1×D120×450	2 台			
	风量/(m³/h)	≈500				530			700	470	400		850	
	功率/W	50				55			450	52	50		120	
噪声	A 声级/dB	29~43	29~43	30~45	30~45	23~35	23~35	23~35	29~43	—	28~36		30~40	
	NC	3~33	25~33	25~35	25~35	—	—	—	35以下	35以下	—		—	
盘管		铜管串铝片、三排、管 φ12×0.75				铜管串铝片二排 φ10×1			—	—	铝轧管 φ16			
控制方式		自选	自选	三挡变速SKZ-1型	三挡变速SKZ-1型	三挡变速，也可采用自控			三挡变速	双金属片元件电动三通阀双位控制	三挡变速			
机组质量/kg		≈35	≈36	45	50	52	34	31	—	52	—			

1. FP-5 型机组的性能数据和性能曲线

1）FP-5 型机组的冷却、加热能力如图 5-14 和图 5-15 所示。

2）FP-5 型机组噪声如图 5-16 所示。

3）FP-5 型机组盘管水侧的阻力如图 5-17 所示。

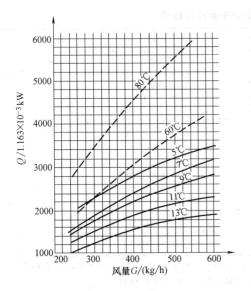

图 5-14　不同水温时 FP-5 机组的加热冷却能力

注：本图试验条件为：冷却时（实线）水量为
500kg/h，室温干球为 27℃，湿球为 21.2℃；
加热时（虚线）水量为 500kg/h，室温 t =
20℃；高档风量约为 520kg/h，中档约为
420kg/h，低档约为 320kg/h。

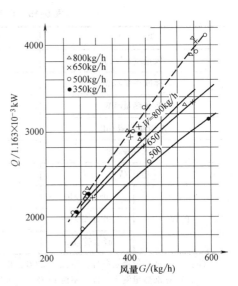

图 5-15　FP-5 机组风量与冷、热量的关系

注：实线为冷量曲线、室温干球为 27℃；湿
球为 21.2℃、冷水温为 7℃；虚线为热量
曲线，室温为 22℃，热水温为 60℃。

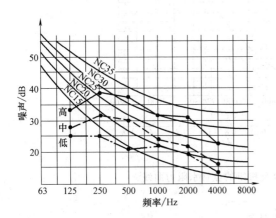

图 5-16　FP-5 机组噪声曲线（MLZ）

注：机组噪声是在建研院物理所混响室用丹麦 2111 声频频
谱仪测定的，传声器柜机组 1.5m，距地高 1m 处。

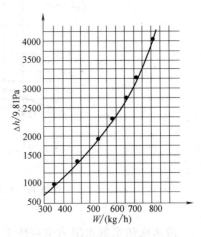

图 5-17　水流量与水阻力关系

2. F-79 型风机盘管的性能数据

1）F-79 型的主要技术数据见表 5-15。

表 5-15 F-79 型的主要技术数据

项 目		高档	中档	低档
风量/(m³/h)		640	530	400
标准冷量/kW		3.95	3.6	3.0
标准热量/kW		7.9	7.0	5.8
A 档噪声级/dB		35	31	23
输入功率/W		70	55	32
电压/V		220(单相,50Hz)		
配管	进水管/in	1/2		
	出水管/in	1/2		
	凝水管/mm	φ19(外径)		

注：1. 标准冷量测定条件：室温 $t=27℃$，相对湿度 $\varphi=60\%$，进水温度 $t_j=7℃$，进水量 $W=724$kg/h。

2. 标准热量测定条件：室温 $t=18℃$，水量 $W=724$kg/h，进水温度 $t_j=80℃$。

3. A 档噪声由上海电器科学研究所测定，话筒在距风机盘管机组前斜上方 1.5m 处测得的。

2）F-79 型机组的盘管水阻力曲线如图 5-18 所示。

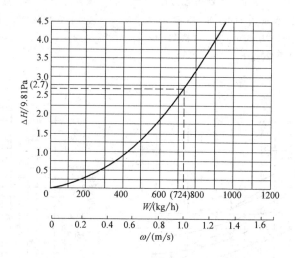

图 5-18 F-79 型机组的盘管水阻力曲线

冷水或热水的水阻力也可按下式计算：

$$\Delta H=0.015W^{1.84}$$

式中，ΔH 是水阻力（Pa）；W 是盘管进水量（kg/h）。

3. FPG-2 型风机盘管机组性能数据

FPG-2 型风机盘管机组性能数据见表 5-16。

表 5-16 FPG-2 型风机盘管机组性能数据

项目	分 档					
	50W	45W	40W	35W	30W	25W
风量/(m³/h)	799.2	698.2	557.9	505.2	448.5	408.9
冷量/kW	3.1	3.1	3.0	2.4	2.3	1.9
噪声/dB(A)	41	39	36.5	34	30.5	27.5
转速/(r/min)	906	840	767	730	643	556
电压/V	128	120	113	104	96	86
电流/A	0.282	0.265	0.26	0.24	0.223	0.204

注：噪声测定仪器测头距地 1m，距机组外表 1.5m。

4. K 型风机盘管机组

K 型盘管用 KL-2 型结构的表冷器，散热面积：K-5 型为 8.38m²，K-10 型为 15.3m²；用水量：K-5 型为 800kg/h，K-10 型为 1700kg/h（水速为 0.8m/s）。在上述条件下，K 型风机盘管机组性能数据见表 5-17。

表 5-17 K 型风机盘管机组性能数据 （单位：kW）

型号	进风温度/℃	进风相对湿度(%)	风量/(m³/h)	入口水温/℃										
				4	5	6	7	8	9	10	11	12	13	14
K-5	27	60	500(高档)	—	3.8	3.6	3.4	3.1	2.9	2.7	2.4	2.2	2.0	1.7
			400(中档)	—	3.1	2.9	2.8	2.6	2.4	2.3	2.1	1.9	1.7	1.6
			300(低档)	—	2.7	2.5	2.4	2.2	2.0	1.9	1.8	1.6	1.5	1.3
	20	50	500(高档)	3.0	2.9	2.7	2.5	2.3	2.0	—	—	—	—	—
K-10	27	60	950(高档)	—	7.2	6.9	6.5	6.2	5.8	5.5	5.1	4.8	4.4	4.0
			850(中档)	—	6.4	6.1	5.8	5.5	5.2	4.9	4.7	4.4	4.0	3.8
			650(低档)	—	5.6	5.3	5.0	4.8	4.5	4.2	3.9	3.7	3.4	3.1
	20	55	950(高档)	6.2	5.7	5.3	4.9	4.5	4.1	—	—	—	—	—

注：1. K-5、K-10 型机组的水阻力如下：

水速 ω/(m/s)	0.5	1.0	1.5	2.0	2.5
阻力 h/Pa	7.8	24	48	77	118

2. 机组冷量按水速为 0.8m/s 时测得的。

5-11 什么称为诱导空调器？

答：1）诱导式空调系统，是把空气的集中处理和局部处理结合起来的混合式空调系统中的一种形式，这种系统在一定程度上兼有集中式和局部式空调系统的优点。

图 5-19 所示为诱导空调系统的示意图。图中新风（也叫初次风）经集中式空

调系统处理后，由风机送入诱导器。经诱导器的喷嘴高速喷出，在射流群附近产生负压（卷吸作用），将室内状态的二次风诱入，两种不同的空气状态于混合段中混合，达到送风状态，送入房间。

2）诱导器是一种利用集中式空调机送来的初次风（或称一次风）作为诱导动力，就地吸入室内回风（或称二次风）加以局部处理的设备。

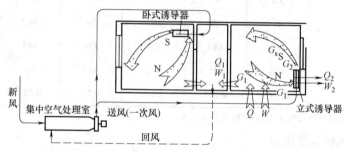

图 5-19　诱导空调系统

3）诱导器是诱导系统的末端装置和重要组成部分。它由外壳、热交换蒂（盘管）和诱导空气的部件（包括一次风连接管、静压箱、喷嘴等）组成，如图 5-20 所示。诱导器的盘管可以是一个，也可以是两个（一个冷盘管、一个热盘管）。工程上也使用不带盘管的诱导器，称为简易诱导器。

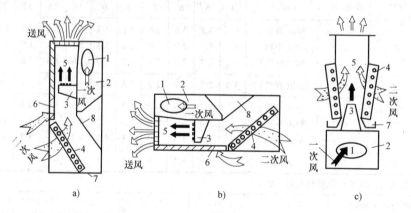

图 5-20　诱导器的结构

a）立式　b）卧式　c）立式双面

1——次风连接管　2—静压箱　3—喷嘴　4—二次盘管　5—混合段

6—旁通风门　7—凝水盘　8—导流板

4）诱导器中的喷嘴是用塑料或橡胶模压而成，形状为阶梯形。换热器是由铜管串铝片或铝管串铝片制成的冷却或加热盘管。诱导器的静压箱和混合室间内壁均贴上聚氨酯泡沫塑料作为吸声材料。用来消减风机和风道中产生的部分噪声和初次风经过喷嘴产生的噪声。

衡量诱导器工作能力的一项主要指标是诱导比 n，计算式为

$$n = \frac{被诱入的回风量\ G_2}{一次风量\ G_1}$$

诱导比 n 值越大，说明诱导器的诱导能力越强，被诱入的室内回风量也就越多，一般空调系统所用的新风量占总风量的 $10\% \sim 20\%$，室内回风量大多在 80% 以上，所以通常希望诱导比能达到 4，目前国产诱导器的诱导比一般为 $2.5 \sim 3.5$。

5）诱导系统的优缺点及适用条件：

由于诱导系统能在房间就地回风，不必或较少需要再把回风抽回到集中处理室处理，这就使需要集中处理和来回输送的空气量减少了很多，因而有风道断面小、空气处理室小、空调机房占地少、风机耗电量少的优点。当一次风全部是室外新风时，回风只经过诱导器，不经过风机，因而在防爆和卫生方面都有优越性。此外，使用立式诱导器的诱导系统，冬天不送一次风，只送热水便成了自然对流的供暖系统，显然它要比另设一套供暖系统节省投资。从这个意义上讲，诱导系统更适于夏季需要空调，冬季又需要供暖的建筑物。

诱导系统适用于多层、多房间且是同时使用的公共建筑（如办公楼、旅馆、医院、商场等）及某些工业建筑。它也适用于空间有限的改建工程、地下工程、船舱和客机以及各房间的空气不允许互相串通的地方。

室内局部排风量大和房间同时使用性小时不宜采用诱导系统。

诱导系统的缺点是初投资较高，管道系统较复杂，过渡季使用不能充分利用室外新风。

诱导器有立式、卧式两种形式，因结构关系容易积灰而不便清除，特别是卧式装于天棚，维修较麻烦。

5-12　Y 系列诱导器的主要结构参数是什么？

答：Y 系列诱导器在结构上有很多相同的构件，差别较大的只是立式与卧式诱导器的盘管和凝水盘的布置有所不同，这两类诱导器的结构分别介绍如下：

（1）立式诱导器　图 5-21 所示为 Y 系列立式诱导器构造示意图。图示为立式双面回风诱导器，如果把回风面任意一侧的盘管拆除后装上一块挡板，则可成为单面回风诱导器。

（2）卧式诱导器　图 5-22 所示为 Y 系列卧式诱导器构造示意图。图示为卧式双面回风诱导器，如果把位于上面的盘管拆除后装上一块挡板，则成为单回风诱导器。

Y 系列诱导器的主要结构参数见表 5-18，由于立式与卧式诱导器有很多地方尺寸是相同的，因此表中未特别说明的参数对于立式与卧式诱导器通用。

Y 系列诱导器的产品一律不带外壳，应用时都必须考虑暗装或加装外壳。

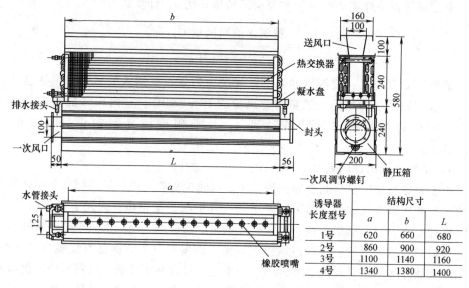

图 5-21 Y系列立式诱导器

诱导器 长度型号	结构尺寸		
	a	b	L
1号	620	660	680
2号	860	900	920
3号	1100	1140	1160
4号	1340	1380	1400

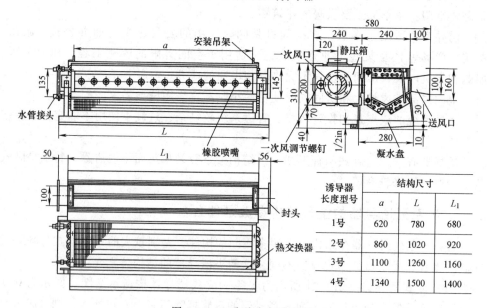

图 5-22 Y系列卧式诱导器

诱导器 长度型号	结构尺寸		
	a	L	L₁
1号	620	780	680
2号	860	1020	920
3号	1100	1260	1160
4号	1340	1500	1400

表 5-18 Y系列诱导器的主要结构参数

参数项目		长 度 型 号			
		1 号	2 号	3 号	4 号
长度/mm		680	920	1160	1400
宽度/mm	立式	—	200		
	卧式	—	580		

（续）

参数项目		长度型号			
		1 号	2 号	3 号	4 号
高度/mm	立式	—	580		
	卧式	—	310		
送风口/mm		620×100	860×100	1100×100	1340×100
回风口/mm		620×220	860×220	1100×220	1340×220
回风口面积	单面/m²	0.1364	0.1892	0.2420	0.2948
	双面/m²	0.2728	0.3784	0.4840	0.5896
一次风口管径/mm		$\phi100$			
喷嘴数量/只	A 型($\phi13$)	20	28	36	44
	B 型($\phi9.2$)	15	21	27	33
	C 型($\phi7.5$)	10	14	18	22
配管	进、出水管/in	—	1/2 管螺纹		
	凝水管/mm	—	$\phi20$(内径)橡胶管		
质量/kg	单面 立式	25	32	40	48
	单面 卧式	28	37	45	54
	双面 立式	28	36	45	53
	双面 卧式	32	42	51	60

5-13　Y 系列诱导器有哪些主要技术性能?

答：Y 系列诱导器的技术性能：

1. Y 系列诱导器的空气动力性能

一次风量与工作压力。Y 系列诱导器共使用三种型号的喷嘴，每一型号的喷嘴都各自规定一个喷嘴风速使用范围，因此不同长度型号和不同喷嘴型号便有相应的一次风量使用范围，见表 5-19。

Y 系列诱导器在一次风使用范围内，工作压力变化范围见表 5-19，若求诱导器在某一个一次风量下的工作压力大小可以查图 5-23 的曲线。立式与卧式诱导器不论单面回风与双面回风都按喷嘴型号和长度型号查同一曲线。

表 5-19　Y 系列诱导器空气动力性能

喷嘴型号	回风面	长度型号	诱导比 n	一次风量范围 L_1 /(m³/h)	总送风量 L /(m³/h)	工作压力 /Pa	送风口平均风速 U_s /(m/s)	喷嘴风速 U /(m/s)	噪声级 /dB(A)	噪声级 评价曲线 NR 值
A	单面	1 号	2.0	115~190	345~570	128~334	1.6~2.6	12~20	30~43	25~38
		2 号		160~270	480~810	128~353			32~45	27~40
		3 号		200~350	600~1050	128~383			33~46	28~41
		4 号		250~420	750~1260	157~392			34~47	29~42
	双面	1 号	2.5	115~190	403~665	128~334	1.8~3.1	12~20	31~44	26~39
		2 号		160~270	506~945	128~353			33~46	28~41
		3 号		200~350	700~1225	128~383			34~47	29~42
		4 号		250~420	875~1470	157~392			35~48	30~43

（续）

喷嘴型号	回风面	长度型号	诱导比 n	一次风量范围 L_1 /（m³/h）	总送风量 L /（m³/h）	工作压力 /Pa	送风口平均风速 U_s /（m/s）	喷嘴风速 U /（m/s）	噪声级 /dB(A)	噪声级 评价曲线 NR 值
B	单面	1 号	3.5	65～110	295～495	128～628	1.3～2.2	18～30	24～38	19～33
		2 号		90～150	405～675	235～598			25～39	20～34
		3 号		115～195	518～878	226～608			26～40	21～35
		4 号		140～240	630～1080	226～657			27～41	23～36
	双面	1 号	4.5	65～110	358～605	226～628	1.6～2.7	18～30	26～40	21～35
		2 号		95～150	495～825	256～598			27～41	22～36
		3 号		115～195	638～1073	226～608			28～42	23～37
		4 号		140～240	770～1320	226～657			29～43	24～38
C	单面	1 号	5.0	40～60	240～360	412～834	1.1～1.6	25～38	27～38	22～33
		2 号		60～80	360～480	441～814			31～38	26～33
		3 号		75～105	450～630	432～834			30～40	25～35
		4 号		90～130	540～780	412～834			31～41	26～30
	双面	1 号	7.0	40～60	320～480	412～834	1.2～2.2	25～38	30～41	25～36
		2 号		60～80	480～640	441～814			34～41	29～36
		3 号		75～105	600～840	432～834			34～43	28～36
		4 号		90～130	720～1040	412～834			35～44	29～39

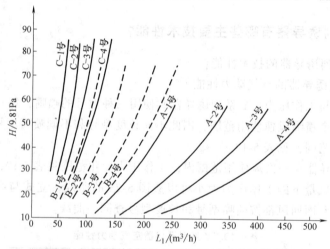

图 5-23　Y 系列诱导器一次风量与工作压力关系曲线

2. Y 系列诱导器盘管水阻力

Y 系列四种长度诱导器单个盘管在某一流量下的水阻力计算如图 5-24 所示。对于双面回风诱导器，若两个盘管的进水管为串联接法，则整个诱导器的水阻力必须按单个盘管求出后增加一倍阻力；若进水管为并联接法，则整个诱导器的水阻力按进水量的一半求出单个盘管的水阻力。

3. Y 系列诱导器盘管热工性能

Y 系列立式诱导器自然对流供热量的计算如图 5-25 所示。

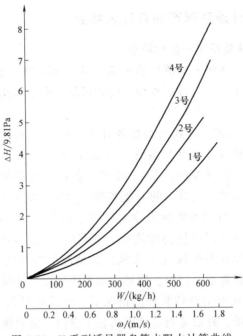

图 5-24 Y 系列诱导器盘管水阻力计算曲线

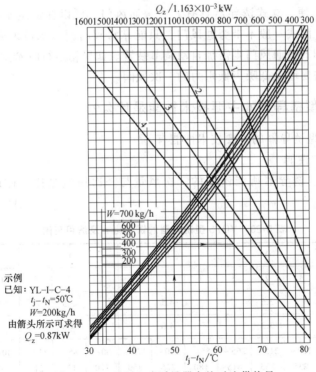

图 5-25 Y 系列立式诱导器自然对流供热量

（图示为单面回风诱导器，对于双面回风，水并联的诱导器，W 和 Q_z 都加倍）

5-14 YD75型诱导器系列产品有什么特点？

答：YD75型诱导器系列产品的特点：

（1）占用面积少 YD75型诱导器分为立式（YDL75）和卧式（YDW75）两类。立式可装于窗台下，占有效面积少；卧式可吊在靠近房间内墙的天棚下，完全不占有效面积。

（2）多种规格 立式、卧式两类都各有A、B、C 3种喷嘴类型。1、2、3种诱导器长度，单、双排（Ⅰ、Ⅱ）盘管，共组合36种规格，满足不同冷量、一次风量、比冷量（单位一次风量的冷量）、噪声等各种具体要求。如有特殊需要还可订做一次风量最小，而比冷量最大的D型喷嘴。这样，规格可增至48种。

（3）冷热两用 诱导器盘管通入冷水可用于降温，通入热水用于供暖。此种情况下，盘管需装有放气门以便排除热水中带有的空气。YDL型（立式）在二次盘管通热水时，还可以在不送风（一次风）的情况下作自然对流散热器用，其散热量足以满足正常供暖要求，这时，诱导空调系统可以代替供暖系统。

（4）配套外罩 在不用建筑装修的情况下，立式诱导器基体可以根据需要加配套的简装或精装外罩，外形美观，可以明装于室内。卧式诱导器可加简装的送回风口面板。

（5）调节方便 立式诱导器具有二次旁通风门，可以在恒定水温的情况下调节第一次冷量。卧式一般不带旁通风门，只能靠水阀门调节水量来调节二次冷量。如果希望自动调节旁通风门则需加自动调节装置。如果初运行时希望调节各诱导器的一次风量，需要增设低噪声低阻力的一次风阀。

5-15 YD75型诱导器的主要技术性能是什么？

答：YD75型诱导器的主要技术性能有：

1. 流体力学性能

1）诱导比：诱导器所能诱导的二次风量与一次风量之比，称诱导比，见表5-20。

表5-20 YD75型诱导器的诱导比 n 及适用范围

喷嘴类型		A			B			C			D		
规格大小		1	2	3	1	2	3	1	2	3	1	2	3
n	单排	3.5			4.5			5.5			6.5		
	双排	3.2			4.0			4.8			5.6		
一次风量适用范围 $G_1/(\text{kg/h})$		120~235	215~335	265~415	85~180	120~265	170~350	60~120	85~170	110~215	30~60	40~85	60~100

注：加精装或简装外罩时，诱导比应乘以0.9。

2）诱导器工作压力（Pa）：用以克服连接管、一次风调节阀、静压箱、喷嘴等的阻力（包括喷嘴出口的动能损失）需要保证的工作压力，如图 5-26 所示。

3）噪声强度：在一定混响时间的房屋里及一定的一次风量下，立式诱导器在正对回风口水平距离 1m，距地面约 1m 处测得的噪声级。一般用 NC 评价曲线来衡量，如图 5-27 所示。

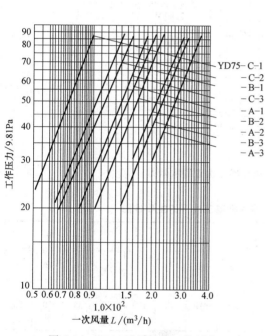

图 5-26 YD75 型诱导器工作压力

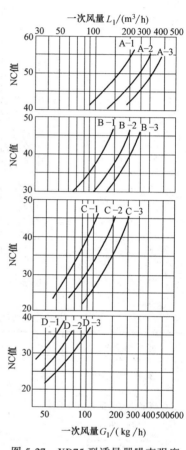

图 5-27 YD75 型诱导器噪声强度

4）适用风量范围：一定型号的诱导器只适用一定的一次风量的范围，在此范围内可以认为诱导比基本不变，工作压力、噪声则随风量增大而增大。超过此范围，风量过大时，工作压力和噪声都过大；风量过小时，则诱导比不能保证。相当于人为的某一工作压力的一次风量，可称之为额定一次风量，见表 5-21。

5）二次盘管水阻力 ΔP（Pa）：如图 5-28 所示，水通过二次盘管时所需克服的阻力。

2. YD75 型诱导器盘管热工性能

YD75 型诱导器自然对流供热量的计算如图 5-29 所示。

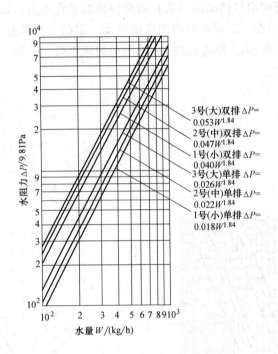

图 5-28　YD75 型诱导器二次盘管水阻力

表 5-21　YD75 型诱导器在标准工况下的主要性能

喷嘴类型	A			B			C			D		
诱导器大小号	1	2	3	1	2	3	1	2	3	1	2	3
额定一次风量 L_1 /(m³/h)	145	200	255	110	100	210	70	100	130	35	50	65
工作压力 H/Pa	441			441			441			441		
NC 噪声评价曲线 /dB	50	47	52	43.5	41	45	<35	<35	<37	<30	<30	<30
二次供冷量 Q_2^1/kW　单排 I	1.37	1.78	2.18	1.36	1.81	2.23	1.30	1.65	2.01	1.17	1.38	1.65
双排 II	1.93	2.45	2.77	1.88	2.45	2.80	1.68	2.16	2.47	1.31	1.67	1.95
一次风量适用范围 /(m³/h)	100~195	180~280	220~345	70~150	100~220	140~290	50~100	70~140	90~180	25~50	35~70	50~85

注：标准工况指室内状态 $N(t_N = 25℃，\varphi = 50\%)$，水初温 $t_{w1} = 8℃$，水量 $W = 400\text{kg/h}$。

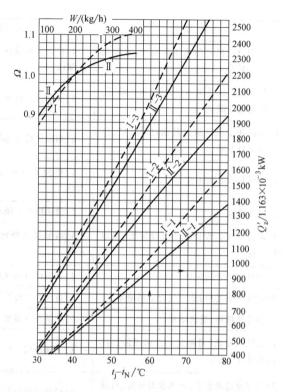

图 5-29　YD75 型诱导器自然对流供热量

示例　已知 YDL75-C-Ⅱ-Ⅰ、$t_j - t_N = 60℃$、

$W = 100kg/h$，由图箭头所示可求得 $Q'_z = 1.10kW$、$\Omega = 0.922$；$Q_z = \Omega \quad Q'_z = 1.02kW$

5-16　中央空调系统的常见故障和排除方法是什么？

答：中央空调系统的维护管理非常重要，应采用正确方法及时消除系统中出现的各种故障，保证系统安全、高效、节能运行。表 5-22 所列为中央空调系统的常见故障及其排除方法。

表 5-22　中央空调系统的常见故障及其排除方法

故障现象	产生原因	排除方法
送风参数与设计值不符	1) 空气处理设备选择容量偏大或偏小	1) 调节冷热媒参数与流量，使空气处理设备达到额定能力；如仍达不到要求，可考虑更换或增加设备
	2) 空气处理设备产品热工性能达不到额定值	2) 检查设备、风管、消除短路与漏风
	3) 空气处理设备安装不当造成部分空气短路	3) 加强风、水管保温

（续）

故障现象	产生原因	排除方法
送风参数与设计值不符	4）空调箱或风管的负压段漏风，未经处理的空气漏入	4）检查并改善喷水室表冷器挡水板消除漏风
	5）挡水板挡水效果不好，凝结水再蒸发，挡水板安装有误差	5）调整挡水板安装位置
	6）风机和送风管道温升超过设计值，由于管道保温不好	6）加强风机及送风管道保温性能
房间温度、相对湿度均偏高	1）冷冻机产冷量不足	1）更换冷冻机或对冷冻机设备进行大修
	2）喷水堵塞	2）清洗喷水系统和喷嘴
	3）通过空气处理设备的风量过大，热湿交换不良	3）调节通过处理设备的风量，使风速正常
	4）回风量大于送风量	4）重新调节回风机风量，使房间正压
	5）送风量不足（可能空气过滤器堵塞）	5）清理空气过滤器，使送风量正常
	6）表冷器结霜，造成堵塞	6）调节蒸发温度，防止结霜
房间温度合适或者偏低，相对湿度偏高	1）送风温度低（可能是一次回风的二次加热未开或不足）	1）正确使用二次加热
	2）喷水室过水量大，送风含湿量大（可能是挡水板不均匀或漏风）	2）检修或更换挡水板，堵漏风
	3）机器露点温度和含湿量可能偏高	3）调节三通阀，降低混合水温
	4）房间产湿量大（如增加产湿设备，用水冲洗地板，漏汽，漏水等）	4）减少湿源
房间温度正常，相对湿度偏低	室外空气含湿量本来较低，未经加湿处理，仅加热后送入房间内	1）有喷水室时，应连续喷循环水加湿
		2）表冷器系统应开启加湿器
系统实测风量大于设计风量	1）系统的实际阻力小于设计阻力，风机的风量因而增大	1）有条件可改变风机的转数
	2）设计时选用风机容量偏大	2）关小风量调节阀，降低风量
系统实测风量小于设计风量	1）系统的实际阻力大于设计阻力，风机风量减小	1）条件许可时，改进风管构件，减小系统阻力
	2）系统中有阻塞现象	2）检查清理系统中可能的阻塞物
	3）系统漏风	3）堵塞
	4）风机出力不足（风机达不到设计能力或叶轮旋转方向不对，传动带打滑等）	4）检查、排除影响风机出力的因素
系统总送风量与总进风量不符，差值较大	1）风量测量方法与计算不正确	1）复查测量与计算数据
	2）系统漏风或气流短路	2）检查堵漏，消除短路

（续）

故障现象	产生原因	排除方法
机器温度已达到要求或偏低,但房间降温慢	1)送风量小于设计值,换气次数小	1)检查风机型号是否符合设计要求,叶轮转向是否正确,传动带是否松动,开大送风阀门,消除风量不足因素
	2)有二次回风的系统,二次回风量过大	2)调节,降低二次回风量
	3)空调系统房间多、风量分配不均	3)调节,使各房间风量分配均匀
房间气流速度超过允许流速	1)送风口速度过大	1)增大风口面积或增加风口数,开大风口调节阀
	2)总送风量过大	2)降低总风量
	3)送风口的形式不合适	3)改变送风口形式,增加紊流系数
房间内气流速度分布不均,有死角区	1)气流组织设计考虑不周	1)根据实测气流分布图,调整送风口位置,或增加送风口数量
	2)送风口风量未调节均匀,不符合设计值	2)调节送风口风量使与设计要求相符
房间内空气不新鲜	1)新风量不足(新风阀门未开足,新风道截面小,空气过滤器堵塞等)	1)对症采取措施增大新风量
	2)人员超过设计人数	2)减少不必要的人员
	3)室内有吸烟或燃烧等耗氧因素	3)禁止在空调房间内吸烟和进行不符合要求的耗氧活动
房间内噪声大于设计要求	1)风机噪声高于额定值	1)测定风机噪声,检查风机叶轮是否碰壳、轴承是否损坏,减振是否良好,对症处理
	2)风管及阀门、风口风速过大,产生气流噪声	2)调节各种阀门、风口,降低过高风速
	3)风管系统消声设备不完善	3)增加消声弯头等设备
房间内洁净度达不到设计要求	1)空气过滤器效率达不到要求	1)更换不合格的过滤器材
	2)施工安装时未按要求擦净设备及风管内的灰尘	2)设法清理设备管内的灰尘
	3)运行管理未按规定清扫、清洁	3)加强运行管理
	4)生产工艺流程与设计要求不符	4)改进工艺流程
	5)房间内正压不符合要求,室外灰尘渗入	5)增加换气次数和正压

5-17 风机盘管空调机的常见故障和排除方法是什么?

答:风机盘管加新风系统是中央空调的主要方式之一,因此风机盘管是空调设备的主要组成部分。风机盘管是一种将风机和表面式换热盘管组装在一起的装置。加强对风机盘管空调机的维护管理,正确消除其故障,保证系统安全、高效、节能运行。表 5-23 所列为风机盘管的故障与维修方法。

表 5-23　风机盘管的故障与维修方法

故障现象	产 生 原 因	排 除 方 法
风机不转	1)停电	1)查明原因或等待复电
	2)忘记插电源	2)将插头插入
	3)电压低	3)查明原因
	4)配线错误或接线端子松脱	4)用万用表查线路,修复
	5)电动机故障	5)用万用表检查修复或更换
	6)电容器不良	6)更换
	7)开关接触不良	7)修复或更换
风机转但不出风或风量少	1)电源电压异常	1)查明原因
	2)反转	2)改变接线
	3)风口有障碍物	3)去除
	4)空气过滤器堵塞	4)清洗
风不冷(或不热)	1)盘管内有空气	1)从排气阀排出空气
	2)供水循环停止	2)检查水泵
	3)调节阀关闭	3)将调节阀开启
	4)阀被异物堵塞	4)取出异物
机壳外面结露	1)内部保温破损	1)修补
	2)机壳在装配时与火焰接触保温层烧毁	2)不要接触火焰,将保温层重新包好
	3)冷风有泄漏	3)修补
	4)室内有造成结露的条件	4)去除结露的条件
有异物吹出	1)由于腐蚀造成风机叶片表面有锈蚀物	1)更换风机
	2)空气过滤器破损,劣化	2)更换空气过滤器
	3)保温材料破损,劣化	3)更换保温材料
	4)机组内灰尘太多	4)清扫内部
漏电	电线有破损、漏电	修复线路
漏水	1)安装不良	1)机组水平安装
	2)接水盘倾斜	2)调整
	3)排水口堵塞	3)清除堵塞物
	4)水管有漏水处	4)检查更换水管
	5)冷凝水从管子上滴下	5)检查重新保温
	6)接头处安装不良	6)检查后紧固
	7)排气阀忘记关闭	7)将阀关闭
关机后风机不停	1)开关失灵	1)修复或更换开关
	2)控制线路短路	2)检查线路,排除短路

（续）

故障现象	产生原因	排除方法
有振动与杂音	1) 机组安装不良	1) 重新安装调整
	2) 外壳安装不良	2) 重新安装
	3) 固定风机的部件松动	3) 紧固
	4) 风的通路上有异物	4) 去除异物
	5) 风机电动机故障	5) 修复或更换电动机
	6) 风机叶片破损	6) 更换
	7) 送风口百叶松动	7) 紧固
	8) 盘管内有空气	8) 排空气
	9) 冷冻水(热水)流的太快	9) 检查水的流速
	10) 水内有大量的空气进入	10) 去除水中空气
	11) 使用定量阀时,差压太大	11) 更换合适的阀
冷风(热风)效果不良	1) 调节阀开度不够	1) 重新调节开度
	2) 盘管堵塞,通风不良	2) 清扫盘管
	3) 盘管内有空气	3) 排空气
	4) 电源电压下降	4) 查明原因
	5) 空气过滤器堵塞	5) 清洗空气过滤器
	6) 供水(冷热水)不足	6) 调节供水阀
	7) 供水温度异常	7) 检查冷冻水(或热水)温度
	8) 风机反转	8) 重新接线
	9) 送风口、回风口有障阻	9) 去除障阻物
	10) 前板安装不正规	10) 安装正规
	11) 气流短路	11) 检查风口有无障碍物
	12) 室内风分布不均匀	12) 检查调整风口
	13) 设备选用不当	13) 重新设计选用
	14) 天花板吊顶式的机组连接处漏气	14) 修理
	15) 温度调节不当	15) 重新调整送风档次
	16) 房间日照或开窗	16) 关窗,挂窗帘

5-18 中央空调系统设备如何进行日常保养与维护？

答：空调装置的维修，就目前来看，修理规范、维修内容及检验标准，都需要在实际工作中总结。

1）空调系统除通风机、自动浸油滤尘器等有传动件外，大部分是螺钉、螺母及焊接件和钣金工件。正是因为构件简单，往往日常维修及三级保养工作被人忽视。特别是喷雾室常与水接触，一干一湿，锈蚀较快，一旦喷雾水池锈穿，修理或更换就十分困难。

空调系统压力低，输送的空气相对湿度较大，根据这些特点除通风机需大、中修外，其他辅助设备及构件可以用加强日常维护及三级保养的方法来延长大修周期的间隔。

2）日常保养与维护的内容包括：值班运行，巡回检查发现故障及时报警处理，以及对设备的清洁加油等。

3）维修主要有：制冷设备、空气处理设备、冷却水系统、电（气）控制设备等。

设备维修时间一般按设备运行周期进行，除了由技术人员承担的日常维修和预防检修外，还要按期对设备进行小修、中修和大修，以恢复设备的功能和精度。

4）维修设备时要注意：须指定主要负责人，负责整个设备的工作安排与分工，防止搞乱和出差错。

对于机械零件的拆卸和装配都必须按技术规程进行，不能随意敲打与撞击，要按照拆下顺序存放零部件并编号，以便于记忆安装。

在清洗零部件时，要认真检查零部件有无损伤现象，要及时上油，以防零部件锈蚀。

5）在设备安装与装配时，要注意设备技术要求，要保证质量，不能违反装配程序来安装设备、装配设备。

运行设备如通风机、水泵等检修完毕后，应检查零部件有无丢失或缺少现象。设备在试车前应先检查机内有无异物，运转是否正常，有异常应及时停车、返修，对于维修后的设备，维修人员应把维修部位和试车情况及时向运行操作人员介绍，请运行操作人员注意检查刚修好并投入使用的设备。

6）维修完毕，填写维修报告，对维修的设备项目、内容，要填写清楚，入档保存。

7）维修设备的安全工作：检修人员要严格执行技术安全规程和防火条例。在维修电气线路和电盘（箱）时，要有监护人，以免发生意外。在使用易燃物品时，要严禁烟火，在高空作业的操作人员要系保险绳，在密闭容器或地沟作业时要注意通风。

5-19　中央空调系统的故障分为哪几类？

答：中央空调系统故障可分为四类：

（1）机械性故障　机械性故障大体可分三种：润滑故障、机械故障、密封故障。

1）润滑故障主要是风机、水泵没有形成润滑油膜或由于润滑油脏造成的故障。故障形式表现为抱轴、划痕、摆动、轴承架破碎等。应及时检查润滑油油位，及时更换润滑油或润滑脂，检查轴承间隙，更换不合格轴承。

2）机械故障形式主要是运转不稳定，响声异常，通风机、水泵叶轮静动不平衡。装配时间隙太大或太小，有偏磨现象，形成公差不符合要求，解决办法是调整轴承、叶轮间隙，做叶轮静与动平衡调整。

3）密封故障有水泵轴向不严，空气进入运转水泵体或冷冻水从密封处流出，解决办法应调整机械密封面的间隙，失效的填料应更换或拧紧填料密封螺纹。

（2）空气处理过程故障 这种故障是由于空气处理设备的热量、冷量、流量面积不够或阻力太大，产生影响露点温度、送风温度、房间湿度的故障。其表现为喷水室或表冷器冷量不够，空气冷却降温去湿效果不好，从而影响房间空调效果；加热器调节失控，空气加热波动太大，影响房间空调温度；空气过滤器太脏，阻力太大或面积太小，影响系统送风量；加湿设备失控，空气湿度波动太大，影响房间湿度。出现以上现象，应对设备进行调整检修。

（3）空气分布方面故障 这种故障主要因风道调节阀或送风口百叶调节不当，使气流组织失控、分布不合理而产生的。其表现为送风口调节百叶失调，气流组织不合理，应重新调整。风道百叶阀失调使各风口风量不均，应重新调试、调节风道风量。

（4）配电和自动控制部分故障 这方面故障包括电动机及配电箱故障，其表现为短路、断路或电动机绝缘击穿，电动机扫堂等。出现以上故障，应按电动机的维修方法去进行。

自控部分故障表现为敏感元件信号失真，误差过大，调节失灵，执行机构不动作。遇上这些故障应检查自控电箱及电动机，重新调试自动控制系统，校验自控元件。

5-20 中央空调设备螺杆式水冷机组如何保养？

答：中央空调制冷设备的保养以水冷螺杆式冷水机组为例。保养内容及顺序：每天每次检查压缩机的油压及油量；探测系统是否有制冷剂泄漏；运转冷水机组，检查操作状况；检查异常的声响、振动及高温状况；检查冷媒运行中冷凝器及冷却器的温度、压力；检查运转部分润滑情况及添加适当润滑油；检查冷水机出入水温度及压力；检查各阀门，最后书写检查报告。

每年都应检查的项目：

检查或更换冷媒、干燥过滤器、压缩机润滑油；检查压缩机电动机绝缘情况，应大于 $10M\Omega$；检查安全保护元件是否可靠灵验。检查及调整控制电路元件，看看有无异常变形或松脱，调整控制电路，使其达到指标规定数值。检查及清理电气控制中心，使其操作灵活和灵验。启动冷水机组，检查操作状况。听听有否不正常的声响、振动。提供机组运行报告及操作指导。检查电动机及电动机轴承，如有需要则更换新的。

对于冷冻水泵，也要经常检查，可进行以下工作：调校其轴封条；给轴承加油；清理水管过滤网；测量工作电压及电流；每月检查电器装置及过载保护，作出适当清理或调整。

5-21　中央空调系统的空气处理设备空气过滤器如何维修？

答：空气过滤器主要检修工作是清洁和换过滤材料，检查框架有无变形，检查电动机转动部分。一般空气过滤器都容易发生堵塞滤料的情况，通常的维护工作是清洁滤料，清除积存的灰尘，以保证空气正常流动。为了及时更换滤料，可以通过试验找出滤料的使用周期，以保证空调系统风量。

机械传动部分的调整：自动清洗油过滤器和自动无纺布卷帘过滤器都有电动机带动机械部件运动，这些机械部件传动部分的零件在力的作用下会被磨损，所以需要及时地维修、及时调整，使传动部件运动灵敏、可靠以满足自动控制的需要。

5-22　空气处理设备通风机如何维修？

答：通风机除了进行日常的维护和预检外，还要按运行时间（或称为运行小时）及时检修设备，恢复设备的功能与精度。在通过预防性检修掌握通风机的磨损规律后，为恢复局部零件的精度，对通风机进行局部性检修，一般称为小修，其主要内容是：带轮维修或更换；带轮与电动机带轮端面的调整；叶轮轴向和径向间隙的调整；解决叶轮与机壳间隙小的摩擦现象；清洁叶轮和机壳，检查叶轮的叶片是否有伤痕。

1）通风机的中修是在小修的基础上增加以下项目：①对叶轮进行超声检测，看看是否有裂痕；②对叶轮进行静平衡试验和动平衡试验；③更换轴承，含滑动轴承的刮瓦与研磨。

2）通风机的大修，在以上小修和中修的基础上增加以下项目：①叶轮拆卸与叶轮更换；②叶轮轴校直、磨轴、轴承挂瓦，用改变轴和轴承的直径的方法修复叶轮轴与轴承；③进行全面调试，要求达到通风设计要求。

3）通风机大修完毕后，应基本上符合下列标准：

① 风机轴承，纵横向的不平行度允许每米差 0.02mm。

② 叶轮与送风口间隙应为叶轮直径的 1/100。

③ 轴瓦与轴颈的顶间隙为轴颈直径的 0.0015～0.0025。

④ 轴瓦与轴间的侧间隙为顶间隙的 2/3 或等于顶间隙。

⑤ 轴承盖与轴孔应保持 0.02～0.04mm 的过盈。

⑥ 轴承振动的振幅，当转速小于 500r/min 时，振幅不超过 0.20mm；当转速为 500～750r/min 时，振幅不超过 0.14mm。

⑦ 有条件可做性能测定，风压可允许±50Pa，风量可允许±10%的误差。

5-23 集中式空调系统风道一般存在什么问题？

答： 使用多年的集中式空调系统风道一般都存在以下问题：气流速度下降、送风量下降、房间温度得不到保证。

1）设计的原因：如果在设计内风道时，各专业工种间协调考虑欠周到，没考虑与梁相交的问题，致使大梁挡住风道的一部分截面，风道只能向下拐弯绕过大梁。这种情况将使风道局部阻力增加，风量下降，或者设计了风道调节阀，没有因新的内墙隔断改变调节阀的位置，致使调节阀处在内墙隔断上或正在墙边上，根本无法打开阀门调节风量。

2）施工的原因：在安装风道、风口时，由于安装后操作位置不够大，工人无法操作，使风道的紧固、风道调节阀的安装、风口的安装都受到一定影响，也影响了风量的调节。

3）使用维修上的原因：由于集中式空调系统的机房和风道比较潮湿，设备容易产生锈蚀现象，如送风机后的主风道、帆布接头和喷水嘴、表冷器等。

风道调节阀不经常使用，使风道调节阀的螺丝杆、螺母等零件产生锈蚀，而无法调节阀门。

对自控制系统的维护不够，使二次加热器及通风道调节阀动作不灵敏，影响了室内风量的调节。

4）解决的方法有：

① 调整设计、施工中风道存在的问题，使风道风口布置合理，便于调节。

② 加强对风道的维修，及时对孔、风道调节阀和风口进行清洁，对零件进行润滑、调整，使风道的摩擦阻力与局部阻力控制在设计值，以保证风量、风压不受损失。

5-24 中央空调系统空气处理喷水室怎样维修？

答： 由于集中式空调系统受空气中的灰尘和冷冻水水质不好等因素的影响，使空调系统喷水室中的喷嘴、喷管很容易被堵住，造成喷水量下降，淋水系数降低，影响了空气热湿交换效果。解决方法：可以定期清洁喷水室，清洁喷嘴与喷管。清洁喷嘴时，喷嘴要卸下来，用高压水反冲喷嘴或将喷嘴浸泡后再刷，以清除喷嘴中的污物。还可以在冷冻水或冬季循环水中，加入对人体无害的缓蚀剂或防腐防霉剂，以控制喷淋水中细菌的滋生。

1）喷水室喷水泵不上水。喷水泵不上水是喷水泵的一个大故障，也是喷水室的一个大故障，致使空气无法被冷冻水冷却，这主要是泵内有空气与密封不严造成的。解决方法：可以先放出喷水泵的空气，使水泵内充满水，再检查喷水室内贮水池的水位，在以上条件正常后，开水泵，检查水泵的压力。还可以检查水泵的轴封，看轴封有没有漏水，如密封不严，水泵运转时空气会从轴封进入水泵，可以用补水冲走泵内空气。

2）喷水室喷嘴开裂。喷水室中喷嘴经使用一段时间后，由于材料问题、加工裂纹、安装受力不均、水压过高等原因使喷嘴开裂。喷嘴开裂后，有一定压力的冷冻水从喷嘴侧面射出，通常打湿喷水室前方的过滤器滤料，或使冷冻水进入油过滤器油箱，使过滤器失效，有可能从喷水室检查门处漏水，造成机房跑水。可以用经常检查喷嘴的方法来预防这类事故，处理时，先关水泵再更换喷嘴。

3）挡水板结垢。挡水板在冷冻水或循环水水质硬的影响下，容易在挡水板表面结垢，使挡水板流通面积变小影响了空气流通量。可以用清洁挡水板，去除污垢的方法解决这类故障，并用在冷冻水和循环水中补充软化水的方法预防。

挡水板变形造成跑水。喷水室的挡水板在外力的作用下会产生变形，致使挡水板工作效率下降，造成向送风机房的跑水，并损失了空调冷量。解决方法：清洁挡水板，调直后重新装配挡水板。

4）喷水室维修内容包括下列内容：

① 箱体、贮水池的检漏、防腐。喷水室的箱体、贮水池和其他附件长期被冷冻水、循环喷淋水浸泡，金属结构的喷水室会产生锈蚀，水泥结构的喷水室也会长菌，使喷水室工作状况变差而严重漏水。所以，每年应对喷水室进行检漏、除锈，涂装或在金属表面涂防腐层。更换喷淋冷冻水回水过滤网，定期对喷水室冷冻水回水过滤网进行检查、清洁或更换，保证回水畅通。定期调整浮球补水阀的开度，调整补水液位，检验浮球阀的灵敏度，保证浮球阀补水的正常工作。

② 检查溢流泄水等部件，检查溢流水管、泄水阀和冷冻水调压阀门，使这些部件能满足需要。

5-25　中央空调系统常使用哪几种表冷器？其故障和处理方法是什么？

答：中央空调系统使用的表冷器有两种：一种是冷冻水—空气换热器，另一种是制冷工质—空气换热器，前者叫表冷器，后者叫直冷器。表冷器大都采用光管加肋片结构，肋片可以增加传热面积，强化传热效果的作用。表冷器多用铜或铝材制造。用铜质散热效果好，用铝质质量小。表冷器工作时，空气在表冷器外的肋片和光管之间流过，将表冷器中的冷水冷却、温度下降或降温减湿，冷水在表冷器的水管内流动；吸收空气的热量后温度升高，然后排出表冷器。

1）表冷器的故障和处理方法：表冷器运行一段时间后，由于空气中的灰尘沾在表冷器肋片和光管间，造成了部分面积的污堵，使空气流通量下降，影响了表冷器的换热效果，可定期清洁表冷器，防止污堵。同时因表冷器长年在潮湿的环境下工作，其管道和焊口处容易腐蚀，产生泄漏。故应定期对表冷器进行耐压试验，防止这种故障发生。

2）直冷器的结构与表冷器相同，只是管道的回路布置略有区别。空气从直冷器外的肋片与光管的空间流过，经直冷器中制冷工质冷却，降低了温度，制冷工质在直冷器的管道中流动，从液态蒸发成为气态，吸收了空气的热量。

直冷器的故障除了污堵和泄漏外，还有霜堵。在直冷器运行时，由于制冷工质蒸发温度太低，使直冷器表面结一层霜，结霜部分传热系数下降。可以用提高制冷系统蒸发温度的方法解决这个故障。

5-26　中央空调系统水泵的常见故障和维修方法是什么？

答：中央空调系统的喷水室、水冷式表冷器、热水加热器都要使用水泵。常用的水泵为离心式单级水泵、离心式管道泵、离心式多级水泵。水泵叶轮在电动机的带动下做高速旋转运动，叶轮推动冷冻水或热水运动产生离心力，使水充满叶轮和机壳间的螺旋空间，经水泵增压后，从出口排出，送到喷水室、表冷器或加热器。

水泵故障及维修方法见表 5-24。

表 5-24　水泵故障及维修方法

故障现象	产生原因	维修方法
水泵不吸水，出水压力表及吸水真空表的指针剧烈摆动	进入水泵的水不够，吸水管路或密封漏气	拧紧丝堵，密封面等漏气处修理后，再抽真空或注水
水泵不吸水，吸水之前有高真空	底阀没有打开，或已淤塞，吸水阻力太大，吸水水位太低	校正或更改底阀，清洗或更改吸水管，水泵位置放低
水泵出水管有压力，然而水管仍不出水	出水管阻力太大，旋转方向不对，叶轮淤塞	检查或缩短水管及检查电动机转向，取下水管接头，清洗叶轮
流量低于预计值	水泵淤塞，口环磨损过多，接管太小	清洗水泵及换大管子，更换口环
水泵耗用的功率过大	填料函压缩太紧，填料函发热或机械密封卡死，叶轮松动，叶轮或轴承损坏，水泵供水量增加	检查更换填料函或检查机械密封叶轮，开小出水管阀门降低流量
轴承过热	没有油，水泵轴与电动机轴不在一条中心线上	注油，把轴中心对准或换轴承
水泵内部声音反常，水泵不上水	流量太大，吸水管内阻力过大，吸水高度过大在吸水处有空气渗入，所输送的液体温度过高或叶轮吸到固体异物	开小出水阀门以减低流量，检查泵吸水管，检查底阀，减小吸水高度，解决漏气处，降低液体的温度
水泵振动	泵轴与电动机不在一条中心线上或泵轴斜了。检查轴承是否损坏	把水泵和电动机的轴中心线对准，检查轴承

5-27　中央空调系统冷却塔如何检修？

答：随着冬天的来临，天气变冷，冷却塔也停止使用。在冷却塔休息期间，要对冷却塔进行检查和维修，以保证来年送冷效果。由于冷却塔长时间的连续使用，部分运动部件产生磨损，必须对磨损严重的零部件进行更换。其修理的项目主要有以下几项：

1）下部水箱的修理：经过长期运转，冷却水箱内由于空气污染物质的大量存在，箱底堆积了一层污泥，因此必须进行清除。检查水箱内有无损伤和是否有漏水的部分，如有漏水的地方，要利用冷却塔休息的期间进行修补，并要把管道内的水及水箱内的积水放掉，防止冻坏。

2）风机和电动机的修理：冷却塔的风机多采用轴流风机。冷却塔从其构造和功能上来看，风机和电动机是在高温、高湿的环境中工作，而且常在风和雨等恶劣的条件下工作。因此冷却塔的风机在检查和修理方面，其维修周期要短，检查的项目要多。拆下风机轴承和电动机的轴承后，对磨损和损坏的轴承要更换新的。对直接连接的齿轮装置要检查齿轮机构是否有损伤的地方，润滑油是否足够。尤其是冷却塔的风机，是产生噪声和振动的来源，因此要对轴、轴承、传动带等的咬合进行必要的调整。

3）填充材料：填充材料的材质，一般都使用涂有氯乙烯的材料。由于填充材料和冷却水、空气密切接触，因此尘埃很容易粘附在填充材料上，而且还粘附着一些产生藻类的水分，使水质恶化、压缩机的管道污染，冷却效率大大降低，并使压缩机的压力增大，增加电能消耗。为了防止这种现象发生，要取出填充材料，用水洗净。在重新安装时，应注意不要损坏填充材料，若损坏则应更换新的。

4）上部水箱和补水装置：上部水箱在冷却塔使用季节应该经常进行检查，但在不使用冷却塔的季节，也应该注意检查和修理。另外，为使冷却水均匀地流入下部水箱，上部水箱有很多小孔，要检查这些小孔是否有堵塞现象。在冷却塔停止运行期间仍然有风和雨的季节，会使上部水箱受到雨水的浸泡和大气中污染物的严重影响，为防止这种现象的发生，要制作一个特制的罩，将冷却塔覆盖，到来年运行前一定会有很好的效果。

当冷却塔停止运行时，要将球形阀取出进行分解，更换阀座的密封，检查是否有裂纹，检查其动作和功能。检查浮子，为下一个使用期作好各种准备工作。补水装置即使在使用中没有任何问题，在停止运行期间也要进行认真的检查和修理。

补水装置的管道和补水箱中的所有的水，在修理结束后一定要将其放掉，以防冬季发生管道冻裂的事故。

5）冷却水塔常见故障及排除方法见表5-25。

表5-25 冷却水塔常见故障及排除方法

故障现象	产 生 原 因	排 除 方 法
不起动	1）停电	1）检查原因，等待来电
	2）忘记插电源	2）将插头插入
	3）电源电压低	3）查明原因
	4）配线错误、断线，接线端子松动	4）检查和修复电路
	5）接线端子不良	5）紧固

（续）

故障现象	产生原因	排除方法
不起动	6）热动继电器动作	6）将复位按钮按下
	7）连接装置松动	7）检查、修理
	8）端子松动、缺相运转	8）将端子紧固
	9）送风机电动机故障	9）修复或更换电动机
	10）传动带断开	10）更换传动带
冷却能力不强	1）选用不匹配,容量太小	1）重新设计,选用
	2）风机不运转,无风	2）检查电源及线路
	3）轴承磨损	3）更换
	4）轴折损	4）更换
	5）送风机叶片角度不对,电动机负荷过大	5）将叶片角度调整
	6）风扇叶片破损	6）更换
	7）传动带松	7）更换
	8）循环水量太多	8）调整供水阀门,关小
	9）循环水量不足	9）调整供水阀门,开大
	10）排出空气短路	10）去除故障障碍物
	11）将热气吸入	11）冷却塔周围不应有热源
	12）吸入空气不足	12）检查空气道路
	13）循环水偏流	13）扫除散水槽,调整进水阀的开度
	14）充填材料塞	14）清扫
	15）散水槽孔堵塞	15）清扫
	16）散水管堵塞	16）更换
运转中循环水减少	1）散水槽的散水管堵塞	1）清扫
	2）补水管堵塞	2）清除
	3）补水管的阀未开足	3）将补水阀开足
	4）补水供水压力不足	4）查明原因调整压力
	5）水泵不匹配,太小	5）更换水泵
	6）管路设计不合理,管径小	6）重新配管
运转中带出的水多	1）循环水量太多	1）调节阀门
	2）循环水偏流	2）扫除散水槽,调整进水阀的开度
	3）风量过大	3）检查风机叶轮
	4）风机不匹配,过大	4）更换

（续）

故障现象	产生原因	排除方法
运转中散水槽内水溢出	1) 散水槽堵塞	1) 扫除
	2) 循环水量多,散水从上面滴下	2) 调整
	3) 散水槽的结构不合理	3) 修理
运转中有振动和杂声	1) 送风机的轴弯曲	1) 更换
	2) 送风机的轴损伤	2) 更换
	3) 轴承部损伤	3) 更换
	4) 轴承部有异物	4) 拆卸、清洗
	5) 轴承缺油	5) 加油
	6) 风叶叶片螺钉松动	6) 紧固
	7) 风机叶片与其他部件相碰	7) 修理
	8) 冷却塔外壳连接部松动	8) 检查修理
	9) 电压过低,电动机发出异常声音	9) 查明原因
运转中,风机的电动机过热	1) 风机叶片角度不对,负荷变大	1) 按正确角度安装
	2) 轴承损坏或弯曲	2) 更换
	3) 轴承内有异物	3) 拆卸、清洗
	4) 轴承缺油	4) 加油
	5) 电动机故障,绝缘不良	5) 检查后更换
	6) 周围温度高	6) 选用耐高温电动机
	7) 电压下降	7) 测电压查明原因
	8) 电动机短路	8) 更换
	9) 缺相运转	9) 将接线端子紧固
运转中,冷却水泵将空气吸入	1) 下面水槽水位降低	1) 查明原因、补水
	2) 过滤网堵塞	2) 清洗
充填物污染,循环水也污染	1) 将烟气吸入	1) 将冷却塔移动或将烟气消除
	2) 将周围的已污染的空气吸入	2) 消除环境污染
	3) 水处理装置效果不良	3) 修理水处理设备

5-28　中央空调系统风机盘管空调机如何维护?

答: 风机盘管空调机是由通风机、盘管、电动机、空气过滤器、凝水盘、送回风口和室温控制装置组成。加强对设备的维护和修理,是保证设备安全、可靠、经济运行的最基本的工作。

1) 风机盘管:必须经常巡视,最好每月巡视一次。看看过滤器表面污脏程度;观察翅片管表面的污脏情况;观察弯管是否受腐蚀,叶轮沾污灰尘的多少;听听噪声的大小；观察滴水盘是否有污物；排水功能是否良好；看看管道保温材料是否完好，有否被腐蚀而漏水；检查自动阀是否失灵。并要一一清洗干净，排除故障，保持机器有良好的工作效率。

2）空气过滤器：空气过滤器的清洗周期与机器安装位置、工作时间、用途以及使用条件有关。一般情况下，应该每月清洗一次。如果过滤器的孔眼堵塞得非常严重，就要影响风机盘管的送风量，风机的效率就会大幅度下降。

3）冷热水盘管：冷热水盘管是风机盘管在功能上最重要的部分。冷热盘管所具有的热量，要高效率地传送到空气当中去，要求冷热盘管的管道和翅片的表面必须经常保持正常的状态。冷热盘管一般是用铜管和铝翅片构成的，从构造上，在铝翅片之间就容易附着各种灰尘，如果灰尘较少，在铝翅片之间进行清扫即可；如果积灰尘比较严重，铝翅片之间管道的深处已发生堵塞，这样清扫就不能满足要求，这时必须将盘管取出，放入清水液中，用浸泡的方法进行清洗。

另外，冷热盘管和两端弯曲部分管道，最容易造成腐蚀而漏水，因此对这部分要仔细检查并及时修理。

4）送风机：风机盘管一般采用多叶式送风机。这种风机的叶片是弯曲形式。经过一定时间的运转之后，弯曲部分慢慢地粘附着许多灰尘，严重的情况下可将弯曲部分填平。在这种状态下，即使盘管及其他部分的维修和管理都正常，送风量也会明显下降，风机盘管的功能也就不能完全发挥。

因此定期对送风机叶轮的表面进行检查，并进行认真的清扫是非常必要的。

5）滴水盘：当盘管结露之后，冷凝水便落到滴水盘内，并通过防尘网流入排水管。由于空气中的灰尘以及油类和杂物慢慢粘附在滴水盘内，造成防尘网和排水管的堵塞，因此就有必要对滴水盘进行定期清扫，否则冷凝水会从滴水盘中溢出，造成房间漏水。

6）送风口：在空调机组内即使装有高效过滤器，在送风口和顶棚附近，也经常会看到许多灰尘。这是由送风口送出的空气和室内的空气产生对流而引起。可以根据室内工作人员的多少和清扫状态的好坏防止在送风口粘附灰尘。这种现象在开始送冷风的时候最容易出现，这是由于空气遇冷之后，湿度变大，灰尘的质量就增加，因此灰尘容易掉下。应每年清洁一次送风口。送风口内的叶片和挡板上的灰尘较多，需用压缩空气进行认真的清扫。

7）回风口的检修：在室内或走廊一般装有回风口，以便把室内的空气抽回空调机或排出室外。回风口和送风口相比一般脏污的程度比较严重，特别是回风口设在走廊的情况下更为严重。对这种回风口的清扫并不影响室内工作人员的工作，因此要经常对回风口进行清扫。

在回风的风道上一般不装有保温材料，除发生风道故障以外，一般不需要进行维修。

5-29　整体空调机如何分类？

答：局部空调机也称整体空调机。机组设备齐全、结构紧凑、安装方便，不需专人操作，可以根据房间分散要求不同的特点而分散安装。整体空调机基本由空调部件、制冷部件和电气控制部件所组成。整体空调机的种类很多，基本可分为恒温恒湿机组、冷风机组、柜式空调器三类。

（1）恒温恒湿机组　此种机组主要由两部分组成：一部分为冷冻部分，包括冷冻机、冷凝器、膨胀阀（或毛细管）等；另一部分为空气处理部分，包括通风机、加热器、加湿器、直接蒸发式表面冷却器、空气过滤器、送风口等，在结构上作成整体式。有的恒温恒湿设备做成分组式。

机组适用于要求全年恒温恒湿的房间，基准温度为 20～25℃，控制精度为±1℃，相对湿度可维持在 50%～80% 的范围内。

（2）冷风机组　冷风机组是不带加热器及加湿器的局部空调设备，只用于夏季降温去湿。如 P-2、P-4、KD10、KD20、L-50 等就属于这类设备。

（3）柜式空调器　它是一种体积小、结构紧凑、重量轻的空调设备。有的柜式空调器设计成夏季能降温、除湿，冬季可送热风即所谓热泵式。它的原理是制冷剂从室外低温热源吸取热量，带到高温环境的室内放出，从而达到采暖的目的。换句话说，在制冷系统中，将蒸发器及冷凝器交换使用。

柜式空调器主要用于热负荷小、空调精度要求一般的场所。如手术室、小型检验室、宾馆及家庭使用等。

5-30　恒温恒湿机与冷风机有什么差别？

答：常用的恒温恒湿机是空调机的一种，它的功能比较齐全，具有冷却、去湿、加热、加湿等功能，可以使被调节空气恒温、恒湿，即基准温度一般为 20～25℃，精度为 ±（1～2）℃，基准相对湿度一般为 50%～70%，精度为 ±（5～10）℃。

冷风机是一种降温设备，其制冷设备及原理与恒温恒湿机相同，但冷风机没有加热和加湿的功能，因此不能使房间恒温、恒湿。它适用于炎热季节只要求降低温度的场合。

5-31　H 型恒温恒湿机组设备有哪些结构特点？

答：水冷立柜式恒温恒湿机组分非热泵型及热泵型。H 型属于非热泵型恒温、恒湿机组，它是由制冷系统（压缩机、水冷冷凝器、蒸发器、压力继电器）、通风机、空气过滤器、加热器、加湿器及恒温恒湿自动控制装置等部件组成。并将上述部件组装在柜式的箱体内。它具有结构紧凑、安装和使用方便的特点。

H15、H25、H30 型恒温恒湿设备工作流程如图 5-30 所示。

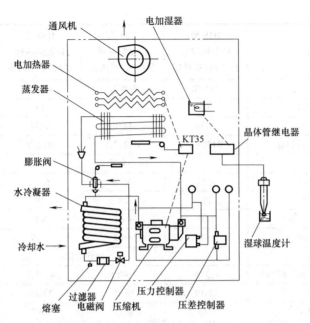

图 5-30　H15、H25、H30 型恒温恒湿设备工作流程

5-32　H 型恒温恒湿机组的技术性能是什么?

答: H 型恒温恒湿设备的主要技术性能: H15、H25、H30 系列恒温恒湿设备机组主要技术性能见表 5-26。

表 5-26　水冷式恒温恒湿机组性能

型号名称		H15 型 恒温恒湿机 顶出风/带风帽	H25 型 恒温恒湿机 顶出风/带风帽	H30 型 恒温恒湿机 顶出风/带风帽	LH-48 型 空气调节机
机组的形式		水冷式恒温恒湿机组			
机 组 性 能 参 数	制冷量/W	17445	26168	34890	55824
	制热量/(kJ/h)	43260	75600	91140	12600
	风量/(m³/h)	2900	4800	5800	8000~10000
	机外余压/Pa	≥78.4	≥78.4	≥78.4	294~490
	加湿量/(kg/h)	3.5	7	7	7
	温湿度控制范围/℃	—	(18~25)±1	—	23±1
	温湿度控制精度(%)	—	(40~70)±10	—	55±10
	机组噪声值/dB(A)	≤70	≤70	≤80	<90
	电压/V	—	380	—	380
	机组总电功率/kW	21	36	46	64

（续）

型号名称		H15型 恒温恒湿机 顶出风/带风帽	H25型 恒温恒湿机 顶出风/带风帽	H30型 恒温恒湿机 顶出风/带风帽	LH-48型 空气调节机
制冷系统部件	压缩机	型号	2FV7B	3FW7B	4FS7B	6FW7B
		配用功率/kW	5.5	7.5	13	17
		转速/(r/min)	1450	1450	1450	1450
		制冷剂,注入量/kg	R12,4.5	R12,7.5	R12,9	R12,50~60
	冷凝器	形式	同心套管式			壳管式
		传热面积/m²	3.21	5.13	6.43	16.1
		进水温度/℃	28	28	28	28
		冷却水量/(t/h)	2.95	4.42	5.9	9.5
		水侧阻力/kPa	≈49	≈49	≈49	122.5
	蒸发器	形式	铜管套铝片			
		管排数,传热面积/m²	4,37.9	4,62.6	4,75.5	6,160
		肋化系数	18.19	18.19	18.19	18.8
		迎风面积/m²	0.49	0.81	0.97	1.256
通风部件	风机	型号或形式	前倾多叶离心式			4-72-12No3.6
		风机转速/(r/min),配用功率/kW	1080/936,0.75	900/780,1.5	1400/1048,3	2050,3
	过滤器	材质	尼龙丝织品			聚氨酯泡沫塑料机组外回风口处
		安装部位	机组内			
电加热器		功率/kW	4.8+7.2=12	6+15=21	7.2+18=25.2	14.4+10.8+10.8=36
		安装部位	机组内			机组内
电加湿器		形式	电热式			电热式
		功率/kW	≈2.5	4.5~5	4.5~5	7.5
温湿度控制器型号			WJ35,SY714			XCT-122,SY706
安装部位			机组内			机组内
机组外形尺寸/mm （长×宽×高）			1140×575×1720 /1140×575×1970	1345×736×1925 /1345×736×2225	1565×736×1925 /1565×736×2225	1800×1100×2300
机组总质量/kg			560/585	745/780	885/925	1700
机组服务面积/m²			45	70	95	125~200
备注			另有蒸汽加热时,尚有4.8kW电加热用作微调	当用蒸汽加热时,尚有6kW电加热用作微调	当用蒸汽加热时,尚有7.2kW电加热用作微调	加热方式另有蒸汽加热,加热量为147000~168000kJ/h,当用蒸汽加热时,尚有10.8kW电加热用以微调

　　H15、H25、H30型机组特性曲线如图 5-31 所示。

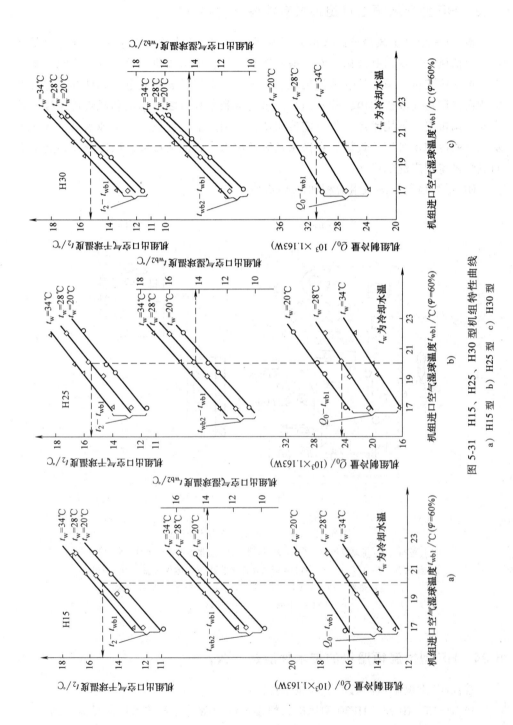

图 5-31　H15、H25、H30 型机组特性曲线

a) H15 型　b) H25 型　c) H30 型

5-33 HF 型恒温恒湿机组设备有哪些结构特点？

答：HF 型属于风冷分离式恒温恒湿机组，它由两部分组成：一部分为冷凝器箱，包括风冷冷凝器和风扇，它一般布置在室外，称室外机；另一部分为空气调节机，包括压缩机、蒸发器、节流装置、通风机、空气过滤器及电气元件等，它可直接放在空调房间或机房内，称室内机。室内机和室外机之间用氟利昂管道连接。风冷式空调机组，不用水源，具有安装简便，使用灵活的特点，可省掉水泵、冷却塔及庞杂的冷却水管道等设施。在缺水地区及用水紧张的大城镇，风冷分离式立柜空调机组将得到广泛的应用。

HF 系列恒温恒湿机组流程如图 5-32 所示。

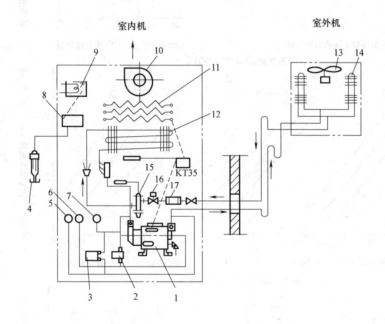

图 5-32　HF 系列恒温恒湿机组流程

1—压缩机　2—压差控制器　3—压力控制器　4—电接点湿球温度计　5—压力表
6—油压表　7—真空表　8—SY714 型晶体管继电器　9—电加湿器　10—通风机
11—电加热器　12—蒸发器　13—风扇　14—冷凝器　15—膨胀阀
16—电磁阀　17—过滤器

5-34 HF 型恒温恒湿机的技术性能是什么？

答：HF 型恒温恒湿机的主要技术性能：

1）HF15、HF25、HF30 型风冷式恒温恒湿设备的主要技术性能见表 5-27。

2）HF 系列恒温恒湿机组热工特性曲线如图 5-33 所示。

表 5-27　风冷式恒温恒湿机组性能

型号名称			HF15 型 风冷恒温恒湿机 带风帽/顶出风	HF25 型 风冷恒温恒湿机 带风帽/顶出风	HF30 型 风冷恒温恒湿机 带风帽/顶出风
生产厂			北京冷冻机厂		
机组的形式			风冷式恒温恒湿机组		
机组特性	制冷量/W		16282	24423	32564
	制热量/(kJ/h)		43260	75600	91140
	风量/(m³/h)		2900	4800	5800
	机组外余压/Pa		78.4/147	78.4/147	78.4/343
	加湿量/(kg/h)		3.5	7	7
	温湿度控制范围及精度 /℃ (%)		(18~25)±1		
			(40~70)±10		
	机组噪声值/dB(A)		≤65/≤70	≤65/≤70	≤70/≤80
	电压/V		380		
	机组总电功率/kW		21	35	46
室内空调机	压缩机	型号或形式	2FV7B	3FW7B	4FS7B
		配用功率/kW	5.5	7.5	13
		转速/(r/min)	1440	1440	1440
	制冷剂,注入量/kg		R12,7	R12,11	R12,13.5
	蒸发器	形式	铜管套铝片	铜管套铝片	铜管套铝片
		管排数,传热面积/m²	4,37.88	4,62.55	4,75.5
		肋化系数	18.19	18.19	18.19
		迎风面积/m²	0.49	0.81	0.97
	节流装置		膨胀阀	膨胀阀	膨胀阀
	通风机	型号或形式	前向多叶离心式	前向多叶离心式	前向多叶离心式
		风机转速/(r/min),配用功率/kW	936/1080,0.75	780/900,1.5	1048/1400,3
	电加热器功率/kW		4.8+7.2=12	6+15=21	7.2+18=25.2
	电加湿器功率/kW		2~2.5	4.5~5	4.5~5
	过滤器材质		尼龙网织品		
	空气过滤器安装部位		机组内回风口处		
	外形尺寸/mm (长×宽×高)		1140×575×1970 /1140×575×1720	1345×736×2225 /1345×736×1925	1565×736×2225 /1565×736×1925
	质量/kg		535/510	705/670	830/790
室外机（风冷冷凝器）	形号(或形式)×台数		FLQ15×1	FLQ15×2(并联)	FLQ15×2(并联)
	风量/(m³/h)		8300	8300×2	8300×2
	配用功率/kW×台数		0.8×1	0.8×2	0.8×2
	冷凝器排数,传热面积/m²		3,85.8	3,171.6	3,171.6
	肋化系数		38.8	38.8	38.8
	迎风面积/m²		0.9	1.8	1.8
	外形尺寸/mm (长×宽×高)		1105×1002×760	1021×1002×760 (两个)	1021×1002×760 (两个)
	质量/kg		155	310	310
连接管:气管,液管 φ×δ/mm			φ30×2,φ18×1.5	φ38×3,φ18×1.5	φ38×3,φ18×1.5
机组服务面积/m²			≈45	≈70	≈95

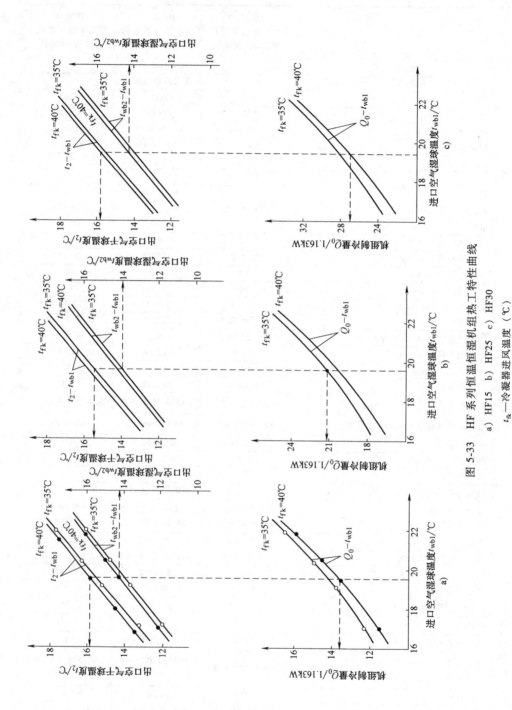

图 5-33 HF 系列恒温湿机组热工特性曲线
a) HF15 b) HF25 c) HF30
t_{fk}—冷凝器进风温度（℃）

5-35 LH-48 型恒温恒湿机组有哪些结构特点？

答：LH-48 型机组是机壳、空气处理装置、制冷设备及电器控制部件组成的整体立柜式恒温恒湿空调机。

1）机壳由角钢和薄钢板制成，内壁贴有聚氨酯泡沫塑料保温层。空气处理装置在上部，制冷设备在下部，配电箱在下部一侧。顶部有两个送风口。机壳前面有电器控制盘及通风、制冷、加湿、加热等控制按钮。回风口在机组下面，机体背面有新风百叶口。

2）制冷设备采用 6FW-7B 型高速多缸半封闭式制冷压缩机，制冷量较大，且可通过自动或手动变化运行缸数进行能量调节，制冷量分别为 33%、67%、100%。在不同的季节，能量调节装置可自动调节蒸发器的空气露点温度。冷凝器为卧式水冷壳管式兼起贮液罐的作用，蒸发器为直接蒸发式，另外还有热力膨胀阀、干燥过滤器、电磁阀及分油器等。

3）空气处理装置主要由离心式通风机、加热器、加湿器、蒸发器、空气过滤器、送回风口以及新风百叶风口等组成。通风机采用高效率低噪声、具有减振的双吸并联离心风机，其风量及余压较大。有侧送和顶送两种方式可根据实际需要选用。加热装置设有两种方式：蒸汽加热器与电加热器。蒸汽加热量为 168×10^3 kJ/h，电加热量为 35kW，采用蒸汽加热时常配用电加热器作为精加热用。加湿器为电加湿器。

4）该机组的电器控制包括通风机、压缩机、电加湿器的控制及温度、湿度自动控制器件等。

当回风温度为 23℃，相对湿度为 65% 时，该机组制冷量为 56kW，风量为 8000～10000m³/h，剩余风压力为 490.5～294.3Pa。风量与风压成反比，当风量为 8000m³/h 时，剩余风压较大，为 490.5Pa。当风量增加到 10000m³/h，剩余风压则降为 294.3Pa。

该机具有合理的风量比，通过加入不同新风量和一、二次联动阀即可调整。

设备可调面积如下：

高精度恒温恒湿 ≈125m²；

恒温恒湿 ≈200m²；

一般空气调节 ≈300m²。

LH-48 型空调机组系统如图 5-34 所示。

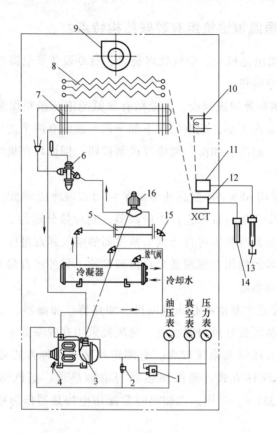

图 5-34　LH-48 型空调机组系统（北京制冷机厂）

1—压力继电器　2—压差控制器　3—压缩机　4—加（放）油阀　5—干燥过滤器
6—膨胀阀　7—蒸发器　8—电加热器　9—通风机　10—电加湿器　11—晶体
管继电器 SY706　12—动圈式指示调节仪　13—电接点湿球温度计
14—热敏电阻温度计　15—充气阀　16—电磁阀

5-36　L 型系列冷风机设备有哪些结构特点？

答： L 型系列冷风机包括 L 型水冷立柜式冷风机组及冷凝风机组。

冷风机组由制冷系统部件（压缩机、冷凝器、蒸发器、节流装置及压力继电器等）、空气过滤器、通风机及温度控制装置组成。而冷热风机组分电热型、热泵型。除上述部件外还分别装有电加热器、制冷剂换向阀。水冷式冷（热）风机组是将上述部件均组装在同一箱体内。其结构示意图如图 5-35 所示。

冷（热）风机温湿度调节范围及温度控制精度：温度为（18～20）℃±2℃，相对湿度为 40%～70%。冷风机组仅用于夏季降温，冷热风机组用于夏季降温，冬季供热。

冷（热）风机配用的压缩机多为全封闭式或半封闭式。此类压缩机与电动机封装于同一壳体内，结构紧凑、密封性好、运转平稳、噪声低。

目前国内生产的冷（热）风机制冷量范围为 4.6~58kW，相应风量为 800~10000m³/h。

5-37 L型系列冷风机设备的技术性能是什么？

答：L型系列冷风机设备的技术性能：

1）L-10型立柜式冷风机采用 2FV5Q 全封闭压缩机，配以水冷套管式冷凝器。毛细管节流和铜管套铝片蒸发器构成密封的制冷循环系统。冷风机靠 KT35 型温度控制器控制压缩机开、停来调节室温。

L-10型冷风机流程和热工特性曲线分别如图 5-36 和图 5-37 所示。

2）L-35型空气调节机属于舒适性空调系统用的水冷立柜式冷热风机。冷热风机组由制冷系统（压缩机、冷凝器、蒸发器、膨胀阀、过滤器）和通风机、电加热器等组成。

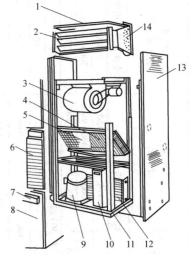

图 5-35 冷风机结构示意图

1—顶板 2—出风栅 3—通风机 4—蒸发器 5—过滤网 6—回风栅 7—开关板 8—前门板 9—压缩机 10—电气箱 11—底座 12—水冷凝器 13—侧板 14—后门板

当冬季需供热时，配备电加热器，电加热器单独做成一个箱体，并配有独立的电加热控制器。冷凝风机装有 WJ35 型温度控制器，根据回风温度冬季控制电加热器通断，夏季控制压缩机延时开停，以调节冬季、夏季室内温度。

L-35型空气调节机性能见表 5-28，流程如图 5-38 所示。

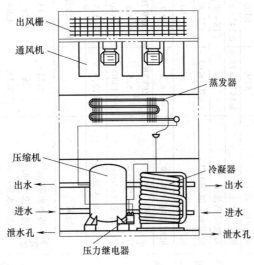

图 5-36 L-10型冷风机流程

表5-28　水冷立柜式冷（热）风机性能

型号名称	L15型冷风机顶出风型/带风帽型	L25型冷风机顶出风型/带风帽型	L30型冷风机顶出风型/带风帽型	BL-50型空气调节机	L35型冷风机	L50型冷风机组	L35型空气调热风机组
机组的型式	水冷式冷风机组				水冷式冷风机组		水冷式冷热风机组
制冷量/W	19771	29657	39542	63965	40705	60476	58150	40705
风量/(m³/h)	3750	6150	7500	10800	7000	10000	8300~9600	7000~8000
机组外余压力/Pa	≥147/≥78.4	≥147/≥78.4	≥147/≥78.4	196(静压)	343/245	245	294~490	196
温度控制范围/℃	(18~30)±2	(18~30)±2	(18~30)±2	(18~30)±2	(18~30)±2	(18~30)±2	(18~30)±2	15~27
机组噪声值/dB(A)	<70/≤65	<75/≤70	<80/≤70	<70	—	16	76	70
电压/V	380	380	380	380	380	380	380	380
机组总电功率/kW	6.3	9.7	16	18	15.2	16	19.5	15.2
压缩机 型号	2FV7B	3FW7B	4FS7B	全封闭×2	4FS7B	4FS7B	6FW7B	4FV7B
压缩机 配用功率/kW	5.5	7.5	13	7.5×2	13	13	17	13
压缩机 转速/(r/min)	1440	1440	1440	2900	1440	1440	1440	1440
制冷剂,注入量/kg	R12,4.5	R12,7.5	R12,9	R22,4.5×2	R12,20	R22,20	R12,25	R12,20
冷凝器 型式	同心套管式	同心套管式	同心套管式	同心套管式2套	壳管式	壳管式	壳管式	壳管式
冷凝器 传热面积/m²	3.21	5.13	6.43	8.5	10	12	13	8
冷凝器 进水温度/℃	28	28	28	24	28	24	28	28
冷凝器 冷却水量/(t/h)	3.33	4.94	6.59	8.5	7	10.5	10.6	7
冷凝器 水侧阻力/MPa	≈0.049	≈0.049	≈0.049	0.044	—	—	0.040	—
蒸发器 型式	铜管套铝片	铜管套铝片	铜管套铝片	铜管套铝片	铜管套铜片	铜管套铝片	铜管套铝片	铜管套铝片
蒸发器 管排数,传热面积/m²	4,37.9	4,62.6	4,75.5	4,104.6	4,66	6,85	6,109	4,69
蒸发器 助化系数	18.19	18.19	18.19	18.8	17	13.85	12	17
蒸发器 迎风面积/m²	0.49	0.81	0.97	1.45	0.82	0.936	1.122	0.85
节流装置	膨胀阀	膨胀阀	膨胀阀	膨胀阀	膨胀阀	膨胀阀	膨胀阀	膨胀阀

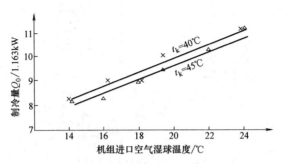

图 5-37　L-10 型冷风机热工特性曲线

（t_k 为冷凝温度）

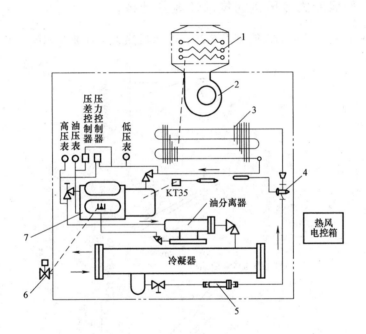

图 5-38　L-35 型机组流程

1—电加热箱　2—通风机　3—蒸发器　4—膨胀阀

5—过滤器　6—水路电磁阀　7—压缩机

5-38　LF 型风冷式冷风机设备有哪些结构特点？

答：LF 型系列风冷式冷风机，如 LF30 型冷风机压缩机采用 4FS7B，该压缩机装有自动卸载装置，具有启动平稳的特点。蒸发器和风冷冷凝器采用钢管套铝片的结构。冷风机靠温度控制器 KT35 调节空调房间温度。LF30 型冷风机流程如图 5-39 所示。

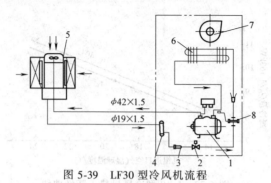

图 5-39　LF30 型冷风机流程

1—压缩机　2—电磁阀　3—过滤器　4—贮液器　5—风冷冷凝器　6—蒸发器　7—通风机　8—膨胀阀

5-39　LF 型风冷式冷风机的技术性能是什么？

答：LF30 型冷风机的性能见表 5-29，冷风机热工特性曲线如图 5-40 所示。

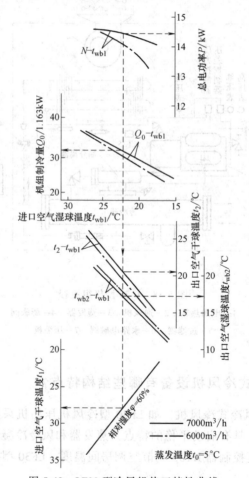

图 5-40　LF30 型冷风机热工特性曲线

表 5-29　风冷式冷风机组性能

型号名称	LF15 型冷风机 带风帽/顶出风	LF25 型冷风机 带风帽/顶出风	LF30 型冷风机 带风帽/顶出风	LF30 型30型风 冷冷风机带 冷风帽/顶出风	SLF-15 型 冷风机	SLF-20 型 冷风机	LF6 型 风冷冷风机	LF6R 型 风冷热风机
机组的型式	风冷式冷风机组			风冷式 冷风机组	风冷式冷风机组		风冷式冷 风机组	热泵风冷式 冷热风机组
制冷量/W	17445	26168	34890	34890	13956	20934	6978	6978
风量/（m³/h）	3750	6150	7500	7000	2700	4000	1300	1300
机组外余压/Pa	78.4/147	78.4/147	245	6	0	0	—	—
温度调节范围/℃	(18~30)±2	(18~30)±2	(18~30)±2	(18~30)±2	(20~30)±2	(20~30)±2	20~28	20~28 制热 15~20
机组噪声值/dB（A）	≤65/≤70	≤70/≤75	≤70/≤80	—	≤65	<65	≤60	≤60
电压/V	380			380	380		380	
机组总电功率/kW	7	10	17	17.4	5	7	2.4	2.4
压缩机 型号或型式	2FV7B	3FW7B	4FS7B	4FS7B	全封闭式	全封闭式	F5Q	F5Q
压缩机 配用功率/kW	5.5	7.5	13	13	3.5	5.5	2.2	2.2
压缩机 转速/（r/min）	1440	1440	1440	1440	2880	2880	2880	2880
制冷剂,注入量/kg	R12,7	R12,11	R12,13.5	R12,30	R22,3.5	R22,5.5	R22,2.1	R22,2.1
蒸发器 型式	铜管套铝片			铜管套铝片	铜管套铝片		铜管套铝片	
蒸发器 管排数、传热面积/m²	4,37.88	4,62.6	4,75.5	4,63	2,29	3,37	3,16.3	3,16.3
蒸发器 肋化系数	—	18.19	—	17	16.8	16.8	18.2	18.2
蒸发器 迎风面积/m²	0.49	0.81	0.97	0.806	0.4	0.504	0.295	0.295
节流装置	膨胀阀		膨胀阀	膨胀阀	毛细管	毛细管	毛细管	
通风机 型式	前向多叶离心式			11-74No.3b	前向多叶离心式		前向多叶离心式	
通风机 转速/（r/min）	936/1080	780/900	1048/1400	2.2	—	—	680	680
通风机 配用功率/kW	0.75	1.5	3.0		0.37	0.55	0.12	0.12

（左侧分类：机组特性　室内空调机）

5-40 BL型空气调节机有哪些结构特点？

答：BL-50型空调机采用全封闭式压缩机、V形布置的铜管套铝片蒸发器、同心套管水冷冷凝器组成制冷系统。结构紧凑，质量轻。配用两台低噪声前向多叶离心式通风机。冷风机装有温度自动控制器，感温包装于回风栅内侧，根据回风参数由控制器自动开停压缩机以调节室内温度。

冷风机左右侧均可配置水管。前后回风、左右新风口可任意选择，方便安装与使用。冷风机的安装是在水平的地面上放置高度为 100～150mm 木板台做基础，底盘下垫以 15～20mm 橡胶板。

冷风机冷却水接管：进水管底部应装放水堵，出水管最高处设放气堵。当使用直流水冷却时，为节约用水和安全起见，在进水管上应装水量调节阀（或水电磁阀）及断水保护装置。当配用冷却塔使用循环水时，应设自来水管以补给新鲜水，使冷凝器进水温度不超过 32℃，凝结水排水孔在左右侧均可连接，接至下水道。

电源接口在右侧，电缆应按主电流 36A 选配。要求电源的电压波动在额定电压的±10%以内，相间不平衡在 2%以下。

BL-50 型冷风机流程如图 5-41 所示。

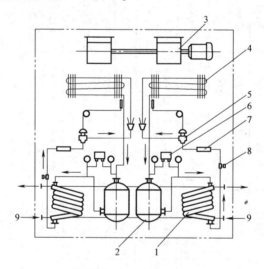

图 5-41　BL-50 型冷风机流程

1—冷凝器　2—压缩机　3—通风机
4—蒸发器　5—膨胀阀　6—压力控制器
7—过滤器　8—易熔塞　9—冷却水

5-41 BL型空气调节机的技术性能是什么？

答：BL-50 型冷风机热工特性曲线、空气动力特性曲线、制冷量与冷却水量及冷凝器水阻力与冷却水量关系曲线分别如图 5-42~图 5-44 所示。

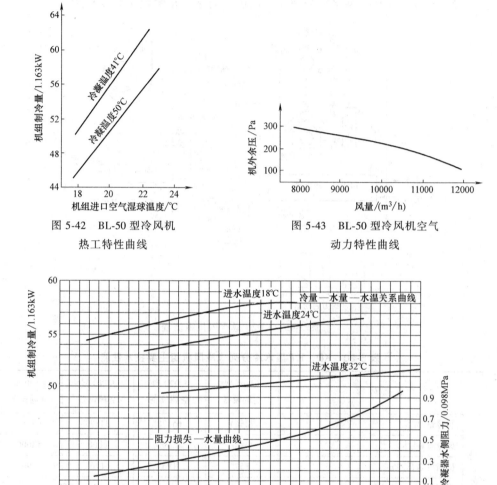

图 5-42　BL-50 型冷风机
热工特性曲线

图 5-43　BL-50 型冷风机空气
动力特性曲线

图 5-44　BL-50 型冷风机制冷量与冷却水量及冷凝器水阻力与冷却水量关系曲线

注：送风条件，干球温度为 27℃，湿球温度为 10.5℃，风量为 10800m³/h，冷凝温度为 30~50℃。

5-42　KD 型水冷分列式空调机组有哪些结构特点及技术性能？

答：KD 型是水冷分列式空调机组，制冷压缩机放在空调箱体外的水冷分列式结构，由两部分组成：一部分为柜式冷风空调器，箱体内安装有通风机、蒸发器等。另一部分为压缩冷凝机组，包括压缩机、水冷凝器、分油器、过滤器、膨胀阀、电磁阀等。

KD10、KD20 型冷风机无温度自动控制装置。

1）KD20 型冷风机组流程如图 5-45 所示。

2）KD10、KD20 型水冷分列式冷风机组的主要技术性能见表 5-30。

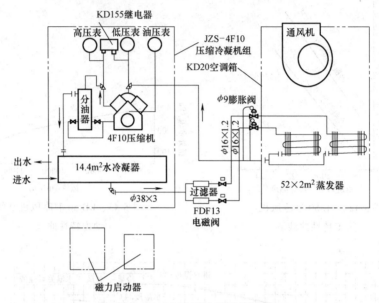

图 5-45　KD20 型冷风机组流程

表 5-30　KD、KT 型水冷分列式冷风机组主要技术性能

	型 号 名 称		KD10 型空调设备	KD20 型空调设备	KT10 型空调设备	KT20 型空调设备
机组特性	制冷量/W		32564	65128	34890	69780
	风量/(m³/h)		6000	12000	6000	12000
	机组外余压/Pa		157	196	196	196
	电压/V		380		380	
	机组总电功率/kW		13	26	13	26
空调器	蒸发器	形式	铜管套铝片		铜管套铝片	
		管排数,传热面积/m²	4,48.4	4,105.6	4,64.5	6,115
		肋化系数	12.3	12.3	12.3	12.3
		迎风面积/m²	0.78	1.15	0.78	1.0
	制冷剂,注入量/kg		R12,50	R12,75	R12,60	R12,80
	节流装置		膨胀阀	膨胀阀	膨胀阀	膨胀阀
	通风机	型号或形式	11-74No.3b	11-74No.4	11-74No.3b	11-74No.4
		风机转速/(r/min),配用功率/kW	—,3	1100,4	1000,2.2	800,4
	空气过滤器	材质	聚氨酯泡沫塑料	聚氨酯泡沫塑料	泡沫塑料	泡沫塑料
		安装部位	回风口处	回风口处	回风口处	回风口处

（续）

型号名称			KD10型空调设备	KD20型空调设备	KT10型空调设备	KT20型空调设备
压缩冷凝机组	压缩机	型号	2F10	4F10	2F10	4F10
		转速/(r/min),配用功率/kW	960,10	960,22	960,10	960,22
	冷凝器	形式	壳管式 LN-Q7.2	壳管式 LN-Q14.4	壳管式 LN-Q7.2	壳管式 LN-Q14.3
		传热面积/m²	7.2	14.4	7.2	14.3
		进水温度/℃	<30	<30	—	—
		冷却水量/(m³/h)	3.5	7	5	9.5
		水侧阻力/kPa	≈147	≈147	—	—
氟利昂连接管:气管,液管			φ38×3, φ16×1.5	φ50×4, φ38×3	φ38,φ16	φ51,φ32
空调器外形尺寸/mm(长×宽×高)			1320×950×1720	1650×1100×1880	1320×945×1700	1600×965×2000
空调器质量/kg			400	750	400	650
压缩冷凝机组外形尺寸/mm(长×宽×高)			1550×660×1060	1820×790×1320	1550×660×1060	1820×860×1400
压缩冷凝机组质量/kg			850	1150	850	1150
机组服务面积/m²			100	300	100	200

5-43　整体式空调器的常见故障与排除方法是什么?

答：整体式空调器常见故障与排除方法见表5-31。

表5-31　整体式空调器常见故障与排除方法

故障现象	原因分析	排除方法
空调器不能起动运行	1)空调器专用电路中的熔丝烧断,或电源开关接触不良	1)先检查熔丝烧断原因,并做好防止再次烧断的措施,方可再换熔丝
	2)电源电压太低,当电压低于三相正常电压(380V)的10%,即在342V或以下时,空调器中的制冷机就难以起动	2)如果当电源电压经常处于较低的状态,则要另配稳压器
	3)温度控制按钮未拨到适当的位置上	3)将温度控制按钮调到需要的位置档上
	4)被调房间温度不在空调器允许使用的温度范围内,因此,压缩机的热负荷增大,起动困难	4)根据房间内的温度要求,重新选用空调器
	5)空调器整个电源线路中有接触不良或点焊脱焊的现象,或插片有松动现象	5)检查空调器电源线路的接触情况,对接触不良、脱焊、插片松动的要修好
空调器制冷量不足	1)空气过滤网、冷凝器和蒸发器的表面上,积满了较多的灰尘污物,影响热交换和空气流通,所以,压缩机制冷量下降	1)清除空气过滤网、冷凝器、蒸发器上的灰尘污物,以保证有良好的通风和较高的换热效果
	2)室内机前面有障碍物,影响室内空气循环流动,室外机周围也有障碍物,影响空气流动,降低热交换,从而使制冷机的制冷量下降	2)将室内外机周围有碍于空气流通的障碍物移走

（续）

故障现象	原因分析	排除方法
空调器制冷量不足	3）空调房间的门窗未关严,跑冷现象严重	3）空调房间的门窗要关严,不得敞开,不严密的缝隙要立即修补
	4）室内机出风口处,横向板、竖向板的位置上有阻碍冷风吹出的东西挡住,影响冷风排出	4）室内机的出风口处,要检查横向或竖向板是否有阻碍物存在,若存在,应及时搬掉,以保证出风流畅
	5）风速调节按钮未拨在最大制冷量的位置上	5）将风速调节按钮调节到最大制冷量的位置上
	6）空调房间里使用有其他发热器具,进出人员太多	6）空调房间在使用空调器时,严禁同时使用发热器具,房间里进出人员不宜过多
	7）连接管道上包扎的隔热材料老化,缝隙多,跑冷现象严重	7）管道上的隔热材料要包扎紧密,更新用导热系数小的隔热材料
	8）制冷系统中有氟利昂泄漏现象	8）检查制冷系统中泄漏部位,特别是螺纹连接处,如有泄漏,及时检修
空调器噪声过大	1）轴流风机底座螺钉松动、风叶在轴上未固定紧、风叶顶端与机壳罩体间隙过小等,风机运转时,都会发出不同的响声	1）将风机底座、轴上螺钉固紧,风叶顶端与罩壳的间隙要适中
	2）离心风机底座螺钉松动、叶轮装配不善、转速过快、轴上固定螺钉松动等,在风机运转时,都会发出不同的响声	2）将离心风机底座、轴上螺钉紧固,蜗壳中切点片的顶点应做成圆角,切点片和叶轮外边缘的距离,一般是叶轮直径的1%以上
	3）蒸发器盖板或冷凝器盖板上的固定螺钉未旋紧,运转时会发出抖动声	3）将蒸发器与冷凝器盖板上的螺钉旋紧
	4）压缩机、冷凝器、蒸发器、电器等设备安装时,底座螺钉未固紧,工作时发出振动声	4）将压缩机、冷凝器、蒸发器、电器等设备上的螺钉旋紧
	5）机座消振垫固定螺钉旋得过紧,失去消振作用,则工作时产生振动	5）调整机座消振垫螺钉的松紧度
	6）毛细管、高压与低压连接管安装时,未固定紧,或相互发生碰撞而产生摩擦声	6）检查毛细管、高压与低压管的安装与固定情况,对松动或相碰部位进行调整并固紧
	7）电源电压过低,压缩机起动和运行时,产生异常的响声和振动	7）将电源电压控制在额定电压内
	8）空调器的面板安装不恰当,工作时会发生晃动声	8）将电源插头拔下,检查后重新安装稳妥
	9）压缩机内零部件损坏,设备运行时发生金属碰撞声	9）将压缩机损坏零部件更换
	10）制冷系统充灌的制冷剂、冷冻油过多,压缩机运行时,在气缸中会发生液压冲击声	10）将制冷剂、冷冻油全部放出,再按产品使用说明书上的数量,准确的加入制冷剂、冷冻油

（续）

故障现象	原 因 分 析	排 除 方 法
空调器噪声过大	11) 空调器毛细管管径过大、过短,制冷剂的减压作用减小,蒸发器的供液量就大,造成供过于求的现象,从而使压缩机回气过潮,发生液压冲击声	11) 空调器在维修中,不能任意变更毛细管的管径,一定要按生产厂的技术要求,更换毛细管的规格
	12) 电动机局部短路,转子重量不平衡,轴承损坏或缺油,都会发出不正常的响声	12) 检查电动机的电流值,有短路的绕组要重新更换,转子不平衡的要更换,轴承要定时加油,损坏的轴承要更换
	13) 制冷剂中溶有较多的冷冻油,在系统中减压时,由于制冷剂的沸腾而产生油沫,这种制冷剂进入压缩机时,将发生油沫冲击声	13) 制冷量较大的空调机,对曲轴箱的冷冻油要适当加温,使制冷剂挥发,避免油过多溶入制冷剂
水冷却空调器的制冷效果差	1) 水冷却的冷凝器,进水温度过高,氟利昂的冷凝温度和冷凝压力升高,从而使压缩机的压缩比增大,制冷效率下降	1) 要设法降低进水温度或选择井水使用,若当地条件限制,可采用冷却水塔来降低水温
	2) 冷凝器的进水流量太小,不能满足热交换的需要,则散热效果差,压缩机的制冷量下降	2) 应检查进水量少的原因,并设法排除,通常进水管接头漏或管壁穿孔会导致进水量减少
	3) 冷却水的水质差,水中的污物多,从而使冷凝器的表面上积有较多的水垢,影响热交换	3) 要设法改善水质,或装设过滤器,将水中的污物排除

5-44 空气去湿机的常见故障与排除方法是什么?

答:空气去湿机的常见故障与排除方法见表 5-32。

表 5-32 空气去湿机的常见故障与排除方法

故障现象	原 因 分 析	排 除 方 法
去湿机的去湿效果差(出水不多)	1) 房间去湿负荷过大	1) 选择去湿机时,应根据房间面积大小进行选择
	2) 房间密封性差,或门窗没关严	2) 保持房间密封性
	3) 房间内空气循环量不足,主要是去湿机出风口处有障碍,或过滤网和蒸发器上积灰太多,影响空气流动,离心风机转速过慢,也影响空气流量	3) 去湿房间内物品堆放要合理,便于空气流通,去湿机出风口严禁堆放物品,进风口处的过滤网和蒸发器要保持清洁,设法提高风机转速
	4) 制冷系统充灌的制冷剂不足影响空气的热交换和去湿效果	4) 检查制冷系统中制冷剂不足的原因,并在排除故障后,向系统中充灌适量的制冷剂
	5) 环境工况恶劣,如环境温度太低,湿源太小	5) 由于环境工况恶劣,则应取其他方法来改善和排除

（续）

故障现象	原　因　分　析	排　除　方　法
去湿机完全不能去湿	1)风机电动机不能运转,这是由于电源线接触不良或断开;风机电动机绕组断路或烧坏;风机电动机电容器断路或接触不良	1)停止去湿机运行,检查电动机线路和电器设备,根据故障,分别修理或更换损坏零部件
	2)风机电动机运转,压缩机不工作,这是由于电源过低或电源容量不够,压缩机电动机损坏,电器部分发生故障等	2)检查电源电压过低的原因,如当地经常处于电压过低状态,则必须设置稳压器
	3)风机、压缩机都运转,但不能去湿。这可能是制冷系统中制冷剂泄漏,系统中发生阻塞,压缩机进、排气阀或机内管路等部件损坏	3)对制冷系统做全面检查,然后给予排除
去湿机的噪声过大	1)压缩机本身噪声较大,如压缩机内部管子、阀片等零部件损坏,压缩机内部防振装置失效	1)检查压缩机,然后进行修理
	2)压缩机安装螺钉松动	2)旋紧松动螺钉
	3)风机的叶轮与蜗壳相碰,风机轴承缺润滑油	3)调整叶轮与蜗壳的间隙,轴承要定期加油,以减小摩擦
去湿机漏电	1)电器部分受潮或积尘较多	1)检查电器元件受潮的原因,做好防潮措施,更换已受潮电器
	2)接地线失效	2)更换失效的接地线
去湿机漏水	1)排水管堵塞,(包括去湿机内部)安装地坪倾斜	1)检查排水管,将去湿机安装水平
	2)制冷系统中制冷剂过多,泵壳上大量结露而流入室内	2)排除过量的制冷剂
去湿机断续运转	1)三相:风机转向不对,导致冷凝器散热不良,电流过大,热继电器工作断开、接合;高压部分有堵塞,导致高压部分压力过高,使热继电器工作	1)观察三相电源去湿机风扇转向,互换两根火线位置
	2)单相:制冷系统高压部分堵塞,过载保护器工作	2)查明堵塞原因、部位,采取相应措施予以排除

第6章

空调与制冷系统辅助设备及系统的维护

6-1 冷凝器有什么作用？

答：冷凝器在制冷系统中起着热交换作用。使用久了，管路工作表面会受到污染，热量交换的有效面积和管内容积将减少，使热交换效率降低，同时也会增加流动阻力。因传热不良也会引起冷凝压力升高，因此，需要经常对冷凝器进行排除污垢工作，提高制冷效率和延长使用寿命。

冷凝器的任务是将压缩机排出的高温，过热蒸气冷却成为液态制冷剂，冷却过程一般可分为3个过程。

1）过热蒸气冷却成为干饱和蒸气。由排气温度下的过热蒸气冷却为冷凝温度的干饱和蒸气。

2）干饱和蒸气冷却为饱和液体。干饱和蒸气在冷凝温度 t_k 下冷凝成饱和液体，这一过程，就是蒸气凝结为液体的过程。

3）饱和液体进一步被冷却为过冷液体。由于冷却介质（水或空气）的温度总是低于冷凝温度，故在冷凝器的末端，饱和液体一般还可进一步被冷却，使其成为过冷液体。

6-2 冷凝器有哪几种主要形式？各有什么优点、缺点？怎样选择？

答：冷凝器的主要形式，按其冷却方式可分为3大类型：

1）水冷式。在这类冷凝器中，制冷剂放出的热量被冷却水带走。冷却水可以一次流过，也可循环使用。当使用循环水时，需建有冷却水塔或冷水池。水冷式冷凝器有壳管式、套管式、沉浸式等结构形式。

2）空气冷却式（或称风冷式）。在这类冷凝器中，制冷剂放出的热量被空气带走。它的结构形式主要为好几组蛇型盘管所组成。由于空气的传热性能很差，故通常都在蛇型盘管外加肋片，以增加空气侧的传热面积，同时采用通风机来加速空气流动，以增加空气侧的传热效果。

3）蒸发式及淋水式。这类冷凝器中，制冷剂是在管内冷凝，管外是同时受到水及空气的冷却。

以上3种类型冷凝器的优、缺点及使用范围，见表6-1。

表 6-1　3 种类型冷凝器的主要优、缺点及使用范围

冷凝器类型		优　点	缺　点	使用范围
水冷式	（1）立式壳管式	1）可装设在室外露天，节省机房面积 2）清洗方便 3）漏氨易发现	1）传热系数比卧式壳管式低 2）冷却水进出温差小，耗水量大	中型及大型氨制冷装置
	（2）卧式壳管式	1）结构紧凑 2）传热效果好 3）冷却水进出温差大，耗水量小	1）清洗不方便 2）漏氨不易发现	大、中、小型氨和氟利昂制冷装置都可采用
	（3）套管式	1）结构简单，制造方便 2）体积小，紧凑 3）传热性能好（水与制冷剂成逆向流动）	1）金属消耗量较大 2）冷却水的流动阻力较大 3）水垢清洗困难	小型氟利昂空调制冷机组
	（4）沉浸式	1）制造简单 2）维修清洗方便 3）安装地方不受限制	1）冷却水在水箱内的流动速度很低，故传热效果差 2）体积大	小型氟利昂制冷装置
空气冷却式（风冷式）		不需要冷却水，对供水困难地区，如冷藏车很适用	1）传热效果差 2）气温高时，冷凝压力会增高	大、中、小型氟利昂制冷装置，空调器都可采用
淋水式		1）制造方便 2）清洗方便 3）漏氨易发现，维修方便	1）金属耗用量大 2）占地面积大 3）传热效果比壳管式差	中型及大型氨制冷装置
蒸发式		1）耗水量少，约为壳管式耗水量的 1/50～1/25 2）结构紧凑，体积小，占地面积小	1）造价高 2）要增加泵和风机，消耗一定的电能 3）清除污垢和维护工作麻烦	中、小型氨制冷装置

　　冷凝器形式选择原则：冷凝器的选择取决于水温、水质、水量及气候等条件，还与制冷剂的种类、机房的布置要求等有关系。通常可根据下列情况来选择：

　　1）立式冷凝器适用于水质较差、而水源丰富的地区，一般布置在机房外面。

　　2）卧式冷凝器适用于水温较低、水质较好的条件。氨和氟利昂制冷剂都可用，一般布置在室内。

　　3）淋水式冷凝器适用于空气相对湿度较低、水源不足或水质较差的条件。一

般都布置在室外通风良好的地方。

4）蒸发式冷凝器由于消耗的水量很小，故特别适用于水源缺乏的地区。当空气中的相对湿度较低时，效果比较好。蒸发式冷凝器一般布置在厂房的屋顶，或室外通风良好的地方。

5）空气冷却冷凝器，主要适用于小型氟利昂制冷装置（国外也有用于较大制冷装置）。氨制冷装置中不采用。

6-3　冷凝器如何进行维护？

答：冷凝器的维护方法如下：

1. 空冷式（风冷式）冷凝器的结尘与清除方法

1）冷凝器的结尘。空冷式冷凝器是以空气作为冷却介质，而环境中的空气里总混杂有一些灰尘，空气流动时与冷凝器外表面接触，灰尘就粘结在上面，肋片间隙就被灰尘堵塞，空气不能顺利地从间隙中通过，造成肋片和散热管不能与外界空气进行正常的热交换。因此，必须定期检查冷凝器的结尘情况，并及时清除灰尘。

2）空冷式冷凝器的除尘方法。用细钢丝平刷，将冷凝器前后的外表面灰尘刷净，对肋片里面深处的灰尘，可用压缩空气吹净。

2. 蒸发式冷凝器的维护

蒸发式冷凝器四周侧板所有接缝处不应有明显漏风、漏水现象；喷嘴孔要根据水垢情况，定期进行清洗和除垢。

3. 水冷式冷凝器的维护

（1）水冷式冷凝器的结垢　水冷式冷凝器所用的冷却水在冷却管壁流动时，水里的杂质一部分就沉积在冷却管上，同时经与温度较高的制冷剂蒸气换热后，水温升高，则溶解于水中的盐类就分解并析出沉淀在冷却管上，粘结成水垢。时间长了，污垢越结越厚，使冷却管直径越来越小，阻碍了冷却水流动。此外，污垢本身还具有较大的热阻，就造成冷凝器热量不能及时排出，冷凝温度升高，影响制冷机的制冷量。因此要定期清除水垢。

（2）水冷式冷凝器的除垢方法　一般有如下四种方法：

1）手工法。将壳管式冷凝器的两端铸铁封盖拆下，用螺旋钢丝刷伸入冷却管内往复拉刷，若钢丝刷塞不进时，可换用接近管子内径尺寸的钢棒头接上长杆，然后塞进冷却管内，边捅边用压力水冲洗，这种除垢方法的设备简单、劳动强度大，效率低。

2）机械清除法。将壳管式冷凝器的两端铸铁封盖口拆下，用洗管器进行除垢。将特制刮刀接在钢丝软轴上，如图 6-1 所示，另一端接在电动机轴上。清除水垢时，将刮刀以水平位置或垂直方向插入冷却管内，开动电动机就可

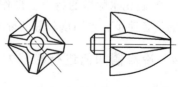

图 6-1　刮刀

以滚刮，同时还要冲洗管内被刮下的污垢和冷却刮刀。操作时必须注意冷凝器的胀口以及焊口，以防抖动而振松胀口和焊口。这种方法效果好，但只能适用于钢制冷却管的冷凝器，不适用于铜管冷凝器。

3）化学清除法。盐酸溶解法所需的设备为耐酸泵和耐酸池。其流程如图 6-2 所示，具体操作步骤如下：

① 将制冷系统中的制冷剂全部抽出。

② 关闭冷凝器的进水阀，拆下进出水管。

③ 将冷凝器的进出入管接头，用同直径的水管接于酸洗系统中（图 6-2）。盐酸水（酸洗液的配制：盐酸水浓度为 10%，每 1kg 盐酸水溶液中加入 0.5g 缓蚀剂，即六次甲基四胺或苯胺与六次甲基四胺的混合物）从冷却水出口流入循环槽，经槽中过滤网过滤后重复循环使用。循环时间视水垢清除程度而定。

④ 酸洗后再用 1%（质量分数）氢氧化钠溶液（烧碱）或 5%（质量分数）的碳酸钠溶液循环清洗 15min，其目的是起中和作用。

⑤ 最后用清水冲洗，视水清为止。

4）磁化水除垢方法。这种方法是在冷却水进入冷凝器前，通过一个磁水器，如图 6-3 所示。水流经横向磁场后，改变了结晶条件，使构成硬质水垢的碳酸钙的结晶变成带磁化的粉末物质，这种物质酥松，很脆，粘固性与附着力极弱，它们呈松渣状沉落下来，极易被排出冷却管。

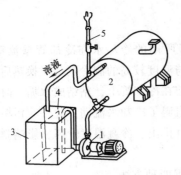

图 6-2　酸洗除垢流程
1—泵　2—冷凝器　3—溶液箱
4—滤网　5—排气管

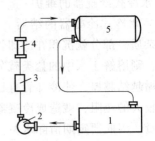

图 6-3　磁化水除垢流程
1—水箱　2—水泵　3—过滤器
4—磁水器　5—冷凝器

① 磁化水除垢的流程如图 6-3 所示。

② 磁化水除垢的特点：操作方便、安全、无毒，不易损伤冷凝器的管壁，流程的设备简单，是当前较好的除水垢法。

6-4　冷凝器如何进行检修？

答：冷凝器的检修方法：

1. 冷凝器的检漏

壳管式冷凝器经过一个时期的使用，管与管板的连接处会发生泄漏，管子内表面会产生锈蚀及针状小孔等现象。其检漏方法有两种：一可用气压试验检漏，即将打压后的冷凝器灌满水，查看哪一根管子有气泡，说明哪根管子泄漏；二可将使用中的冷凝器停水，用酚酞试纸在每根可疑的管子上进行检查。

2. 冷凝器的修理

1）若属接头螺钉松动，可拧紧螺母或重新更换螺母接头。若焊缝不牢，应重新补焊，若发现管路有裂缝或有针型小孔，可用补焊的方法修复或更换管道。若一根管子有漏点，因无法气焊补焊，可采用将有漏点的管堵死，堵死管道的根数不超过冷凝器管道总根数的80%，如果超过即应更换冷凝器。

2）若管与管板连接处发现漏点时，可用焊接或更换新管子的方法进行修理，一般对胀管的冷凝器不采用焊接修理，可用更换新管子重新胀装方法修复。

冷凝器修复后，应将冷凝器的制冷剂一侧进行密封性试验，如 R717 用冷凝器，其压力要求为 17.64×10^5 Pa（表压）；R12 用冷凝器，其压力要求为 15.68×10^5 Pa（表压）；R22 高压系统，其压力要求为 17.64×10^5 Pa（表压）。

R12 和 R22 制冷系统应该用氮气进行密封性试验。

6-5 蒸发器有哪几种主要形式？各有什么特点？

答：蒸发器按其被冷却介质的种类可分为冷却液体载冷剂用的蒸发器和冷却空气用的蒸发器两大类。现将这两大类蒸发器的优、缺点及使用范围列于表 6-2。

表 6-2 蒸发器的类型、优缺点及使用范围

类　型		优　点	缺　点	使用范围
冷却液体载冷剂的蒸发器	敞开式（制冷剂在管内蒸发） 立管式	制冷剂在立管中蒸发出来的蒸气，很快地脱离传热面，制冷剂侧的放热系数较大	金属消耗量大，加工工时长，成本高，水侧的流速低，影响传热	氨制冷系统冰池或冷水箱
	螺旋管式	传热系统比立管式高12%～18%，钢材比立管式节约15%，加工工时节约40%	渗漏时修理较困难	氨制冷系统冰池或冷水箱
	蛇型盘管式	结构简单，加工方便，工作安全	箱内载冷剂流速低，传热较差	小型氟利昂装置
	闭式 满液式、壳管式（制冷剂在管外蒸发）	结构简单，占地小，重量轻，金属材料消耗少，由于是闭式系统，盐水不与空气接触，故对管子腐蚀性小	加工比较复杂，焊接质量要求高，热容量小，热稳定性差，当盐水浓度降低时容易发生冻结，造成管组织破裂事故	氨制冷系统，不适用于船用

（续）

类　型		优　点	缺　点	使用范围
冷却液体载冷剂的蒸发器	闭式	干式、壳管式（制冷剂在管内蒸发）	结构紧凑，用铝芯内肋片管，传热效果好，K 值可达 1163 ~ 1395 [W/（$m^2 \cdot K$）]，载冷剂不易冻结，由于壳体内装有折流板，水速可高达 1m/s 以上。氟利昂中的回油问题可解决	折流板与壳体及管子之间存在间隙使载冷剂走短线影响传热效果　折流板的装配工艺较复杂，管外清洗困难	氟利昂制冷装置中作为水冷却器
冷却空气的蒸发器	蒸发排管	立式墙管	加工制作方便，蒸发后的氨气容易引出，传热效果好，结霜均匀	充液量大，液柱压力的影响，使排管下部制冷剂蒸发温度升高	适用于氨制冷系统的冷库做墙管，不适用于氟利昂系统
		蛇形盘管	加工制作方便，充液量小，约为盘管容积的50%，可作墙管，也可作预管用	由于每组盘管回路较长，120m 左右，故蒸发后的制冷剂气体不易排出，使传热效果降低	氨与氟利昂制冷装置的墙管与顶管
		U 形顶管	供液回路短，氨气容易引出，传热效果好	整组安装时如位置不水平，易造成供液不均，在一根供液管并联好几根管子时，流量较小时，会出现结霜不均匀	氨制冷系统的顶管，不适用于氟利昂系统
		搁架式蒸发器	传热效果良好，温度均匀	耗用钢材量大，冻结食品时进出库劳动强度大	小型氨和氟利昂冻结装置
	冷风机	吊顶式冷风机（干式）	结构紧凑，占地小，可实现自动化	融霜水处理不好会溅滴到室内食品上或室内地坪上。气流组织不好，会造成室内温度不均匀	氨制冷装置的冻结室，低温冷藏间，高温冷库，氟利昂制冷装置的冷藏间
		落地式冷风机（干式）	安装方便，融霜水易排出，操作维护简便，装设风道后，室内温度均匀	占地大	氨、氟利昂制冷装置的冻结间、冷藏间
		湿式冷风机	结构简单，不会结霜，传热效果好，温度稳定	空气流动阻力大，如用盐水喷淋，由于与空气接触，浓度会降低，需经常加盐，对管材腐蚀性大	空气调节系统
		混合式冷风机	结构紧凑，不会结霜，传热效果好	盐水对管材的腐蚀性大	空气调节系统

6-6 蒸发器如何进行维护？

答：蒸发器是制冷系统中不可缺少的设备之一，它的使用好坏直接关系到制冷效率。因此，必须正确地进行维护工作，保持它应有的散热面积，提高制冷效率。

1）若蒸发器长期停止使用时，可将蒸发器中的制冷剂抽到贮液器保存，使蒸发器内压力保持（$0.49 \sim 0.636$）$\times 10^5$ Pa（表压）即可。

2）立管式蒸发器在水箱中，如蒸发器长期不用，箱内的水位应高出蒸发器上集气管 100mm。若系盐水，应将盐水放出箱外，将水箱清洗干净，然后灌入自来水保存。

3）满液式蒸发器的除垢与壳管式的除垢方法相同。

4）冷却排管（墙、顶管）应经常除霜，避免除霜不及时致使冰霜层增厚超过负荷时，会造成管子弯曲。

6-7 蒸发器泄漏怎样进行检查？

答：氟利昂盘管式蒸发器若有泄漏，在漏点处有油迹出现，如没有油迹，可用检漏灯检漏。在检漏时，将软管口伸向检漏的蒸发器的接头和焊缝处，如有泄漏，氟利昂蒸气就会被吸入，燃烧时火焰就发出绿色或蓝色的亮光，从火焰颜色深浅不同来判断泄漏的多少。一般由弱到强的颜色是微绿、浅绿、深绿以及蓝。氟利昂所产生的光是有毒的，如发现火焰呈深绿色或蓝色说明泄漏严重，就不要长时间的检查，以免发生中毒。为了查明漏点，也可用肥皂水进一步检漏。

6-8 蒸发器如何进行修理？

答：蒸发器由于长时间的使用，钢管可能发生腐蚀及穿小孔的现象，为保证制冷设备的安全、可靠、经济的运行，必须对蒸发器进行修理。

1）氟利昂能与润滑油互相溶解，因此，系统里的制冷剂在循环流动时，就免不了会有润滑油残留于设备中。清除蒸发器内润滑油，必须将它拆下来进行吹洗再烘干。对蛇管式蒸发器，因拆卸很不方便，可将蒸发器的进口用压缩空气或氮气吹净，然后烘干蒸发管。

2）若蒸发器内表面有机械杂质和润滑油混合，黏度增大，容易使管道以及阀门（尤其是热力膨胀阀）等出现堵塞现象，应将制冷剂抽出进行吹污，并更换压缩机中的润滑油。

3）冷风机的蒸发器如翅片管出现针状小孔漏氨时，首先将氨液处理干净，才能进行修理。其处理方法是：

对于用水冲霜的冷风机蒸发器，根据正常冲霜工作顺序依次开启和关闭有关阀门，打开水阀进行冲霜，使蒸发器内压力升高，利用压差的作用使氨液进入排液桶或低压循环贮液桶。然后，利用回气阀和管道经总回气调节站进行抽空，抽 2、3

次，压力不再上升或上升甚微时，视为处理氨的工作结束。如果压力抽不下来时，可及时查出泄漏的原因，进行排除再抽空。

氨处理完毕后，可拆除有关的连接处，接通大气，用气焊焊补方法修复。

以上氨的处理工作一定要慎重，对所属处理的设备和管道，每一个环节要考虑周到，不能马虎从事，否则会发生重大的人身伤亡事故。

4）当冷却排管局部锈蚀出现针状小孔时，由于生产需要，不能停产修理，可暂用橡皮垫和瓦块式管卡，用螺栓拧紧，堵住漏点。待淡季或检漏时焊补，若无法用瓦块式管卡堵住漏点时，只有停产进行抢修。

5）当压缩机进行两次大修之后，立管式蒸发器应大修一次，大修时应将蒸发器吊出箱外，更换已锈蚀的管子。为了保证中间直立管的除锈效果，可用喷砂方法全面除锈，然后进行涂装工作。

6）满液式蒸发器和干式蒸发器的修理与壳管式冷凝器胀管的修理方法相同。

7）若氟利昂蛇形冷却排管的活接头连接处泄漏时，可用扳手拧紧。如无松动，可能喇叭口损伤，应重新制作，然后装上拧紧。

8）小型氟利昂制冷设备的蒸发器已采用不锈钢和铝合金复合板材料。

铝及铝合金蒸发器的焊接，用铝及铝合金制作的蒸发器由于铝板较薄，很容易被腐蚀形成小的漏孔。由于铝的表面非常容易因氧化而形成致密的氧化膜，用一般方法很难除去，所以铝制品是不易焊接的。下面介绍用 150~300W 电烙铁对铝及铝合金蒸发器漏孔进行补焊的方法。

① 酸洗焊接法。把蒸发器漏孔周围擦干净，露出金属光泽，在孔周围滴几滴稀盐酸除去铝表面的氧化膜，稍等片刻再滴入少量较浓的硫酸铜溶液，待漏孔周围都有铜覆盖时用干净布擦去盐酸和硫酸铜溶液，再用 100W 电烙铁进行锡焊。

② 碱洗焊接法。把蒸发器漏孔周围清理干净露出金属光泽，然后将配量好的溶液（40g 的氢氧化钠加入 200g 清水中，再加入 30g 氧化锌，将其充分溶解放入耐碱的容器中）滴在漏孔的周围 2~3min，应见到漏孔周围附有一层金属锌，用清水洗去残液再滴入氯化亚锡（取 25g 氯化亚锡加入 200g 水中溶解放入耐酸容器中），这时锌层上又覆盖了层薄锡，然后用松香焊锡进行焊接。

③ 用粉末状的氟硼酸锌 13g 和氟硼酸铵 11g 倒入三乙醇胺中，在电炉上加热并不断地搅拌至氟硼酸锌和氟硼酸铵完全溶解。待冷却后涂于要焊接部位，用铬铁进行锡焊（最好用松香芯锡焊条）。

不锈钢蒸发器气焊补漏方法：

① 焊药配方：硼酸 2/3，硼砂 1/3，氟化钾适量（一般不超过硼酸和硼砂总量的 10%）。

② 焊药调制。先将氟化钾用蒸馏水溶解，然后加入硼酸与硼砂调成糊状即可。

③ 焊接操作。用乙炔碳化焰对着焊接处表面由外向里旋转地预热直到糊状焊药干燥，然后调节火焰为中性乙炔焰，加热焊接部位。当看到焊药熔化时，供应焊

条（45%银焊条），这时火焰要偏向焊条，将焊条熔滴滴在焊接部位，再稍加热，使焊条熔滴熔化均匀。

④ 注意事项。焊接过程中，不锈钢加热温度不要过高。焊药虽然有防止氧化的作用，但是，烧得过红的不锈钢表面会大量氧化，造成焊接困难。

若铜管与铜管焊接处泄漏时，可以用铜焊焊补方法修复。

蒸发器修理后，应进行密封性试验，试验压力可根据蒸发器装入制冷剂的不同而定，如 R717 蒸发器，其压力要求 $11.76×10^5$ Pa（表压）；R12 蒸发器，其压力要求为 $9.8×10^5$ Pa（表压）；R22 低系统，其压力要求为 $11.76×10^5$ Pa（表压）。

R12 和 R22 制冷系统应用氮气进行密封性试验。

6-9　热力膨胀阀有什么作用？

答：热力膨胀阀是制冷系统中的主要部件之一，它装在紧靠蒸发器入口处，其

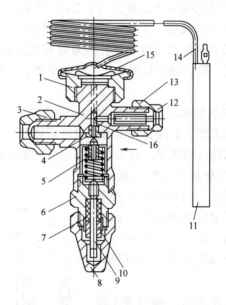

图 6-4　热力膨胀阀结构

1—感应机构　2—阀体　3—螺母　4—阀座
5—阀针　6—调节杆座　7—垫料　8—帽罩
9—调节杆　10—填料压塞　11—感应管
12—过滤器　13—螺母　14—毛细管
15—膜片　16—传动杆

感温包是包扎在蒸发器出口末端。高压液体流经阀孔进入蒸发器时呈喷射状态，在低压蒸发管内扩散从蒸发器周围吸热。如果氟利昂液体不断地进入蒸发器，蒸发器就不断地从周围吸热，就会使周围的温度逐渐下降。

膨胀阀由阀体、气热式膨胀盖感应机构、阀座、阀针、调节杆、弹簧、顶针等组成，如图6-4所示。其感应机构内充有氟利昂液体或充填活性炭和其他气体，当感温包受温度升高影响时，包内液体（或气体）受热膨胀，感应机构的压力大于弹簧的压力将顶针压下顶开阀针，阀孔开启；反之，包里液体受温度降低影响时，压力减小，弹簧的压力大于感应机构的压力，将阀针向上移，阀孔关小甚至关闭。

6-10　热力膨胀阀如何进行维修？

答：热力膨胀阀往往因调试不当，开关过猛或其他原因而造成损坏，以及调节失灵都应及时修理。

（1）传动杆的修理　热力膨胀阀的感温包所感应的温度转变成压力信号，传递到感应机构膜片上方空间，由于膜片面积较大，将压力信号的作用放大，通过膜片下部的传动杆作用在阀针座上。每一个膨胀阀都有一个最大开启度，如D-8型低温箱中R22和R12的膨胀阀最大开启度为（1.2±0.1）mm。为了保证这个开启度，首先要准确地保证传动杆的长度，也就是说传动杆的长度比阀针座到阀本体高出（1.2±0.1）mm。如果传动杆过长可以锉短，过短时可以锤击延长。在检修过程中，应保持所有传动杆长度一致，测量长度时，手动调节弹簧，使其压缩并处于中间受力状态。

（2）感温包内膨胀剂的充注法　当感温包、毛细管、气箱任何一个地方出现泄漏时，膨胀阀就不能工作，必须在找出漏口后进行修理，然后充注膨胀剂。

在常见的氟利昂制冷压缩机中，过去一般都用制冷系统的制冷剂作为膨胀阀感温包内的充剂，由于制冷剂在温度较低时，饱和温度随压力下降较大，因而限定了膨胀阀的使用范围，如用于R12系统的膨胀阀感温包充注R12，只能在−30～10℃范围内使用。但在一般情况下能满足要求，所以得到广泛使用。

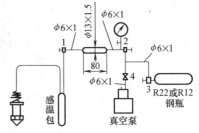

图6-5　感温包充注法
1、2—高压角尺阀　3—氟利昂瓶
4—真空泵吸入阀

1）R22感温包充注方法，如图6-5所示。在阀1和阀2之间用两个ϕ6mm×1mm短节与ϕ13mm×1.5mm纯铜管连接。将充注的感温包及毛细管作0.981MPa氮气压力试验，沉水检查。如果不漏，卸压后按图连接。在管路中接−0.098～1.57MPa真空压力表一块，两个阀门均为1/4in高压角尺阀，并将氟利昂瓶升高，以便充注的R22能顺利流入ϕ13mm×1.5mm的纯铜管中。

开启阀1、阀2及阀4，起动真空泵，使膨胀阀气箱、毛细管、感温包及其连接管路均被抽成真空，其真空度越高越好。然后，关闭阀4，停真空泵检查压力表是否回升。如果压力表不回升，则关闭阀1，再慢慢打开阀3，使R22进入ϕ13mm×

1.5mm 的管中，约 1min 后关阀 2 及阀 3。此时，压力表的读数与氟利昂瓶内压力相等。

拆下氟利昂瓶及真空泵，将感温包放入 0℃ 以下的环境中，待感温包全部冷却后，开阀 1，此时压力表指示立刻下降，待压力表下降到 0.0981MPa（表压）时，夹扁感温包注口毛细管，并焊牢，这样充入感温包的 R22 为 8～9g。

2）R12 感温包的充注法，如图 6-6 所示。首先按充注 R22 的方法接管，抽真空。不过，感温包试验压力提高到 1.47MPa 左右，然后将感温包放在环境温度中约 2h。

开启阀 2，关阀 1，缓慢开启阀 3，当压力表上升到一定压力（此压力根据环境温度决定）时，立即关闭阀 3，最后按充注 R22 的方法，将 R12 放入感温包中，然后夹扁感温包充注管，这时充注 R12 的质量为 8～9g。

R12 感温包 R12 的充注量，在无资料的情况下，可按感温包内容积的 80% 计算质量。

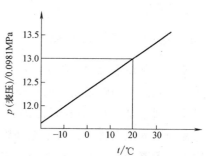

图 6-6　R12 感温包在不同温度下充注的压力值

6-11　热力膨胀阀如何进行测试？

答：热力膨胀阀在修理完毕之后，应进行测试，以考查膨胀阀的工作性能及感温包充剂是否适量。

如对膨胀阀进行较详细试验，可按图 6-7 方法进行。首先将膨胀阀的进口端接上氟利昂瓶和压力表，出口端同样也接一块压力表和放气阀。感温包置于保温的碎冰冰桶中，以使冰桶上温度计的读数始终维持在 0℃。

以 R12 为例。微开阀 2，再将氟利昂瓶阀 1 开启（如测试 R22 膨胀阀时，应接 R22 氟利昂瓶），使气压不低于 0.49MPa。因为感温包置于 0℃ 的冰块中，如需关闭过热度为 6℃ 时，可调节膨胀阀弹簧，使膨胀阀出口端压力为 0.154MPa（相当于 R12 在蒸发器中 -6℃ 的蒸发压力值）时，从放气阀 2 处有少量气体流出，则表明在关闭过热度为 6℃ 时，膨胀阀能开启。

如果放气阀 2 关闭，出口端压力表能保持稳定，这就说明膨胀阀在过热度低于 6℃ 时能关闭严密。若该阀泄漏，出口端压力表

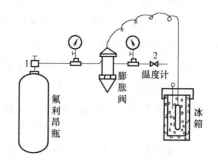

图 6-7　膨胀阀的试验
1—氟利昂瓶　2—放气阀

将很快上升与进口端压力相一致。

由于制冷剂不同，其饱和压力所对应的温度也不相同。如测试 R22 膨胀阀，在相应的关闭过热度为 6℃ 时，其出口端压力应保持 0.308MPa，而不是 0.154MPa。

同一种制冷剂，在要求的关闭过热度不同时，其出口端维持的压力也不一样。如测试 R12 膨胀阀，要求关闭过热度为 5℃，则出口端压力应保持在 0.163MPa。

6-12　毛细管有什么特点？

答：在制冷系统中，除了广泛使用热力膨胀阀作为节流元件外，也常用毛细管作节流装置。毛细管是由一根孔径很小的细长纯铜管构成，它的节流作用在于它的孔径小，通常是在 0.5~2mm 之间，长度在 0.5~5m 之间，当冷凝器排出的高压氟利昂液体进入毛细管时，由于毛细管内流动阻力较大，压力由 p_k（冷凝压力）逐渐降低，到制冷剂流出毛细管进入蒸发器时，其压力即降为蒸发压力 p_0，所以氟利昂制冷剂在毛细管内流过，可以近似地认为是等焓节流的降压、降温过程。一般节流孔越小，其流量越小，对一根既定的毛细管来讲，其制冷剂通过能力和制冷量决定于系统中的冷凝压力 p_k 和蒸发压力 p_0 的压差，一般来说压差大则流量大，压差小流量也小。当毛细管的直径和长度一定时，蒸发器内的蒸发压力几乎恒定不变。毛细管两端保持一定的压力差时，通过毛细管的流量也是一定的。所以在要求制冷系统有比较稳定的冷凝压力和蒸发压力，在小型氟利昂制冷装置中，全封闭压缩机多采用毛细管代替热力膨胀阀起节流作用。

1）毛细管作为节流机构的优点：结构简单，工作稳定，价格低廉；没有运动部件，本身不易产生故障和泄漏；当压缩机停机后，因毛细管一直畅通，使冷凝器和蒸发器的高低压力自动达到平衡，所以减轻了自起动时电动机的负荷。但需要注意，在压缩机停机后，不宜立即强行启动，以免因吸排气压力尚未平衡，使电动机过载发热，或者发生"冲垫"现象。

2）毛细管主要缺点：它的调节能力很差，它不能随着制冷装置热负荷的变化而自动调节流通截面。如果蒸发压力下降，压缩机中容易发生"液击"现象；如果蒸发压力上升，则又会使得蒸发器供液量不足，影响制冷系统制冷能力的充分发挥。由于毛细管中的流量与进出口压力关系很大，因而在无贮液筒时，要求充注制冷剂的数量必须准确。过多或过少都会影响制冷机的正常工作。一般充注时应按说明书或铭牌定的数量进行。如果无资料可循，在充剂时，慢慢地充入，注意观察蒸发器，直至挂满霜为好，并保证压缩机的吸、排气压力比在 10 以下。正因为毛细管节流装置不能调，不适用于开启式压缩机，仅适用于负荷变化不大的小型全封闭制冷装置。

6-13 毛细管、过滤器堵塞如何判断和检查？

答：毛细管、过滤器堵塞的判断和检查方法：

1）压缩机在运行时，可用木柄一字型旋具（螺丝刀）作传感器，让刀口接触毛细管与蒸发器之间的连接管上，用耳朵贴近一字型旋具木柄，静听管内有无响声，如果听不到气流声，或气流声很小，甚至在堵塞部位有少量结霜，这说明毛细管或过滤器有堵塞现象。

2）停止压缩机运转，从封闭钢壳上的备用充气管上锯开检查，如果充气管口没有气体吹出，或吹出的气体很少，而压缩机在运转时，毛细管与蒸发器的连接管中没有气流声，这说明毛细管或过滤器中有污物堵塞。

3）在压缩机与冷凝器之间的连接管道的适当部位，打开一个小口，如有雾状气体喷出，说明毛细管或过滤器有堵塞现象。但是，这种检查，必须是在初步确认毛细管或过滤器有堵塞时再进行的。

4）压缩机的排气压力急剧上升，吸气压力逐渐降低，再结合堵塞部位的结霜现象，则可判断毛细管或过滤器有堵塞。

6-14 毛细管、过滤器堵塞如何排除？

答：修理时，首先要排除堵塞情况，将毛细管进行清洗。

1）将制冷系统中的制冷剂全部排放出来。

2）将压缩机与排气管、冷凝器与过滤器、过滤器与毛细管、毛细管与蒸发器、回气管与压缩机的各个连接部位，用气焊烤红拔断。

3）用汽油或四氯化碳清洗毛细管、过滤器，并用氮气吹除汽油味。同时，用高压氮气分别吹除冷凝器、蒸发器、毛细管，使其管道通畅。

4）清洁后的毛细管一定要进行干燥处理，若有条件还可进行吹压试验。

由于毛细管内孔管径很小，在安装时若不注意，很容易被杂质堵塞。为了防堵，在毛细管入口端装上干燥过滤器。选用过滤器的铜网要细而密，规格最好是200~300目。毛细管两端连接处必将其锉出30°的斜角（注意防止铜末进入管内发生堵塞），如图6-8所示，当插入粗管时不可太浅，最好是20mm左右，采用银焊或锡焊均可，特别是银焊时，应注意毛细管的温度不能过高，防止毛细管被高温烧化。锡焊时一定要把焊接头处理清洁，镀上锡层，再焊实，要避免虚焊。不要用具有腐蚀性的焊剂，以采用松香焊剂为宜。

① 当几根毛细管并联使用时，为使流量均匀，应采用分液器。分液器要垂直向上安装，使液体能均匀分配。

② 当毛细管与粗管相连接，粗管径超过毛细管直径较多时，可将粗管夹扁一部分，这样便于与毛细管焊接。焊接时烙铁在焊锡处停留时间不可太久，以防熔化的锡和助焊剂将毛细管阻塞。

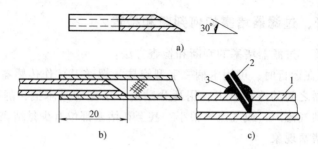

图 6-8　毛细管使用实例
a）毛细管头部锉 30°斜角　b）毛细管插入管内深度
c）低压管上焊毛细管
1—低压管　2—毛细管　3—焊锡

5）将冷凝器与过滤器、过滤器与毛细管、毛细管与蒸发器焊接起来，再用 1568kPa 的高压氮气从排气管端接入系统吹送，在回气管端应有气体吹出，确认焊接无堵后，再将排气管和回气管分别与压缩机的相应管子焊接起来。

6）在制冷系统高压试漏、真空试漏合格后，方可往系统中充灌一定量的制冷剂，进行运转和制冷降温。

为了便于维修，现将国产有关压缩机和不同蒸发温度范围下的毛细管尺寸列于表 6-3。

表 6-3　毛细管与制冷机的匹配尺寸

压缩机/W	制冷机	冷凝器的种类	应用温度范围	适用机种	蒸发温度/℃		
					−23～−15	−15～−6.7	−6.7～2
					（长/m）×（内径/mm）	（长/m）×（内径/mm）	（长/m）×（内径/mm）
61	R12	自然对流	低	电冰箱	3.66×0.66	3.66×0.79	—
92	R12	自然对流	低	电冰箱	3.66×0.66	3.66×0.79	—
123	R12	自然对流	低	电冰箱	3.66×0.79	3.66×0.92	—
184	R12	自然对流	低	家用冷冻箱	3.66×0.92	—	—
368	R12	强制	低	低温冷藏柜	3.05×0.73	4.68×1.37	—
551	R12	强制	中	室内空调器	—	3.05×1.78	3.05×2.03
551	R12	强制	低	低温冷藏柜	3.05×1.5	3.66×1.63	—
735	R22	强制	中	室内空调器（热泵式）	—	3.66×1.78	—
735	R12	强制	低	低温冷库	3.66×1.63	3.66×1.78	—
1470	R22	强制	中	室内空调器（热泵式）	—	2.44×1.78（2 根）	3.05×2.04（2 根）
1470	R12	强制	低	冻结箱,低温冷藏库	3.05×1.76（2 根）	3.05×2.04（2 根）	—
2205	R12	强制	低	低温冷藏库	3.66×1.63（3 根）	3.05×1.78（3 根）	—
3675	R22	强制	高	柜式空调器	—	3.05×2.04（5 根）	1.05×1.63（3 根）

6-15　阀门常发生哪些故障？其原因是什么？

答：在制冷系统中各种阀门起着调节或控制气体和液体流量及流向的作用，它的质量好坏对制冷剂在制冷系统中的正常循环和制冷降温起着重要作用。如由于操作不当和其他原因造成阀门内部窜气，失去控制作用或向外部泄漏制冷剂，就必须进行及时修理。

制冷系统上的阀门，其阀杆（心轴）、阀座及阀芯等处是容易发生故障的部位。

（1）阀杆的磨损与损坏 当阀门内的填料压得过紧，又在缺乏润滑油的情况下，长期开关形成干摩擦，使阀杆逐渐磨损，以致损坏，开关阀门时，不按规定使用工具；有冰霜而不及时除掉；进行开关时用力过猛过大；受外物碰撞等均能造成阀杆弯曲甚至折断。

（2）阀座与阀芯的损伤 阀座与阀芯的损伤，其表现是阀的关闭不严，失去应有的控制作用，主要是阀座或阀芯上的密封面受到损伤，其原因如下：

1）系统中有杂质和污物，如焊渣、铁屑，以及机械磨损的杂质等。在系统吹污、试压、检漏以及灌氨投产时，应特别注意密封面的损伤。因为杂质和污物很容易积存在阀座拐弯处，所以阀门开关时，阀芯的合金与阀座的密封面受到污物与杂质的挤压，会出现斑点或掉块等现象，使阀门失去密封作用。因此，应注意阀门的清洗检查。

2）在操作过程中，由于经常开关或使用工具用力过大等原因，使密封面合金产生深凹痕，造成关闭不严。

3）由于密封面合金受高温的影响或合金熔点低，硬度不够造成密封面损伤。

6-16 截止阀如何维修？

答：截止阀的关闭原理与其他阀门一样，但在结构上却有点特殊，为了保证阀门的严密性，取消了手轮，用阀帽代替。氟利昂冷冻机上的吸、排气截止阀多出两个通用孔，一个常接通道Ⅳ，一个可用倒退阀杆关闭的多通用孔Ⅲ，其结构如图6-9所示。

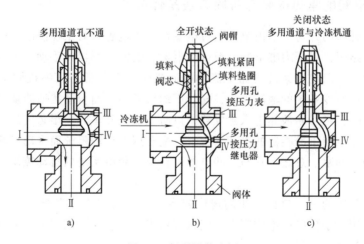

图 6-9 氟利昂截止阀

在图 6-9a 中，将阀杆开足，第Ⅰ、Ⅱ、Ⅳ互为相通，Ⅲ孔不通。这时可以拆卸这个Ⅲ孔上所安的压力表（或继电器、充氟管、加油管等）。如果把阀杆顺时针关闭 1~2 圈之后，则第Ⅰ、Ⅱ、Ⅲ、Ⅳ4 孔均通，这种状态就是我们平时所见的运行全开位置（注意，这时不用的多用孔应堵上），如图中 6-9b，当把阀杆关到最大位置时，如图 6-9c 中所示，这时第Ⅱ孔与其他 3 孔不通。表示冷冻机与系统切断，可以检修冷冻机。

（1）阀杆的修理　阀杆磨损严重一般不作修理，应选择 45 钢或同材质规格车削加工，予以更换；弯曲的阀杆必须更换。

（2）密封面的修理　主要取决于阀座与阀芯的磨损情况，如铸钢或铸铁阀芯与阀座密封面有划痕或凹坑时，车削后用研磨法对研阀座与阀芯，使其恢复密封，磨损严重的可更换新阀。

1）在研磨时，应左右旋转阀芯，用力不要过大，磨料可用 150~280 号研磨砂进行粗磨，再用 $W_{40} \sim W_{0.5}$ 微粉进行细磨。在研磨过程中，应经常检查。若两者表面接触已均匀，可用煤油洗净，再用润滑油光磨，待密封面光洁后即为合格。

2）若阀芯密封面系轴承合金，密封面损坏不太严重，可用三角刮刀刮平合金即可。如损坏严重，可重浇轴承合金，然后进行车削。轴承合金表面应比阀芯表面高 0.10~0.30mm。

（3）更换填料（盘根）　填料严重磨损以及老化，应更换新的。更换填料时，不必拆卸阀门，仅将阀门全部开足。如系石棉橡胶盘根或橡胶盘根，填料应切制，两头的搭口呈 45°，若填料盒内能容 3 道填料时，各圈的搭口应错开 120°，能容 4 道填料圈时，搭口应错开 90°，5 道填料应互错 45°；若填料系石棉绳，更换时应按顺时针方向缠绕，并在填料上涂上润滑油使阀门开关灵活；如填料是塑料网式，若磨损严重，失去密封作用，可成套（片状）进行更换。

6-17　电磁阀的常见故障与排除方法是什么？

答：电磁阀的开与关是由电流通过电磁铁产生电磁吸力来控制的。它串接在制冷系统的管路中，受压力继电器、温度继电器、液面控制器和手动开关所发出的指挥信号来动作，以控制系统管路中流体的通或断，它通常与压缩机同接一起动开关。普遍用在制冷系统的输液管上，配合压缩机的停开而自动接通或切断输液。当压缩机停车时，可切断液体进入蒸发器，以防压缩机开车时，湿蒸气进入压缩机而产生液击。它也用于冷凝器的冷却水管上，配合压缩机的停开而自动切断或接通水源，以节约冷却水。总之，它与某些电器配合组成制冷系统的自动控制与调节的主要元件。

由于电磁阀的进出口径大小的规格较多，其开启方式分直接式和间接式两大类。直接式用于小口径的电磁阀上，间接式用于大口径的电磁阀上。电磁阀常见故障、原因及排除方法见表 6-4。

表 6-4　电磁阀常见故障、原因及排除方法

故障现象	故障原因	检查方法	排除方法
通电不动作	引线或线圈断路	用手摸电磁阀,查有无交流振动,或者停车把引线拆下,用万用表测量是否通路	接通引线或重绕更换线圈
通电后不动作,有嗡嗡声	1)动铁芯卡阻或损坏	1)听有无吸合下落撞击声,如果无撞击声,有振动和温升,说明电路正常,动铁芯卡阻	1)消除卡阻因素或更换铁芯
	2)装配错误	2)拆开检查各零件位置	2)把电磁阀拆下分解重新组装,特别是隔磁导管上的 10 个零件,必须按顺序装配,以免影响性能
	3)系统内油污较多,使阀芯动作受阻	3)拆下分解检查	3)拆下清洗
	4)电压低于额定值的 85% 电磁力不足	4)用万用表测量电压	4)调整电源电压
	5)电磁阀进出口压力差超过开阀能力,铁芯吸不上	5)测量制冷系统高压段、低压段压力。看压差是否符合电磁阀开阀能力	5)排除诸如冷却水量小,冷凝器散热不良,制冷系统不可凝气体过多等因素,使高低压力处于正常状态
关闭不严	1)阀座受损	不论何种因素造成的关闭不严都可用以下方法加以确定: 1)停止压缩机工作,观察低压段压力,若高于正常值则使压缩机工作,工作一段时间后(最好达到设定的停车温度)再停车,立即关闭贮液瓶输液阀,观察低压段回升是否过高,如不过高说明电磁阀关闭不严	1)更换或修理阀座
	2)阀针拉毛	2)压缩机工作一段时间,当高低压力进入正常状态后立即停车,不时用手摸电磁阀,看有无发凉的感觉,并且细心倾听电磁阀处有无制冷剂喷射声,有上述现象即是关闭不严	2)修整抛光或更换

（续）

故障现象	故障原因	检查方法	排除方法
关闭不严	3）脏物使阀门关闭不严	3）拆开电磁阀及过滤网加以检查	3）清洗阀门及过滤网,如过滤网破损应予修复,如过滤网孔过粗可在过滤网内再加一层
	4）导压孔口堵塞,顶部压力不能得到正常的平衡,活塞下部阻力增大,活塞下移迟滞,以至不能紧紧压在阀座上	4）将电磁阀分解后目测	4）清洗电磁阀,疏通导压孔,在确认无误的情况下,可将导压孔扩大 0.1mm 左右,倘若扩大后不能正常工作则将小孔铆小
	5）弹簧力过小	5）检查弹簧形状和自由长度	5）更换或重绕弹簧,应及时将原弹簧适当拉长
	6）电磁阀流动标向同介质流向相反	6）检查电磁阀箭头方向是否指向膨胀阀	6）将电磁阀一个方向再装入系统
断电不关闭	1）动铁芯卡住	1）拆下检查	1）排除卡阻因素
	2）剩磁吸住动铁芯	2）把电磁阀拆下,用手拉动铁芯,然后再把铁芯向上推到死点,松手看剩磁能否把动铁芯吸住	2）设法去磁或更换新材料
介质泄漏	1）密封圈垫受损	1）观察介质泄漏处垫圈有无损坏	1）拧紧螺钉或更换热圈
	2）紧固螺钉受力不均	2）用旋具拧紧钉,试螺钉的松紧	2）松开所有螺钉重新紧固
	3）隔磁套管焊缝渗漏	3）将隔磁套管拆下观察其外部有无油迹	3）用钎焊补漏或更换新套管

6-18 浮球调节阀失灵的主要原因是什么？如何维修？

答：低压浮球阀是以低压液面的高低来控制进液量的调节阀，也是自动调节蒸发器流量的节流器，图 6-10 所示为小型制冷设备用的低压浮球阀。它与下面的蒸发盘管结合一体，成为节流阀与蒸发器的组合体，浮球与阀针由杠杆、铰链连接组成进液控制阀。当液面下降时，浮球与液面一起下落，阀针被打开或开大，进液量增大。当液面上升，浮球随液面上升，而关小阀门，进液量减少；当液面上升到控制高度时，阀针就关闭阀门，停止进液。所以浮球阀是将液面的变化作为调节流量的动力。

根据使用场合不同，也有将浮球阀与蒸发器分离开来，然后用管子把两者连接。如壳管满液式蒸发器与低温设备的中间冷却器，可采用浮球阀来控制液面。

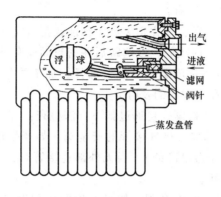

图 6-10 浮球调节阀

用浮球阀控制满液式蒸发器，可以避免压缩机产生液击的危险。

浮球调节阀失灵的主要原因是容器内的液面经常波动，引起浮球阀启闭频繁，阀芯与阀座很容易磨损。

浮球阀的故障和维修办法见表 6-5。

表 6-5 浮球阀的故障和维修办法

故障现象	故障原因	维修办法
浮球阀不能开或不会关	1）系统中有焊渣、铁屑、锈泥等垃圾卡住	1）装置过滤器并定期进行检查清洗
	2）浮球本身有小孔，或焊锡被腐蚀，造成浮球漏，不会关	2）焊好砂孔，焊锡结构改为电焊结构
	3）浮球使用较久，柱形阀体磨损严重，不起关闭作用	3）柱形阀换新
浮球开不足	柱形阀孔光洁度不够，或阀呈椭圆或圆锥形	用绞刀绞孔，使光洁度、几何形状准确
浮球连杆与柱形阀脱离关系，造成浮球直通，引起压缩机严重湿冲程	调整螺丝处的开口销，在工作时销子脱落	拆开检查后重新装置开口销
浮球落下，引起严重湿冲程	连杆制造质量不好，应力集中，过满时受力螺钉处断裂	用韧性较好的钢重新制造连杆

6-19 安全阀渗漏失灵的原因是什么？如何判断和排除？

答：安全阀应每年进行一次校验，校验它的准确性和灵敏度，以及检查密封性是否合乎要求。在拆卸时，首先关闭截止阀，然后将安全阀内的氨气泄去，再拆下安全阀进行检查和校验。

1）引起渗漏失灵的原因有：

① 长期使用未定期校验，使弹簧失灵、锈蚀或密封面损坏。

② 安全阀起跳后未及时校验，或起跳后在密封面处有异物存在。

③ 安全阀本身制造质量问题。如材料选择，加工质量，装配和调试不当等，均影响安全阀的使用寿命和起跳的及时。

2）安全阀工作时产生渗漏，可通过如下方法检查：

① 对装于压缩机上外部有排气接管的安全阀，如产生渗漏，其连接管将会出现发热现象（不漏时管子应是冷的）。当无外部连接管时，可根据压缩机吸、排气温度和压力变化加以判断。

② 对装于压力容器上的安全阀，如果发现阀体和出口端有结露或结霜现象，则说明安全阀渗漏失灵。

③ 安全阀泄漏时，如阀芯为聚四氟乙烯，可用塑料棒车削的方法更换密封圈；如为轴承合金应重新浇铸；如为钢制阀芯，阀座与阀芯不严密时，可用研磨的方法修理。

④ 研磨时，应用细研磨砂，再用微粉进行细磨，然后用润滑油进行对研，研磨时要防止偏磨。在调换磨料时，应将磨具和零件用煤油清洗干净，防止精磨时磨料中混有杂质。如阀座密封面有斑点，或偏磨严重，应先车削一下，再进行研磨，然后组装。

3）安全阀组装后应进行校验。校验时，可用空气压缩机或油压进行校验，如用油压，校验后不用清洗，可直接装到机器或设备上应用。其校验方法，如图6-11所示。一般不允许在制冷压缩机上进行校验，以防止发生事故。

① 安全阀必须定期进行校验，在表6-6压力时自动起跳。

表6-6 安全阀起跳压力值

项 目	调整压力	压力/10^5Pa	
		NH₃ 和 R22	R12
压缩机安全旁通阀		15.69±0.49	15.69±0.49
在贮液器和冷凝器上的安全阀	接至大气	18.13	14.70
	接至低压侧	15.69	12.25

② 安全阀是压缩机和压力容器设备的重要安全保护装置，出厂时已调整在额定压力起跳并加了铅封，不允许操作者随意拆卸调整。当安全阀起跳后或经过长期工作需要重新校验时，就将安全阀送交当地计量部门在专门的校验设备上进行调整，并重新加以铅封标记方可使用。

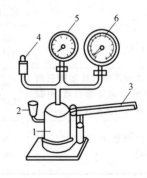

图6-11 泵压校验装置

1—泵壳 2—加油杯
3—手柄 4—安全阀
5——般压力表
6—标准压力表

6-20　温度继电器如何进行调整和检修？

答：温度继电器又称温度自动开关和温度控制器。它是用来控制温度的电路开关。它有感受温度元件，可以通过执行机构控制电路的通与断，使空调设备系统内的温度保持在一定范围之内。目前最常用是波纹管式温度继电器和感温管式自动温度控制器，尽管继电器的型号、外形结构各不相同，但它们的结构原理是大同小异的，维修人员可根据不同的结构特点来进行分析判断，从而找出故障的所在并修复。例如北京、天津早期产品是借助一个簧片来牵引动触头断开与闭合，而这一簧片却极易受潮锈蚀甚至烂掉。沈阳产的半自动化霜控制器的动、静触头是封闭在一个小胶木盒里，日久也会因潮湿而锈坏小弹簧，产生开停不正常的故障。检修时应首先检查机械及传感部分是否灵活完好，有无锈蚀现象，一般情况下不要随便拆修装配，特别是对弹簧和簧片的更换，须用同一型号、规格，并作调试，不可随意配制，否则可能造成整个动作不灵敏、不准确，以致不能正常工作。若机械部分无故障，而感温包出现泄漏情况，则应对感温包进行重新充加感温剂。

温度控制器感温腔充气的方法：

1）感温剂泄漏后，作用在波纹管上的压力消失，温度继电器内的动、静触点跳到高处，不能使触点闭合。若用一字型旋具拨动使其与静触头强行闭合，一字型旋具离开后，动触点仍然跳离到原位，就可初步判明为感温剂泄漏。取下温度继电器，将感温管放入 $60 \sim 70℃$ 的热水中，把温度调节旋钮旋至刚接通电源的位置，如动、静触头仍不闭合，以至要用手将波纹管压缩到最低位时才能使动、静触头闭合。但一旦放手，触点又跳开。这说明感温腔内的感温剂泄漏殆尽。

2）修理前，先将感温包接在制冷剂钢瓶上，充入气体后放入水槽内检漏，查出漏点作好标记，放掉感温腔内的气体，可用锡焊或银焊补漏。若泄漏发生在波纹管处，焊补时应注意不影响波纹管的弹性。焊补结束，仍应试漏，直至确定无漏后才可充加感温剂。

3）充加感温剂的方法有：气体充加式、液体充加式、定量充加式和吸附充加式。在小型冷冻设备上使用的温度继电器多采用气体充加式。因为气体充加式要求使用中必须保证温度继电器上的感温管所处的环境温度低于波纹管所处的环境温度，使温控过程中感温管端部凝有少量液体和饱和蒸气以满足温控过程中因温度变化产生的压差要求。一般小型冷冻设备内的温度继电器安装位置恰好符合上述要求。

4）在充灌感温剂（一般是氯甲烷或 R12）之前，虽然维修条件受限制，但必须保证感温腔部分所处的环境温度低于感温管部分所处的环境温度。具体步骤如下：首先把整个感温管尽量理直，然后将温度旋钮调至中间一档，使感温包垂直向上，并和专用修理阀（图 6-12）的出口 1 相连，把出口 2 关死，入口端接感温剂瓶。微微开启修理阀，此时压力表指针指示感温腔内压力值，当上升至开车压力时可以听到接点闭合的声音，记下压力表上数值，并关闭出口 2。再从入口流入感温剂重复上面的操作，计算开、停车压力差是否保持在（45～53.9）×10³Pa 之间。这是通过调整灵敏度螺钉以及有关机械部分来达到此数值范围的。然后再把温度调节旋钮调至最高和最低点，对这两点进行同样的压差试验，如果符合上述要求，再调回中间一档，进行试验。试验完毕后再继续加气使感温腔内压力保持在（294～343）×10³Pa（表压力，室温为 20～25℃）。最后用封口钳封死、焊牢。这种充灌感温剂的方法，不必抽真空就可进行。这是因为感温腔和感温管是垂直放置的，由于空气的密度比 R12 或氯甲烷小，在密闭容器里它总是浮在上面，所以经过多次的充放气就可以把感温腔内的空气全部排出来。

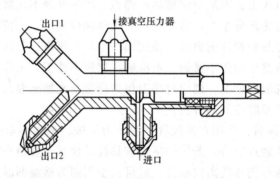

图 6-12　具有 2 个出口的专用修理阀

6-21　压力继电器常发生什么故障？

答：压力继电器是制冷设备中一个保护性元件，是一种受压力信号控制的电器开关。在制冷压缩机组上，当压缩机的吸、排气压力发生剧烈变化时，若超出其正常工作压力范围，高、低压继电器的电触头能分别切断电源，使压缩机停车达到保护目的。

压力继电器故障主要反映在下面几个方面：

1）压力继电器触头在运行时，没有闭合（触头又分动触头和静触头）。压力继电器动、静触头之间，在运行时应闭合的。如果触头不闭合，冷冻机不能启动。

影响触头不能闭合的原因很多，如触头被烧毁或有污物隔绝；杠杆系统发生故障；与排气压力连接的小管被堵塞；由于过载，波纹管损坏；电路导线被弄断等。

2）压力继电器在高压过高、低压过低的情况下，触头不能断开。如属这类故障必须引起警惕，它比触头不能闭合的危害性更大，也就是说，当高压很高、低压很低时，冷冻机仍在运转，这很危险，容易造成电动机的烧毁。造成故障的原因，一般是波纹管漏气，或连接小管已破裂。停车后用肥皂水检查，发现漏口及时处理。

3）油压过低时压差继电器不起作用。压差继电器是保护冷冻机正常润滑的一种电器开关。它的故障多见于调节弹簧失灵，电器短路不通，压差刻度不准，延时机构失灵等。

6-22 空调制冷设备检修后如何对系统进行吹污？

答：全面检修或在某些情况下作临时的停机检修时，系统在气密性试验或充灌制冷剂前，须用压缩空气将系统中残存的油污、杂质、水分吹除干净。

系统吹污宜分段进行，先吹高压系统，后吹低压系统，排污口应分别选择在较低部位。在排污口置一干净白纸，当纸上无污点出现时，可认为系统已吹干净。

为了使油污溶解，便于排出，也可将适量的三氯乙烯充入系统，待油污溶解后进行吹污。三氯乙烯对人体有害，使用时室内应注意通风，操作者应尽量远离。

系统吹污完毕，应在干燥过滤器内加入分子筛或硅胶吸湿剂。添加吸湿剂前应检查一下干燥过滤器的过滤网有无损坏，污物是否已消除干净（可对着光亮处检查）。

6-23 空调制冷设备检修后如何对系统进行气密性试验？

答：气密性试验的目的在于确定系统是否有渗漏，一般须作压力试验、真空试漏与工质试漏。检漏主要用来确定具体的泄漏部位，而试漏主要用来确定系统有无渗漏，为检漏的必要性提供依据，因此检漏与试漏总是配合进行的。

（1）压力试漏 压力试漏，俗称打压试验，是气密性试验最常用的试漏方法。如压缩机自身无压力显示仪表，试漏时应临时安装。在设备安装显示仪表时，最好在高压系统和低压系统分别安装真空表。这不仅使压力试漏成为可能，而且也便于日常的操作调整与检修。

① 压力试漏须用干燥空气或氮气进行。不具备条件的较大系统可利用外接空压机进行打压试验，但须经干燥过滤器处理，最后还要用氮气吹污。

② 压力试验可分两步进行：第一步，整个系统充压至 784~980kPa。待压力平衡后，记下各压力表指示的压力、环境温度等参数，保压时间 6h，允许压力降9.8~19.6kPa。继续保持压力 18~24h。在环境温度变化不大的情况下压力无变化，即可认为第一次打压试验合格。第二步，较大系统可关闭高、低压处截止阀，在高压系统充入表压 1372~1568kPa 的干燥空气或氮气，保持 6h，允许高压系统的压力降 9.8~19.6kPa，继续保压 18~24h 压力无变化，可以认为系统气密性良好。

③ 当发现系统泄漏而检漏困难时，可对压缩机、冷凝器、蒸发器等分别进行压力试漏，以逐步缩小检漏范围。

小型制冷系统的气密性试验须用干燥氮气进行。

（2）真空试漏 真空试漏的目的是使系统处于真空状态，观察大气是否渗入系统。这一措施对于制冷剂蒸发压力低于大气压的系统（如低温箱）是十分必要的。

① 最好使用机械泵抽真空，真空度可以用压力真空表测量，有条件的最好用U形水银压差计。

② 利用制冷压缩机抽真空时，低压表指针不再下降时即可停机。对于高、中温类制冷设备，进行系统真空试漏时其真空度一般不低于 5.3kPa，较小的系统可达到 101.3kPa 以下。所得真空度须保持 18~24h，无变化者可认为真空试漏合乎要求。

（3）工质试漏　工质试漏与压力试漏的方法相似。系统抽真空后充入制冷剂，充入制冷剂的数量以系统中的压力环境温度下工质冷凝压力低于 98kPa 左右为宜，保持 18h 无压力降即可认为试漏合乎要求。

工质试漏为系统充灌制冷剂做好了充分的准备。所充入的制冷剂可以直接使用，也可以作为清洁系统之用。

工质试漏也可用下述方法：

① 系统充灌制冷剂，使表压达 98~196kPa。

② 再充入干燥氮气，使表压达 784~980kPa，其要求与打压试漏相同，压力基本稳定后保持压力 18h 无变化即可。此方法利用了制冷剂渗漏能力强这一特性，可提高检漏成功率，同时也节省了制冷剂。

在气密性试验过程中，检漏的手段也须跟上。只有检漏与修补可靠，上述气密性试验才有可能符合要求。

试漏需注意的问题：

① 不许充灌氧气，氧气和系统中的油易发生化学变化，一旦遇到明火和压缩，会发生爆炸。

② 试漏时如系统中充入氮气、空气，特别是氧气时，决不允许强行起动压缩机，不然会引起爆炸。

6-24　制冷系统抽真空的目的是什么？

答：制冷系统通过气密性试验和检漏后，必须进行彻底的抽真空，才能使装配获得成功。抽真空的目的是从系统里排除湿气和不凝气体。制冷系统中如有水分和不凝气体，会对压缩机和整机产生严重影响。

系统中的水分会造成：

1）冻结。

2）同制冷剂反应生成盐酸-氢氟酸。

$$2H_2O + CCl_2F_2 \longrightarrow 2HCl + 2HF + CO_2$$

$$而\ H_2O + CCl_2F_2 \longrightarrow COF_2 + 2HCl$$

3）产生镀铜现象。

$$[O]+2HCl+2Cu \longrightarrow 2CuCl+H_2O$$

$$Fe+2CuCl \xrightarrow{H_2O} FeCl_2+2Cu$$

反应生成的铜在铁的表面沉淀，从而产生镀铜现象。由以上化学反应可以看出，系统中存有水分与 R12，发生化学反应后产生 HCl（盐酸），盐酸会腐蚀金属零件。另外，盐酸和铜反应会侵蚀冷凝器和漆包线的铜，严重的还会使铝蒸发器烂穿、电动机烧坏，进而影响压缩机的使用寿命。另外，阀体、阀板上镀铜后还会破坏气密性。

4）油老化。

5）加速氧化。

不凝气体会造成：

1）油的老化。

2）氧气能促进油与 R12 间的化学反应。

3）其他气体会提高冷凝压力，使压缩机耗电量增加，产冷量减少。

4）促使机械和电器结构的损坏，如油变成暗色、淤渣、阀板积炭。

从上面的分析中可看出，抽真空是维修中很重要的一个环节。

6-25 开启式、半封闭式压缩机制冷系统如何抽真空？

答：开启式和半封闭式压缩机制冷系统理想的抽真空装置是真空泵，因为用压缩机本身进行抽真空往往达不到理想的真空度。如果不具备条件，也可利用压缩机本身抽真空，操作步骤如下：

1）开启制冷系统所有连接用的截止阀，关闭所有通向大气的截止阀，在系统上安装真空压力表。

2）关闭压缩机上的排气截止阀，打开多用通道，并将压力继电器中的触点暂时接通，抽真空后复原。

3）起动压缩机，慢慢开启压缩机排气截止阀，把系统内的气体从排气截止阀的旁通孔排出。开始运行时如发生喷油现象，可将压缩机点动开车，直到不喷油时再转入连续运行。

4）到真空度达到 99.90kPa 以下，并在排气旁通口感觉不到有气体排出，即可停车，立即关闭通道口。

5）压缩机运转时，一定要把油压保持在 147～196kPa，如果油压过低，只允许断续或短时间开动。

6-26 全封闭式压缩机制冷系统如何抽真空？

答：全封闭式压缩机制冷系统的抽真空：

（1）干燥抽真空 干燥抽真空适用于较小的封闭制冷系统。在维修中，如果制冷系统能从箱体上拆下，可将整个系统放入干燥箱内，箱温加热到105℃保持2h，再开动真空泵抽空（因为如先开泵，空间呈绝热状态，机件加热慢，水分不易蒸发，会使抽空不彻底）。然后持续加热1h，停止加热，真空泵还要继续抽真空，直至干燥箱内降至常温。

对于含水量和进入空气较少的制冷系统，不必拆下整个系统进行干燥抽真空。可先开动压缩机运转24h后停止，使绕组温度上升（一般封闭式压缩机外壳保持60~80℃），开动真空泵抽真空4h以上。蒸发器、冷凝器和管路可用远红外线灯加热，但温度不要超过60℃，以免损坏塑料件和箱件。

(2) 二次抽空　二次抽空适用于全封闭压缩机制冷系统。首先根据制冷系统大小选择合适的真空泵，在系统上安装真空压力表和修理阀，并将阀体、接管，真空泵连接在一起。一般系统内只装有吸气工艺管，连接工艺管时尽量选粗些的管，这样可使系统中的水分易于排出。管路连接后可开动真空泵，制冷系统真空度达到101.3kPa时真空泵停止，第一次抽空结束。紧接着向制冷系统内充入制冷剂，使表压为零（也可充入氮气吸收制冷系统中的水分，然后放出）。然后可进行第二次抽空，直到真空值稳定为止，这个值一般小于101.3kPa。

二次抽空和一次抽空的区别是：一次抽空时，高压部分的残余气体必须通过毛细管后才能到达工艺管被抽除，由于受毛细管阻力的影响，抽空的时间加长，而且效果不尽理想；二次抽空是在第一次抽空结束后向系统充入R12气体，使高压部分空气被冲淡，剩余气体中的空气比例减少，二次抽空结束时，对不凝性气体而言，能得到较为理想的真空度。

(3) 双侧抽空　根据二次抽空的道理，采用双侧抽空效果更好，时间也相对缩短。在修理过程中，可在排气管上钻一小孔，焊上毛细管，接上修理阀（或组合工具），也可在过滤器处引出一个接头，同时在原有的吸气工艺管上接上抽空工具，进行双侧抽空。双侧抽空优点很多，第一，可在排气管路上接一压力表，观察排气压力的变化。第二，在充灌制冷剂后，也可在此口排放系统中的残余空气。但是，由于增加一个接头，操作复杂化，不过从整体上看是利大于弊的。

6-27　如何对开启式、半封闭式压缩机制冷系统充灌制冷剂？

答：制冷系统抽真空后，就可以充入制冷剂。开启式压缩机制冷系统充灌制冷剂方法较多，但较为常用的是低压吸入法。吸入法不但适用于系统首次充灌，也适于在添加制冷剂时使用。吸入法是在压缩机运转的情况下进行的，充灌时主要是吸入氟利昂蒸气，也可充入液体。但须注意，阀门开启要小，以防止制冷剂液体进入压缩机，产生液击现象。操作步骤如下：

1) 将制冷剂钢瓶放在磅秤上，拧上钢瓶接头。

2) 将压缩机低压吸入控制阀向"逆时针"方向倒足，关闭多用通道口，拧下多用通道口上的细牙螺塞和其上所装接的其他部件。

3）装上"三通接头"，一端接 -101.32～1568kPa 的真空压力表，另一端连接充注制冷剂用的 φ6×1 纯铜管，并经过充灌用的干燥过滤器，再连接到制冷剂钢瓶的接头上。

4）稍打开钢瓶上阀门，使纯铜管中充满氟利昂气体，稍拧一下三通接头上的接头螺母，利用氟利昂气体的压力将充灌管及干燥过滤器中的空气排出。然后拧紧所有接头螺母，并将钢瓶阀门打开。

5）使连接管及干燥过滤器均处于不受力状态，从磅秤上读出质量数值，在整个充灌过程中均须作记录，充灌用部件及磅秤不得承受任何外力，以免影响读数。

6）按顺时针方向旋转制冷压缩机的低压吸入控制阀，使多用通道和低压吸入管及压缩机均处于连通状态，制冷剂即由此进入系统。充灌时应注意磅秤上质量读数变化和低压表压力变化（一般不超过 196kPa）。若压力已达到平衡而充灌数量还未达到规定值，先开冷却水（或冷却风扇），待冷却水自冷凝器出水口流出后，起动压缩机进行充灌，开机前先将低压吸入控制阀向逆时针方向旋转。关小多用通道口，以免发生液击（若有液击，应立即停机），然后逐步按顺时针方向开大多用通道口，使制冷剂进入系统。

7）当磅秤上显示的数值达到规定的充灌质量时，先关钢瓶阀，然后逆时针旋转低压吸入控制阀，关闭多用通道口，立即停下压缩机。

8）松开和卸下接管螺母及充灌制冷剂的用具以及三通接头，将此处原先卸下的细牙接头和低压表等部件接上并拧紧。

9）顺时针旋转低压吸入阀 1/2～3/4 圈，使多用通道口与低压表及压力控制器等相通（开启的大小以低压表指针无跳动为准）。

6-28　如何对全封闭式压缩机制冷系统充灌制冷剂？

答：全封闭压缩机制冷系统一般只留有一个低压工艺管，因此充灌制冷剂时往往也采用低压吸入的方法。制冷剂最好定量充入，但由于维修中制冷设备种类很多，大多又无制冷剂充入值的标记，故可用观察法来帮助判断。

充灌前将制冷剂钢瓶与灌制冷剂工具（有组合工具）的直角三通阀连接，阀的另两端接低压工艺管和压力表（最好在高压端也接压力表）。打开制冷剂钢瓶并倒置。将接管内空气排出，然后拧紧接头，充入制冷剂。看表压不超过 147kPa 时关闭直通阀门，起动压缩机，观察蒸发器挂霜情况。也可以边充灌边观察地进行，待蒸发器已结满霜时不再充灌，让压缩机运转 10～15min 后停机。待蒸发器上霜融化再开动压缩机，观察蒸发器所保持的结霜状态，到结满、结实为止。

另外几种方法也可用于帮助判断：

1）通过蒸发压力和冷凝压力判断，因为通过压力可查到相对应的饱和压力的温度值。

2）在箱内蒸发器或中间架上放置温度计，观察蒸发温度和箱内温度来判断。

3）如有条件，也可以用热电偶测量蒸发器温度，方法是测量蒸发器进、出口表面温度，如图6-13所示。准确充入量的检测标准，是点2和点1的温度尽可能相同，而点1和点4间制冷剂的过热度为4~7℃。

充灌制冷剂时还应注意温度对制冷剂的影响，一般冬季气温低，低压压力可适当低一些（电冰箱低压可为58.8kPa），夏季气温高，可稍高些（低压压力为78.4kPa）。最后根据系统情况修正充灌量值。

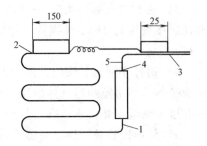

图6-13　蒸发器温度测量点

注：1号热电偶：吸入侧贮液筒前的蒸发器温度；2号热电偶：距蒸发器入口的150mm处的蒸发器温度；3号热电偶：测量距热交换器入口25mm处的对面毛细管的热交换器上的温度；4号热电偶：吸入侧贮液筒后面的蒸发器温度；5号热电偶：为控制霜界限用的吸气管上的温度。此温度在吸入贮液筒出口和热交换进口间测量。

6-29　充灌制冷剂时应注意哪些事项？

答：充灌制冷剂应注意：

（1）要掌握最佳充灌量　制冷剂充灌量与制冷装置的性能密切相关。制冷剂充灌过多易引起液击，因为蒸发器内的液体不能完全蒸发，仍然呈液态被吸回到压缩机；充灌量过少，蒸发器的全部面积不能有效利用，制冷能力也低。那么怎样掌握呢？实践和理论计算表明，从降温速度上讲，由常温降至箱内设计温度所需的时间，以充灌稍多为好；从节省电力角度来看，则充灌量比最大限值稍少一点好；从连续使用来看，综合利弊，仍以充灌稍少一点为好。

（2）充灌的制冷剂必须经干燥、过滤处理　由于厂产的制冷剂含水量超过制冷系统所要求的指标，因此须经干燥过滤器过滤后才能充入系统。

（3）制冷系统不许充灌甲醇　在修理过程中，往往由于操作不精心或不按规程进行，使制冷系统中因水分过多而出现冻堵，结果就向系统内充灌防冻剂甲醇。充入防冻剂后会形成带有水沉积物的冻结混合物，从而给系统带来一系列弊病。

① 产生腐蚀和镀铜。

② 被干燥剂吸附，降低了干燥剂的效用。

③ 促进了绝缘材料的醇解，电动机易烧毁。

较为理想的解决冻堵的方法是使用足够大和优质的干燥器脱水，加上精心地按规程进行操作。

6-30　制冷系统试运转时如何对压缩机进行性能检测？

答：制冷系统经修理后，对压缩机和整个系统应进行试车，调试合格后方可正常运行。

对压缩机进行性能检测的目的，只是判断经修理后的压缩机是否能满足制冷设备的基本要求，而不必准确地测量出制冷量等技术指标。检测项目及测试的步骤和方法如下：

1）排气侧的密封性（在机壳封焊以前进行）　开动压缩机，当气罐压力达到1.5MPa时停车，用毛刷沾冷冻机油涂于密封垫、缸盖螺钉、排气管焊口等可能产生泄漏的部位，如无气泡泄漏现象即为合格。

2）排气阀片的密封性　将排气端上的放气阀关闭，开动压缩机，当压力升至1.5MPa时停车，观察压力表是否迅速下降不超过0.1MPa即为合格。

3）起动性能　高压保持1.5MPa，吸气侧为大气压力，将电压调低至额定电压的85%，此时如能正常起动即为合格。

4）负荷抽空试验　在机壳封焊后进行，吸气侧安装真空表，开车后通过调节放气阀使高压稳定在1.0MPa，若真空度不低于5.328kPa即为合格。

注意试验开车时间不可太长，一般不超过3min。因为试验时以空气为介质，其高压排气温度较高，长时间运行会使排气阀出现积炭（油垢）或锈蚀，高压腔内出现积水和锈蚀等现象。

整机检验合格封焊后，应将焊口打磨干净，并涂上醇酸黑漆，进行整机抽空干燥，可采用图6-14所示的小型干燥箱进行干燥处理。

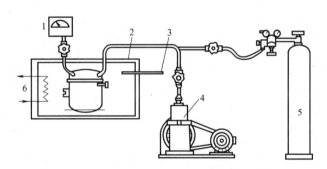

图6-14　小型干燥箱

1—真空表　2—干燥箱　3—温度计　4—真空泵　5—氮气瓶　6—加热器

6-31　制冷系统如何进行试运转？

答：制冷系统经全面检修后应对系统进行性能试验，具体包括以下几项：

（1）起动性能　当检修或换压缩机和电动机后，应对起动性能进行试验。其方法是在试验制冷性能前，人为地开、停车2~3次，每次开车3~5min，停车5min，每次起动不出现自动停车现象为正常。

（2）制冷性能　将温度控制器调节钮调在中间点，关门开车运行30min左右，再打开箱门观察蒸发器结霜情况，并用手指沾水接触蒸发器四壁，如均有冻粘感，则表明制冷性能正常。

（3）制冷系统内残留空气的检测　残留空气较多时，制冷性能一般也能达到要求，但冷凝压力增高，耗电量较大，而且机件容易腐蚀，影响使用寿命。具体的判断方法：开车 20~30min 后用手触摸冷凝器的上下部，如上部较热，下部温热，则为正常；如上部很热，下半部不热，则表明残留空气过多。

（4）制冷系统内残留水分的检测　将温度控制器旋至强冷方向的极点，开车运行 2~3h，若不出现冰塞现象，则为正常。

（5）温度控制性能试验　将温度控制器调节钮置于中间点，冰箱开动 1~2h 后可自动停车，并在停车一定时间后又自动开车，且冷藏室温度不高于 8℃，不低于 0℃，则表明温度控制性能良好。

（6）制冷剂充注量检验　冰箱运行稳定后，观察吸气管在箱体背后出口处的结霜情况，在环境温度为 25~30℃ 时，应无霜或只有一小段（不大于 200mm）结霜；如果吸气管结霜段太长，甚至延伸到压缩机附近，或邻近压缩机处出现结霜，则说明制冷剂充注量过多。出现这种情况，虽然可以满足制冷性能的要求，但耗电量会偏高。

制冷系统经修理后，通过试车，调试合格制冷性能达到要求后，再运行 24h，如无发生异常现象，证明检修质量合格，可投入正常运转。

第7章

电冰箱、冷藏箱及低温箱的维护

7-1　电冰箱有什么作用？它有哪些容量规格？

答：电冰箱主要用来冷藏肉类、蛋、乳制品、水果、蔬菜等容易腐烂变质的食物，此外，常用在科研、医学、商业等方面进行冷藏物品用。

我国市场出售的电冰箱都是蒸气压缩式电冰箱。家用电冰箱采用单相电源（220V、50Hz）、全封闭式压缩机、自然冷却式冷凝器，制冷剂用 R12，单级蒸气压缩式循环。

电冰箱的种类有多种，分类方法也不尽相同。国内外电冰箱就其容量来说，已经发展成系列产品，电冰箱的规格以容积单位 L 表示，各国计算方法不尽一致。我国生产的电冰箱都是指有效容积，即关上冰箱门以后箱体内壁所包括的可供存放物品用的空间容积。国家标准中规定，有效容积测算值不得小于铭牌标定容积的97%。但是，国外许多电冰箱的容积标定与我国不尽相同。欧洲生产的电冰箱的铭牌标定容积很多是公称容积。公称容积等于箱内两侧距离平均值乘后壁到门内壁距离平均值乘顶面与底面距离平均值。公称容积包括了箱内无法使用的容积。一般来说，公称容积比有效容积大 8%~10%。例如，匈牙利制造的 LEHEL（莱哈尔）单门电冰箱（铭牌 HB200SS），公称容积是 200L，有效容积只有 180L。此种情况，读者挑选时要切记。

电冰箱的规格按其内部有效容积分类有：50L、75L、100L、120L、150L、170L、195L、250L、300L、350L、400L、450L 等（国外有的以 ft^3 为单位，1ft^3 ≈ 28L，其规格如：2ft^3、2.5ft^3、3ft^3、4ft^3、5ft^3、6ft^3、7ft^3、8ft^3、9ft^3、10ft^3、12ft^3、15ft^3 等）。

7-2　国内外电冰箱的技术发展概况如何？

答：据史料记载，1820 年人工制冷试验首次获得成功。过了 14 年，即 1834 年，美国工程师雅布·帕金斯制成了第一台压缩式制冷装置。这是制冷技术的重大突破。1918 年，美国凯尔维纳脱公司的科伯特工程师设计制造了第一台家用自动电冰箱。在 20 世纪 60 年代前，国外电冰箱产品，其性能、结构和外观形状等变化不明显，产品改进缓慢。随着科学技术的进步，从 20 世纪 60 年代初开始，无论是箱体结构还是制冷系统的压缩机、蒸发器、冷凝器等，都有较显著的改进。塑料制品及塑料喷涂技术开始用于冰箱制造中，箱内大部分零件都采用了塑料件，如门内框、内壳、食品存放盒、制冰盒等。由于绝缘材料的改进，冰箱压缩机开始向小型化全封闭方向发展，并导致了压缩机转数的提高，体积显著缩小，噪声大幅度下降，从而提高了电冰箱的整体性能。

电冰箱的控制方面，增设了冷冻室的半自动化霜装置。20世纪70年代出现了双门双温电冰箱，冷凝器藏在箱体后壁中，温度调节安装在箱体顶部的表面，绝大多数电冰箱装有自动控制开关，因而冰箱的性能稳定，噪声低，降温快，使用方便，外形美观。

电冰箱的箱体绝缘材料也发生了变革，采用了聚胺酯泡沫塑料。由于该材料的热导率小、质量小、不吸水、不腐蚀，因而强化了保温性能，在传热系数 K 值不变的情况下，可以减小箱体绝热层厚度，也相应地缩小了箱体外形尺寸，减轻了箱体质量。

由于科学技术的进步和人们生活水平的不断提高，也带来家用电冰箱款式上多元化的急剧变化。从功能上来分类，有冷藏箱、冷冻箱和冷藏冷冻箱等。从放置形式上分类，有台式、立式、卧式、壁挂式、嵌入式和移动式等。近年来，国外电冰箱正朝着薄型电冰箱、软壳透明电冰箱、多门电冰箱、深冷电冰箱、不解冻型电冰箱的方向发展。使未来电冰箱市场更多姿多彩、各类冰箱各具特色。

我国电冰箱制冷技术起步较晚。从20世纪80年代中期国产第一批单门电冰箱进入市场以来，制冷技术迅速发展，现在已能生产三门、四门、对开门等多种箱门型电冰箱，而且制冷方式已由当时的直冷式发展成间冷（无霜）式。可以说，现在我国家用电冰箱无论外观还是内在质量上已接近国际先进水平。

为了保护环境，防止破坏臭氧层，1991年6月许多发达国家签订了《关于消耗臭氧物质的蒙特利尔议定书》，提倡世界各国电冰箱生产企业，在电冰箱生产中使用其他的化学物质替代 CFCs 制冷剂 R12 和发泡剂 R11，即无氯或低氯电冰箱，我国也在议定书上签字。我们相信在不远的将来，一定会研制出既无公害，又无负面影响，适应全方位替代的制冷工质广泛应用于绿色环保电冰箱中，使家用电冰箱更加完善，更加理想。

7-3 电冰箱如何分类？

答：家用电冰箱可按制冷方式、功能、冷冻室温度星级、环境温度来分类。

（1）按制冷方式分类 按制冷方式，电冰箱一般可分为直冷式与间冷式。直冷式电冰箱利用箱内空气自然对流或传导，以冷却食品，冷却速度较慢。普通单门电冰箱多用直冷式，相当一部分双门电冰箱也采用直冷式，但冷冻室和冷藏室各有蒸发器，其结构如图7-1所示。

间冷式电冰箱仅设一个带翅片蒸发器，位于冷冻室后面或冷冻室与冷藏室之间的风道内，利用冷却风扇转动产生的风力，强制箱内空气对流，使冷气进入冷藏室与冷冻室，以冷却食品，所以冷却速度较快，其结构如图7-2所示。还有少数电冰箱采用直冷与间冷混合式，如图7-3所示，以满足不同食品的冷藏、冷冻需要。

（2）按功能分类　电冰箱按功能可分为单门电冰箱、双门电冰箱、三门电冰箱等。单门电冰箱，一个箱内既有冷冻室，又有冷藏室。蒸发器与接水盘间的空间为冷冻室，接水盘之下为冷藏室，冷冻室最低温度可达–12℃左右，冷藏室温度为2~8℃。

双门电冰箱冷冻室与冷藏室单独设置，有的冷冻室在上，冷

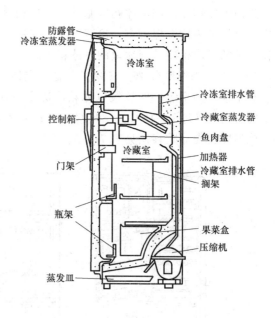

图7-1　双门直冷式电冰箱

藏室在下，有的冷冻室在下，冷藏室在上。冷冻室温度可达到–18℃，冷藏室温度为0~6℃。有的双门电冰箱在冷藏室上方设一保鲜室，对食品进行冰温（–3~0℃）保鲜。

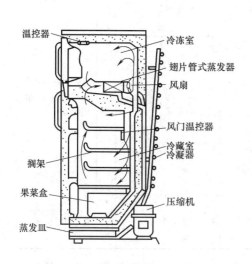

图7-2　双门间冷式电冰箱

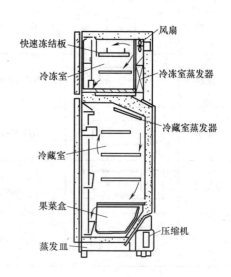

图7-3　直冷、间冷混合式双门电冰箱

三门电冰箱在双门电冰箱的基础上，单独设置冰温保鲜室或功能转换室。功能转换室可转换为冰温保鲜室、冷藏室或冷冻室，如图7-4所示。此外，还有四门电冰箱，可随时取得冷饮与冰块的电冰箱等。

　　（3）按冷冻温度分类　　按冷冻室温度电冰箱可分为一星级、二星级、高二星级、三星级、四星级，四星级电冰箱冷冻室有速冻功能（能把常温的定量食品在规定的时间内冷冻到-18℃，三星级的电冰箱不具有此种功能）。电冰箱不同星级与冷冻温度及食品贮存期见表7-1。

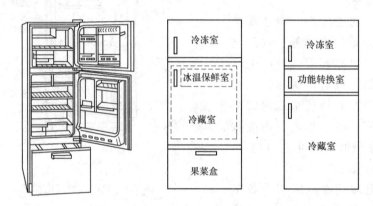

图7-4　三门电冰箱

表7-1　电冰箱不同星级与冷冻温度及食品贮存期

级别	符号	冷冻室温度	食品贮存期限	备注
一星级	*	不高于-6℃	1星期	国际 ISO 标准和我国国标 GB
二星级	* *	不高于-12℃	1个月	
三星级	* * *	不高于-18℃	3个月	
四星级	* * * *	不高于-18℃ 具有冷冻能力	—	
高二星级	* *	低于-15℃	1.8个月	日本 JIS 标准

　　（4）按环境温度分类　　国际标准规定，电冰箱按能适应的气候分为4种类型，每种类型所适应的环境温度以及冰箱应达到的温度指标见表7-2。

表 7-2 按适应气候分类电冰箱的温度指标

类型	代号	环境温度/℃	冷藏室温度/℃		冷冻室温度/℃		冷冻室/℃
			范围	平均	三星	二星	(果疏保鲜室)
亚温带	SN	10~32	-1<(上、中、下)<10	7	<-18	<-12	
温带	N	16~32	0<(上、中、下)<10	5	<-18	<-12	8<平均<14
亚热带	ST	18~38	0<(上、中、下)<12	7	<-18	<-12	
热带	T	18~43	0<(上、中、下)<12	7	<-18	<-12	

7-4 电冰箱型号的含义是什么？

答：目前对电冰箱型号规定如下：

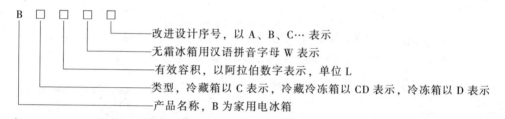

例如 BCD-165WA 电冰箱表示有效容积为 165L 的经 1 次设计改进的无霜式家用冷藏冷冻箱。

国外生产的电冰箱无统一规定，各生产厂家（公司或株式会社）各自有不同的型号规定。

7-5 单门电冰箱有什么结构特点？它是如何实现制冷和自动控制的？

答：单门电冰箱具有冷冻、冷藏及果菜保鲜功能。它只有一扇门，它的冷却方式是靠箱内顶部蒸发器的低温，使箱内空气自然对流来传递热量。铝锌复合板或纯铜管制成的蒸发器位于箱内顶部，蒸发器成⊐字形，并附有一小门，从而构成一个低温冷冻的小间室，一般只占冰箱总容积的1/5，温度可降到-12~-6℃，用以贮存冷冻食品或制造少量冰，具体结构如图 7-5 所示。单门电冰箱冷冻室下是冷藏室，它的温度范围在 2~8℃之间，可冷藏鲜食品及饮料。箱内常采用半自动化霜温控器，既控制压缩机的开停，以控制箱内温度，也用在霜层太厚时，按下温控器中间按钮，使压缩机停机，让箱温回升后化霜。化霜水流入接水盘，再通过导管流入箱底的蒸发皿。有的单门电冰箱在箱体门框四周及箱底布有防露管，用制冷剂的热量防止门框凝露，并用以蒸发蒸发皿中的化霜水，如图 7-6 所示。

冰箱制冷原理如图 7-7 所示，系统是由全封闭制冷压缩机、冷凝器、毛细管、蒸发器、过滤器五部分组成。用纯铜管连接，内部充灌制冷剂 R12。蒸发器装于箱体内部，冷凝器置于箱体后壁外表面。

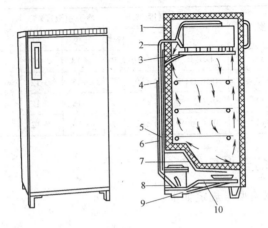

图 7-5　单门电冰箱外形和内部结构

1—隔热层　2—吸气管　3—接水盘　4—冷凝器　5—毛细管　6—过滤器　7—排水管

8—压缩机　9—蒸发水盘　10—副冷凝器

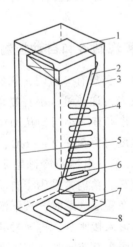

图 7-6　用制冷剂作加热器的
单门电冰箱制冷系统

1—蒸发器　2—回气管　3—毛细管

4—冷凝器　5—防露管　6—干燥过滤器

7—压缩机　8—蒸发皿加热器

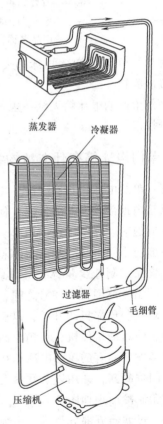

图 7-7　电冰箱制冷系统结构

单门冰箱的电路由起动过流保护继电器、温度控制器、箱内照明等组成，如图7-8所示。电路中的温度控制接点、保护继电器接点与压缩机电动机工作绕组串联，而起动继电器接点则与起动绕组串联。电动机起动时，因电流较大，起动接点被吸合接通，起动绕组中通过电流；电动机进入正常运转后，电动机电流和起动继电器的线圈中电流减少，起动接点断开，起动绕组中便无电流通过。照明灯通过开拨动杆（装在门上）与电源连接，门开灯亮，门关灯灭。

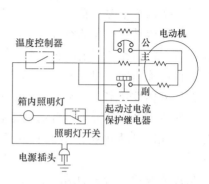

图7-8　单门电冰箱电路

7-6　什么称为风冷式双门双温电冰箱？它同单门电冰箱在结构上有什么不同？

答：风冷式双门双温电冰箱的箱体上有上、下两扇门，如图7-9所示。上门内为冷冻室，容积占冰箱总容积的1/4～1/3。下门内为冷藏室，容积较大。通常，双门双温电冰箱标定的有效容积为冷冻室和冷藏室容积的总和。

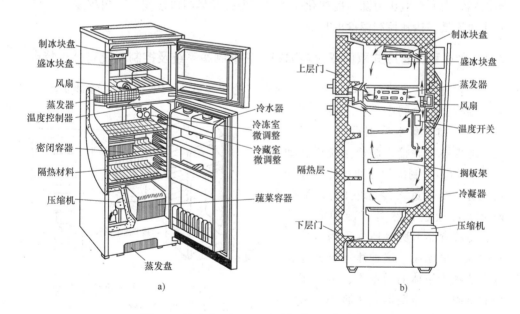

图7-9　风冷式双门双温电冰箱外形和内部结构

风冷式双门双温电冰箱与单门电冰箱结构上相比冷冻室较大，冷冻食品贮存期也较长。它在冷冻室与冷藏室之间夹层或冷冻室与箱体之间的夹层安装着一只翅片式蒸发器，利用冷却风扇及风道把蒸发器的冷量带到冷藏室和冷冻室，以强制通风来降低上下两个室温。箱内空气沿着箭头所指的方向，分别在上部冷冻室和下部冷藏室内循环流动。循环的空气经过蒸发器冷却后，再通入两室内进行热交换。由于强制空气对流，比单门电冰箱自然空气对流传递热量的速度快好几倍，大大提高了电冰箱的冷冻速度。但耗电量一般比相同容积单门电冰箱高50%以上。冷冻室的温度按国家标准规定，分别为-6℃、-12℃、-18℃共3种温度，冷藏室温度为0~10℃。间冷式电冰箱常采用自动化霜装置进行自动化霜，由于蒸发器被挡板分隔，霜层一出现即自动化霜，不能直观看到蒸发器霜层，故称这种冰箱为无霜式电冰箱。

风冷式双门双温电冰箱制冷系统结构原理与单门电冰箱相同，而温度控制与直冷式冰箱有所不同，双门双温电冰箱一般配置两个温控器，冷冻室采用普通温控器控制压缩机的开停时间，以控制冷冻室的温度；冷藏室采用的是感温式风门

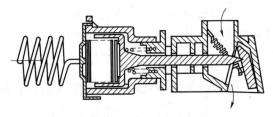

图7-10　感温式风门控制器工作原理

温度控制器，一般位于冷冻室和冷藏室之间的风门上，其工作原理如图7-10所示。当温感管内的介质压力随温度变化时，顶杆便带动风门以改变其开闭程度，从而控制冷风流量，达到控制温度的目的。

7-7　什么称为直冷式双门双温电冰箱？它的制冷系统及控制系统有什么特点？

答：直冷式双门双温电冰箱与前面介绍的风冷式双门双温电冰箱温度特性相同，结构上也大同小异，主要区别是在冷冻室和冷藏室分别设置蒸发器，两个蒸发器串联接入制冷系统中，如图7-11所示。制冷剂先通过冷藏室的蒸发器，然后进入冷冻室的蒸发器，两个室温通过自然对流冷却方式冷冻、冷藏食品，所以通常称为直冷式双门双温电冰箱。这种冰箱有的还将冷凝器藏于箱体的后壁内，节省了占用的空间，且冷凝器是平板面，灰尘附着少，容易清除，可避免因放热性能劣化而引起的耗电增加。

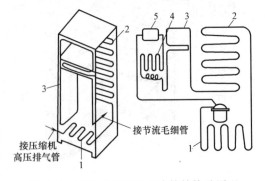

图7-11　直冷式双门双温冰箱结构及原理
1—化霜水蒸发管　2—冷凝器　3—防露管
4—冷藏室蒸发管　5—冷冻室蒸发管

冷凝器是由防露管、化霜水蒸发管及冷凝器3部分组成的，并使高压制冷剂液化。防露管紧接冷凝器并延长到箱门上，用来防止门口四周凝露。这样，内藏式冷

凝器的放热量较外设冷凝器的放热量减少，并废除了过去采用的防露电热丝，在节省电耗方面起了一定的作用。

内藏式冷凝器结构如图7-12所示。它是将冷凝器盘管点焊在箱体后壁薄钢板里层，使放热管固定，放热管的另一侧紧靠绝热层泡沫塑料之后，这样后壁面板即成了散热板。

直冷式双门双温电冰箱控制电路如图7-13和图7-14所示，它具有以下特点：

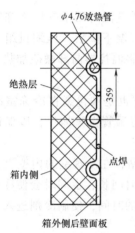

图7-12 内藏式冷凝器放热管布置

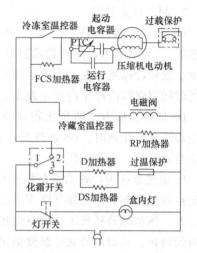

图7-13 直冷式双门双温电冰箱电路（一）

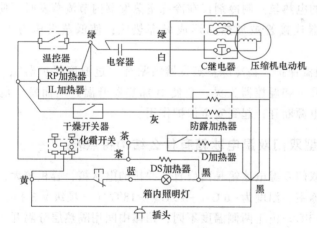

图7-14 直冷式双门双温电冰箱电路（二）

（日本东芝公司 GR1806T 型）

1. 温度控制

1）冷藏室温度控制。温度控制器由双感温系统组成，因此有两个感温管（A和B）。当冷藏室温度达到3.5℃时，A感温系统 C. C. I 温控器触点断开，电磁阀电源被切断而关闭，制冷剂不能进入冷藏室蒸发器蒸发制冷。当蒸发器温度达到B

感温系统控制值时，C.C.I温控器使电磁阀接通，电源开启，制冷剂流入冷藏室蒸发器制冷。

2）冷冻室温控器。冷冻室温控器直接控制压缩机组的开停，同时化霜开关也与温控器装在一起。化霜手动控制时，化霜开关触点1—3接通，冷冻室温控器断电，压缩机停转；化霜加热丝（D加热器）工作，冷冻室化霜。化霜结束，化霜开关自动复位，1—2触点接通，压缩机运转。

2. 制冷性能补偿

1）补偿电冰箱内冷却性能。FCS加热器称"低室温时用于补偿冷冻室温度的加热器"，它装在冷冻室温控器感温管前部，外界气温下降后，压缩机组工作时间减少，致使冷冻室内温度上升且不稳定。该加热器将温控器前部微微加热，可增加运行时间以保持冷冻室内标定温度。

DS加热器称为"防止化霜误动作加热器"，它也是被包裹在冷冻室感温管上的电加热丝。化霜时，DS加热器也同时对冷冻室感温管微微加热，以保证化霜完毕能自动复位，正常运转。

IL加热器称为"冷藏室低温补偿加热器"，它贴合在冷藏室的内壁上，并且靠近温控器感温部分。外界气温下降时，压缩机停转时间长，也同时会使冷藏室的温度上升。该加热器延长了冷藏室温控器关闭电磁阀的时间，使制冷剂进入蒸发器制冷时间延长，从而使冷藏室温度恒定在3℃左右。

2）防止结冰用RP加热器。这是设置在冷藏室蒸发器出口和冷冻室进口间的连接管外所裹的电热丝。制冷剂仅在冷藏室蒸发器内节流蒸发时，使冷藏室蒸发器和冷冻室蒸发器连接管被加热而形成局部热区，使低蒸发压力下形成的冰堵被融化。

3）化霜超温保护。在冷冻室蒸发器内贴有"过温度保护器"，与D加热器串联。一旦化霜开关和温控器失灵，会使D加热器升温过高而发生危险，此时过温度保护器会将电源断开，起到安全保护作用。

7-8 立式大型双门双温电冰箱有什么结构特点？

答：立式双门双温电冰箱是两扇直立并排的电冰箱，容积较大，为500L左右。箱体一侧是冷冻室，温度为-6℃、-12℃、-18℃（三星级）3档。另一侧为冷藏室，温度为0~3℃。由于两侧温度不同，箱体中间用隔热层分隔开。翅片式蒸发器装在冷冻室的后壁隔层里，有通风道，用风扇将冷空气分别送入冷冻室和冷藏室内，而对流的热空气被送入蒸发器冷却，再一次用风扇吹出，如此反复循环冷却，使冷冻室和冷藏室里温度迅速降低。温度调节与化霜均为自动控制。由于箱体外形类似大衣柜，也称作壁柜式电冰箱。

为了减少箱体及箱门的热损耗，隔热层的导热性能和充填工艺要求高，采用聚氨酯现场充填发泡塑料。为了便于移动箱体，箱体底座设有滚动滑轮。

7-9　三门电冰箱有什么结构特点？它与双门电冰箱相比有什么优点？

答：三门电冰箱在双门双温电冰箱的基础上，又另设一室，其温度略高于冷藏室，适合于贮藏水果、蔬菜和饮料。这种形式的冰箱可按用户需要扩大使用范围。该冰箱的冷冻室和冷藏室内分别设置一个蒸发器，使两室温度保持在不同的范围内。由于蒸发器各自独立，所以冷冻室可以安排在冷藏室下面，再在冷冻室下面用绝热板分隔出一个附加室，结构如图7-15所示。这个隔板包括有可调导流板，用于控制附加室和冷冻室之间的空气对流。当导流板置于其一端时，附加室的温度大体上高于冷藏室的温度，当导流板置于另一端时，附加室的温度低于冷藏室的温度。

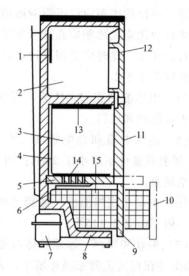

图7-15　三门电冰箱结构

1—冷藏室蒸发器　2—冷藏室　3—冷冻室
4—冷冻室蒸发器　5—隔板　6—导流板
7—压缩机　8—筐篮　9—抽屉面板
10—抽屉　11—中门　12—上门
13—绝热层　14—通气孔　15—附加室

另外，隔板可以方便地抽出，使附加室的温度与冷冻室温度一致，一般为-8～-12℃。

三门电冰箱比双门电冰箱多一个水果、蔬菜冷藏室。把一般食品与水果、蔬菜分门贮藏，可以使果菜室内保持理想的温度，果菜不易干缩，保鲜时间长。

7-10　我国家用电冰箱的技术指标是什么？

答：常用的技术指标有：

（1）降温性能　普通电冰箱在规定的电压范围内，冷藏室和冷冻室的降温性能应达到表7-3的规定。

表7-3　冷藏室和冷冻室的降温性能

名称	环境温度/℃	温控器位置	平均温度/℃ （3h后）	备注
冷藏室	15 45	起动点 冷点	0～8 8以下	—
冷冻室	15～30	最冷点	-6以下（一星级） -12以下（二星级） -18以下（三星级）	冰盒中的水应 在2h内结成实体

（2）耐泄漏性　以灵敏度为0.5g/年的卤素检漏仪检查，制冷系统不应有制冷

剂泄漏现象。

（3）化霜性能　在规定的环境温度为32℃的条件下进行化霜，化霜结束之后蒸发器上残留的冰霜应以不影响冰箱工作性能为限。

半自动化霜式冰箱应在蒸发器结霜3～6mm时按下化霜按钮，化霜结束时压缩机即自动开车，此时应立即进行检查。在双门双温冰箱中，冷冻室化霜时，其温度上升值应低于5℃。

（4）电压波动和起动性能　当电源电压降到180V或上升到240V时，压缩机均能正常起动和运行。

（5）绝缘电阻和介电强度　在规定环境下，冰箱带电部件对地绝缘电阻用500V摇表测量值不应小于2MΩ；用1500V交流试验电压施加1min不应发生击穿或闪络现象。

（6）电动机绕组温度　冰箱连续运行至热稳定状态，用电阻法则电动机绕组温度一般不应高于115℃。

（7）振动和噪声　冰箱箱体振动振幅不应大于0.05mm，正面1m处噪声应小于50dB（在白天正常家庭环境下，人一般听不到冰箱的工作声音）。

（8）箱门开启力　一般规定冰箱门不允许自开，门把手处开启力为10～70N，门封应严密，用一张宽50mm、长200mm、厚0.08mm的薄纸垂直插入门封任何一处，薄纸不应自由滑落。

（9）寿命　冷冻室门经过2万次、冷藏室门经过5万次开闭仍保持正常；压缩机在8～10年内均应正常运行。

（10）外观　冰箱外壳表面要求漆膜颜色一致，结合牢固，不应有明显的流疤、划痕、漏涂和集结砂粒等缺陷；电镀表面应颜色光亮，均匀一致，不得有鼓泡、露底、划伤等。

此外，还规定箱体应有良好的接地装置，其接地线颜色特定为黄绿双色。

7-11　电冰箱的现场检查如何进行？

答：电冰箱现场检查步骤如下：

（1）检查电冰箱的使用电压　检查使用电压与电源电压是否相符，用万用表或兆欧表进行绝缘测量，其绝缘电阻不得小于2MΩ，若低于2MΩ应马上作局部检查，如电动机、温控器、继电器线路等部件是否存在漏电现象。

（2）检查电动机绕组的电阻值　将压缩机机壳上的接线盒拆下，检查电动机绕组电阻值是否正常。如果绕组短路、断路或电阻值变小，都需打开机壳重绕电动机的绕组。

（3）其他方面的检查　经过上述检查，若未发现故障，可接通电源运转。如起动继电器没有故障，电动机起动不起来，开有"嗡嗡嗡"响声，说明压缩机抱轴或卡缸，需打开机壳修理；如压缩机能启动运转，则应观察其是否制冷。

（4）压缩机运转 10min 后的检查

1）用手摸冷凝器发热，蒸发器进口处发冷，这可以证明制冷系统中有制冷剂存在。

2）用手摸冷凝器不热，蒸发器能听到"嘶嘶嘶"的气流声，这说明制冷系统中的制冷剂几乎漏光了，应查看各连接口是否存在油渍，以确定泄漏原因和部位。

3）用手摸冷凝器不热，在蒸发器中也听不到"嘶嘶嘶"的气流声，但能听到压缩机由于负载过重而发出的沉闷声，这说明制冷系统中的过滤器或毛细管中的堵塞现象。

4）观察蒸发器，如发现周期性结霜，说明系统中含有水分，毛细管出口处有冰堵现象。

5）观察回气管，如发现结霜或结露，说明制冷剂充加量过多。

6）观察蒸发器结霜是否均匀，如不均匀，说明制冷剂充加量不足。

7）用手摸蒸发器的出口部位 100mm 左右处，在夏季稍微有点凉，冬季稍微有点霜，这说明制冷剂充加量合适。

8）观察温控器的温控情况，门封是否严密等，绝热材料是否干燥，各部分都不应忽略。

7-12　电冰箱的常见故障和排除方法是什么？

答：家用电冰箱常见故障有电冰箱不起动、不制冷或制冷不良，电器件动作失灵或损坏，机械部件动作失灵或损坏及噪声振动过大、漏电等。

检修电冰箱时首先要正确判别故障及其发生的原因，再采取适当的方法进行修理。检查应有顺序地进行，不能轻意下结论，否则会增加修理工作量。电冰箱因各种不同原因，会发生复合故障，所以应全面考虑。

表 7-4 为电冰箱常见故障及排除方法，供参考。

表 7-4　电冰箱常见故障及排除方法

故障现象	产生原因	排除方法
压缩机不能开动,只听到嗡嗡声	1)电源电压过低	1)用电压表测量电源电压,其值应接近额定电压,如果低于定值的15%,应调整电源电压
	2)温控器断路	2)将接线柱端子短路,如果运转,即更换
	3)压缩机负荷过重	3)降低电压或减制冷剂
	4)电动机起动绕组断路	4)更换压缩机
冰箱运转时,压缩机过热	1)压缩机工作压力过高或系统内有空气	1)检查高、低压力,若过高就要放掉少量制冷剂或排除空气
	2)电动机绕组短路	2)更换压缩机
	3)电动机线圈接地	3)更换压缩机

（续）

故障现象	产生原因	排除方法
电动机不起动,也没有嗡嗡声	1)电动机绕组短路	1)更换压缩机
	2)温控器接触开关未闭合	2)调整温控开关,使其闭合,若损坏可更换新件
	3)接线头松脱电源中断	3)检查线路,将松脱处焊牢
	4)线路未接通	4)检查线路熔丝和插头
压缩机起动转入正常后,起动绕组电路断不开	1)线路接错	1)对照线路图检查线路
	2)起动运行绕组短路	2)用万用表和兆欧表检查绕组电阻
	3)压缩机卡死	3)更换压缩机
电动机起动运行后过载保护继电器周期跳开	1)电源电压过低	1)调整电压
	2)过载保护继电器出毛病	2)检查电流参数
	3)电动机绕圈短路或接地	3)检查线圈阻值或接地更换压缩机
电动机开动运行一段时间后又停车	1)制冷系统内制冷量不足	1)增加制冷剂
	2)电动机工作压力过高	2)放出少量制冷剂或排除空气
压缩机工作时间长,而蒸发器表面无结霜只有水珠凝结	管路漏气	应放气后,查漏部位,焊补抽真空,加制冷剂
冰箱高低压力正常,然而制冷效果差,结冰慢	1)冷凝器表面灰尘积聚过多,散热不好	1)清洁冷凝器
	2)箱内存放食物过多	2)适当减少存放食品
	3)空气不流通	3)将冰箱放在通风凉爽的地方
压缩机运转后不停	1)门封不严	1)适当调整箱门增加密封性或更换门条
	2)冷冻室食物过多,同时冷藏室新放入的食物过多	2)使用冰箱时,注意不能使冰箱的贮存食品量过大
	3)制冷剂量过多或过少	3)适当调整
	4)冰箱周围空气不流通	4)调换冰箱放置位置,使冰箱周围有足够的对流间隙
	5)环境温度过高	5)尽可能使室内空气流通
	6)温控失灵	6)更换温控器
	7)照明灯开关失灵	7)检修灯开关,使门灯关或换开关
	8)电冰箱门开关频繁	8)减少开门次数

（续）

故障现象	产生原因	排除方法
电冰箱运行时噪声过大	1）放置地点不平，箱体不稳	1）放在平坦处
	2）地脚螺钉调整不当	2）调整水平
	3）压缩机安装不牢，振动	3）调整压缩机地脚螺钉
	4）管路有相撞	4）加防橡胶圈
	5）压缩机有磨损	5）更换压缩机
	6）制冷剂充入过量	6）放出多余制冷剂
电冰箱制冷能力逐渐降低	制冷系统内渗漏或制冷剂贮量少	增加制冷剂或检漏焊补
冰箱内温度正常，但压缩机不停	1）温控连接的感温管与蒸发器接触不好	1）将感温管与蒸发器接触好
	2）门封不严密	2）调整门封或更换门封
冷藏室温度偏高	1）开门频繁	1）适当减少
	2）箱内放入温度较高的食品	2）向使用者普及使用冰箱常识
	3）门封不严密	3）调整门封或更换
冰箱能制冷，箱内照明不亮	1）照明灯与灯座接触不良	1）将灯泡拧紧
	2）灯泡损坏	2）换灯泡
	3）照明灯回路断线	3）用万用表检查断线处，予以修复
照明灯不亮，压缩机不工作	1）电源插头与插座连接线断路	1）用万用表检查断线处，连接好
	2）电源插头与插座使用时间长，接触不良	2）重新插紧，必要时可以换用新的
	3）熔丝熔断	3）检查原因，更换新的
冰箱开门时，照明灯不亮	1）灯开关损坏	1）修复或用新的
	2）灯开关位置不当	2）调整门灯开关位置，当箱门关闭时，能压紧按钮，断开接点
冷凝器表面温度过高	1）制冷剂充量过多，使高温高压气态制冷剂不能较快地冷凝液化，使温度升高	1）排除多余的制冷剂
	2）充制冷剂时，有空气进入制冷系统	2）排出空气，进行抽空干燥处理
冰箱漏电	1）压缩机与地间绝缘电阻小于2MΩ	1）用万用表或兆欧表检查漏电处，修复
	2）未接地线	2）冰箱电源插座地线端应接地
	3）导线有破损漏电处	3）更换导线

7-13 国际电冰箱应用哪些节能减排技术？

答：国外电冰箱的节能减排技术：

（1）减少制冷量的损失 主要通过采用先进的电冰箱制冷计算软件，准确地把握各种环境温度下的箱体热负载，对其进行漏热计算，进而准确确定箱体各部位绝热层的厚度。同时采用热导率小、隔热效果好的材料，如日本松下、韩国三星等国外品牌广泛使用的 VIP（真空绝热板）。使用先进的微孔发泡技术，应用真空发泡板以及改进门封，如设计多气囊室新型门封和磁条，采用双门封结构，最大限度地减少因热桥、热短路等所造成的热量侵入，减少箱内冷气的泄漏。

（2）采用高效压缩机或微型压缩机 压缩机是电冰箱的"心脏"，对整台电冰箱的能耗起到决定性作用，如运作中无需润滑油的微型压缩机就比传统的微型压缩机效率水平高。使用能比定频节能 25% 左右的变频压缩机，还能缩短冷冻时间，减少对食物的破坏，提高温度的稳定性。

（3）采用新型换热器 采用高效换热器、小管径换热器、新型翅片换热器等多种类型的新型换热器。

（4）采用冷媒阀控制 在电冰箱产品上安装冷媒阀（双向阀）。压缩机停止后因为制冷循环内的压力差，散热侧的高温高压冷媒流入低压侧的冷却器内，在压缩机停止的过程中，冷却器温度上升，成为冷却运转时热负载增加的原因。因此，压缩机停止时，关闭双向阀，通过防止高温高压冷媒流入冷却器，提高冷却运转时的效率。

也有采用三通阀，通过切换高温冷媒的流入通路，开发了控制向冷冻室热入侵的控制装置，设置将冷冻室周围加热的通路与不加热分隔部分的旁通通路，根据用准确度高的湿度传感器所检测到的湿度，由三通阀切换高温冷媒的流入通路，由此，更加提高了电冰箱的节能性能。

（5）优化制冷系统 通过系统的匹配优化蒸发器和冷凝器的匹配设计，同时得出冷凝器的最佳换热面积、使用毛细管的最佳长度和内径、蒸发器的最佳换热面积以及最佳冷媒充注量等参数，以提高贮藏温度的均匀性和降低冷凝温度、减少漏热量。有利于减少主要影响节能的热负载。还有新型多循环制冷系统设计，实施多循环独立间室，使用先进的芯片准确温控以消除无用功而减少耗电。

7-14 我国电冰箱应用哪些节能减排技术？

答：我国电冰箱的节能减排技术：

1. 电冰箱在设计制造中的节能减排技术

（1）采用高效压缩机 如目前我国市场上的电冰箱高端产品中，开始采用的定速铝线电动机电冰箱压缩机，其 COP 值高达 1.92W/W，还有基于变频技术的变频铝线电动机电冰箱压缩机，该产品的 COP 值高达 2.30W/W。还有一种迷你高效压缩机，其系统工况 COP 达 2.10W/W，还具有适用范围广、环保、结构紧凑、噪声低、振动小、稳定性好、电压适应能力强等优点。必须看到，高效压缩机的核心技术依然掌握在国外厂商手中，国内厂商的开发能力仍然较弱。

（2）采用高效换热器 目前国内的高效换热器主要是改善管路的布置，减小管内外导热热阻等。

（3）减少制冷量的损失 电冰箱漏热是除了储物热之外热负载的主要来源，主要通过采用热导率小、隔热效果好的材料，使用先进的微孔发泡技术，应用真空发泡板以及改进门封，设计合理的箱体结构等一系列措施。

（4）提高制冷系统制冷效率

1）采用 ERA 电冰箱制冷计算软件，准确地把握各种环境温度下的箱体的热负载，对其进行漏热计算，进而准确确定箱体各部位的绝热层厚度。

2）优化蒸发器和冷凝器匹配设计，以提高贮藏温度的均匀性和降低冷凝温度、减少漏热量，有利于减少主要影响节能的热负载。

3）实施多循环独立间室，准确温控以消除无用功而减少耗电。

4）引进先进芯片和控制系统，能准确地设计降低压缩机开停比和毛细管流量及制冷剂充注量。

5）强化毛细管与回气管的回热利用。

（5）降低冰箱门体热负载

1）优化组合以环戊烷为发泡剂的聚醚组合及其工艺，改善沸点高、原料流动性较差、箱内密度分布差大和冷凝液态环戊烷对门胆与内胆的腐蚀性。

2）适度增加绝热层厚度，减少外界热负载的渗入。

3）采用箱门一体发泡工艺，提高门体绝热性能。

4）设计多气囊室新型门封和磁条，采用双门封结构，最大限度地减少因热桥、热短路等所造成热量侵入，减少箱内冷气的泄漏。

5）优化设计中、下、前梁部位内胆的设计，减少防露管散发的热量侵入箱内等。

2. 冰箱使用中的节能减排技术

1）冰箱冷气流失最严重的是开关门的时候，频繁开关门会损失大量的冷气，故应减少开关门的次数。

2）对于采用计算机温控、数字显示的电冰箱，通常可将电冰箱置于节能档，如将电冰箱冷藏室温度调到 6℃，冷冻室温度调到-15℃，对冷冻、冷藏储存食品的质量没有影响，同时可明显缩短压缩机的工作时间，节能省电。

3）应将电冰箱摆放在环境温度低且通风良好的位置，要远离热源，避免阳光直射。摆放电冰箱时左右两侧及背部都要留有适当的空间，以利于散热。

4）电冰箱的冷凝器要经常清洁，以保证冷凝效果。

5）不要把热饭、热水直接放入，应先放凉一段时间后再放入电冰箱内。热的食品放入会提高箱内温度，增加耗电量，而且食物的热气还会在电冰箱内结霜沉积。

6）尽量减少打开电冰箱门的次数。因为开门期间冷气逸出，热气进入，需要耗能降温。放入或取出物品动作要快，不要耽误时间。

7）要选择合适的材料包装冷冻物。不合理的包装会使食品味道散尽并变干，其中的水分还会很快转化为霜在电冰箱内沉积。一般来说，紧凑的包装，保鲜效果更好。由于体积小容易冻透，用小包装比较省电，在存入电冰箱前可按每次用量分成几份包装，然后放入。

8）电冰箱内食品的摆放不宜过多过挤，特别是方形包装食品更是不能摆满，存入的食品相互之间应留有一定间隙，以利于空气流通。

9）根据所存放的食品恰当地选择箱内温度，如鲜肉、鲜鱼的冷藏温度是−1℃左右，鸡蛋、牛奶的冷藏温度是3℃左右，蔬菜、水果的冷藏温度是5℃左右。放在冰箱冷冻室内的食品，在食用前可先转移到冰箱冷藏室内逐渐融化，以便使冷量转移入冷藏室，可节省电能。

10）冰箱霜厚度超过6mm就应除霜。冷冻室挂霜太厚时，制冷效果会减弱。

11）水果、蔬菜等水分较多的食品，应洗净沥干后，用塑料袋包好放入电冰箱。以免水分蒸发而加厚霜层，缩短除霜时间，从而节约电能。

7-15　冷藏箱有什么用途？有哪些容积规格？

答：冷藏箱也常称为冷藏柜、冰柜、厨房电冰箱、商用电冰箱等，它的使用范围比较广，可为商店、食堂、机关、宾馆、学校等单位冷藏食物，防止食物变质，保持新鲜。冷藏箱比家用冰箱容积大，一般容积为 $0.2 \sim 3m^3$。

常用的小型冷藏箱内部容积有 $0.25m^3$、$0.6m^3$、$1m^3$、$1.5m^3$、$2m^3$、$2.5m^3$、$3m^3$ 等多种。

7-16　冷藏箱有哪些形式？有什么型号和主要技术规格？

答：冷藏箱可分为立式冷藏箱和卧式冷藏箱两种。立式冷藏箱的型号为 LG。卧式冷藏箱的型号为 WB。

1）立式冷藏箱具有开门方便，占地面积小，结构简单等优点，适用于低温冷藏肉类及水产品。立式冷藏箱可设有多个门、分成几层储存食物。

2）卧式冷藏箱具有保温性能好等优点，多兼用作柜台。适用于饮食店、餐厅、酒吧、厨房等冷藏肉类、熟食或冷食（雪糕、冰淇淋）冷饮等。

冷藏箱内温度一般在−15～5℃之间。可分为−5～5℃、−10～5℃、−15～5℃多种。

冷藏箱制冷系统配用的压缩机也有全封闭式、半封闭和开启式3种。

开启式机组又分为风冷机组和水冷式机组。

风冷冷藏箱采用的主要制冷方式为单级蒸气压缩式制冷，制冷剂多用 R12（或 R22、R502）。基本制冷系统为常规制冷系统，即制冷剂经压缩后排出至冷凝器，制冷剂经过冷凝、节流、吸热气化再被压缩机吸入，完成制冷循环，实现制冷，为一单级制冷系统。如图 7-16 所示。

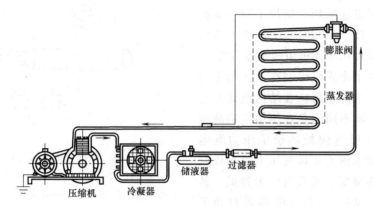

图 7-16　开启式风冷机组制冷系统

水冷式机组由压缩机、水冷罐（既是冷凝器又是储液器）、电磁阀、蒸发器、膨胀阀等组成。图 7-17 所示为水冷式机组结构，图 7-18 所示为水冷式机组制冷系统。

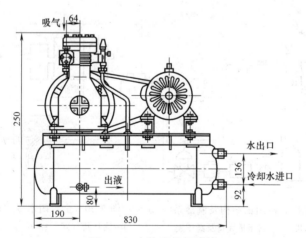

图 7-17　水冷式机组结构

全封闭式机组按其制冷系统冷凝器内制冷剂冷却方式不同也可以分为风冷式、水冷式和空气自然对流式（压缩机本身不带高压排气阀和低压吸气阀）。全封闭机组的特点是制冷压缩机和电动机为一体，被封闭在钢壳中，制冷剂不易泄漏。

全封闭风冷机组的制冷系统与开启式制冷机在结构组成上基本相同，不同之处除压缩机采用全封闭式的以外，在压缩机的高压排气阀、低压吸气阀处各安装了压力表，在储液瓶上还设置了一个易熔塞。当制冷系统由于某种原因，如冷凝压力过高时（排气风扇损坏或冷凝器过脏）导致温度过高，易熔塞能自动熔化，使系统迅速减压，保护了制冷系统和压缩机。图 7-19 和图 7-20 所示为全封闭风冷式和水冷式机组的制冷系统。

全封闭水冷式机组制冷系统与全封闭风冷式机组制冷系统在结构组成上也基本相同，所不同的是在压缩机的高压排气阀低压吸气阀处增设了压力继电器。当因缺水而造成排气压力过高或制冷系统内部堵塞造成吸气压力过低，甚至出现负压时，压力继电器能自动工作，使触点跳开，切断控制电路，这样就对制冷系统压缩机起到保护作用。由

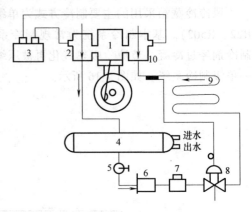

图 7-18　水冷式机组制冷系统

1—压缩机　2—高压排气阀　3—压力继电器
4—水冷罐　5—总节门　6—过滤器　7—电磁阀
8—膨胀阀　9—蒸发器　10—低压吸气阀

于在制冷系统中采用了水冷罐代替了冷凝器和贮液器，比风冷式机组散热效果好，制冷速度快，但是用水量大。

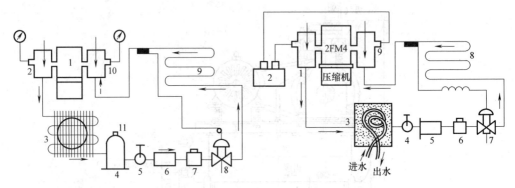

图 7-19　全封闭风冷式机组的结构及制冷系统

1—全封闭压缩机　2—高压排气阀及高压表
3—冷凝器　4—储液瓶　5—总节门　6—过滤器
7—电磁阀　8—膨胀阀　9—蒸发器
10—低压吸气阀及低压表　11—易熔塞

图 7-20　全封闭水冷式机组制冷系统

1—高压排气阀　2—压力继电器　3—水冷罐
4—总节门　5—过滤器　6—电磁阀
7—膨胀阀　8—蒸发器　9—低压吸气阀

全封闭空气自然对流式机组有立式和卧式两种。

表 7-5～表 7-8 介绍了目前几种不同冷藏箱的性能及规格。

表7-5　LG（WB）系列立（卧）式冷藏柜外形尺寸及技术参数

名称型号	外形尺寸/mm（长×宽×高）	有效容积/m³	冷藏温度/℃	冷却方式	结构形式	电压/V	净重/kg
LG7（F）型立式冷藏柜	2000×800×1800	1.5	上层 0下层 −5	风冷	六冷	380（3Ph，50Hz）	500
LG8（F）型立式冷藏柜	2000×800×1800	1.5	−5	风冷	三门	380（3Ph，50Hz）	500
LG9（F）型立式冷藏柜	2000×800×1980	1.5	−5～0	风冷	两门	380（3Ph，50Hz）	500
LG11（F）型立式冷藏柜	1350×700×1850	0.7	−5～0	风冷	两门	380（3Ph，50Hz）	360
WB5（F）型卧式冷藏柜	2405×925×970	可放置冰棍5000～7000 支	−10	风冷	顶部四个加盖孔	380（3Ph，50Hz）	360

配套冷冻压缩机型号	2FM4JZ（F）-全封闭风冷机组		
气缸	—	制冷剂注入量/kg	2.5～3
缸数	2	压缩机电动机	耐氟专用电动机（F）级
缸径/mm	40	电动机功率/kW	1.1
活塞行程/mm	27	电动机转速/（r/min）	1410
标准制冷量/W	1395	电动机额定电压/V	380（3Ph，50Hz）
制冷剂	R12	功率消耗/kW	≈0.8

表7-6　冷藏箱规格

项目	型　　号			
	LZ-5	NF-6	WB-750	WB-1500
配用制冷压缩机	2F4.8	2F6.3	JZF-2F4.8	JZF-2F6.3（2FL5B）
标准工况制冷量/W	1162	4651	1.16	4.65
空箱最低温度/℃	≤−15	≤−15	−15	−15
有效容积/m³	0.5	1.5	0.75	1.5
制冷剂	R12	R12	R12	R12
配用电动机功率/kW	1.1	3	1.1	3（2.2）
电压/V	380（3Ph，50Hz）	380（3Ph，50Hz）	380（3Ph，50Hz）	380（3Ph，50Hz）
外形尺寸/mm（长×宽×高）	1925×830×880	3200×1100×900	2532×902×880	3237×1100×915
质量/kg	300	800	400	550（510）

表 7-7　L-CB 立式冷藏箱柜规格

项目	型号				
	L-CB300	L-CB600 （0.6L4）	L-CB1000 （1L4）	L-CB1500 （1.5L4）	L-CB3000 （3L5）
箱内容积/m³	0.3	0.6	1	1.5	3
配用压缩机组型号	JZF-2F3.2	JZF-2F4.8	JZF-2F4.8	JZF-2FL4B	JZF-2F6.3 （2FL5B）
标准工况制冷量/kW	0.24	1.16	1.16	1.63	4.65
电压/V	380（3Ph,50Hz）	380（3Ph,50Hz）	380（3Ph,50Hz）	380（3Ph,50Hz）	380（3Ph,50Hz）
配用电动机功率/kW	0.37	1.1	1.1	0.75	3（2.2）
制冷剂	R12	R12	R12	R12	R12
外形尺寸/m （长×宽×高）	0.74×0.59×1.62	1.39×0.7×1.4	1.7×0.78×1.72	2.25×0.827×1.737	2.25×1.05×1.98
质量/kg	170	370	520	620	810

表 7-8　KF 型冷藏箱规格

项目	型号					
	KF-700	KF-1000	KF-1600 （三门）	KF-1600 （五门）	NF-3 （三门）	NF-3A （五门）
标准工况制冷量/kW	1162	1162	4651	4651	4651	4651
空箱最低温度/℃	≤-15	≤-15	≤-15	≤-15	≤-15	≤-15
有效容积/m³	0.7	1	1.6	1.6	3	3
配用制冷压缩机	2F4.8	2F4.8	2F6.3	2F6.3	2F6.3	2F6.3
制冷剂	R12	R12	R12	R12	R12	R12
配用电动机功率/kW	1.1	1.1	3	3	3	3
电压/V	380（3Ph, 50Hz）	380（3Ph, 50Hz）	380（3Ph, 50Hz）	380（3Ph, 50Hz）	380（3Ph, 50Hz）	380（3Ph, 50Hz）
外形尺寸/mm （长×宽×高）	340×950 ×1760	1502×853 ×1820	2183×970 ×1680	2183×970 ×1680	3000×1050 ×1960	3000×1050 ×1960
质量/kg	350	450	900	900	1200	1200

7-17　冷藏箱制冷系统的工作特点是什么？

答：冷藏箱制冷系统的工作原理与家用电冰箱的制冷原理一样。在压缩机没有启动工作时，整个制冷系统内部处于平衡状态。当压缩机起动工作时，制冷系统内的制冷剂受压缩机的作用，开始在系统内变化流动。低温低压的制冷剂气体被压缩机吸入并被压缩成高温高压的气体，进入冷凝器进行热交换（水冷、风冷或空气自然对流方式冷却），冷凝成液态制冷剂。然后通过干燥过滤器除湿和滤掉杂质，再通过电磁阀和膨胀阀，进行节流降压才进入蒸发器，由于压力降低，沸点也降低，湿蒸气状态的制冷剂在蒸发器内蒸发沸腾，制冷剂蒸发沸腾需吸收蒸发器内大量的热使蒸发器温度降低。由于蒸发器做成箱状，并安装在绝热的柜内，所以储存在柜内的食品的热量同样被蒸发器吸走，这样不断地循环，蒸发器内低温低压制冷剂蒸发又被压缩机吸入再压缩，变成高温高压蒸气，不断循环，这样就达到制冷的目的。

冷藏箱的制冷系统与家用电冰箱的制冷系统工作时有一点不同之处，冷藏箱的制冷系统中用膨胀阀替代了冰箱上所用的毛细管，使得制冷系统中进入蒸发器湿蒸气的流量可以调节。另外系统内还装有电磁阀，防止电冲击。电磁阀的控制电路与压缩机电动机的控制电路并联，二者同步工作；压缩机停转时，电磁阀断开，系统内制冷剂被截流。

7-18　冷藏箱电器系统如何实现温度控制？

答：冷藏柜的电器控制系统的主要功能是温度自动控制以及对压缩机工作的控制和保护。在压缩机工作过程中，冷藏箱内的温度不断下降，当达到预先选定的温度（根据不同的存放物品而预先调定）时，温度继电器的常闭触点断开，切断电源，制冷机停止工作。停机后，冷藏箱内的温度逐步回升，当温度升到预定回差值（3~5℃之间）时，温度继电器常闭触点复位，电源接通，压缩机又开始工作。冷藏箱内的温度又开始降低，当低到一定范围时，温度继电器的常闭触点又跳开，压缩机又停止工作。这样周而复始，使冷藏箱内的温度恒定在某一范围内。主控线路包括空气断路器、热继电器等。特点是采用两个交流接触器控制主电路并将温度继电器和压力继电器的常闭触点分别串接在两个交流接触器各自的磁力线回路中进行控制。当制冷压缩机压力以及制冷系统各部分均属正常时，机组随温度继电器给定的温度范围开、停，自动调节箱内温度。但热继电器、压力，继电器的常闭触点置于另一个由按钮控制的交流接触器辅助触点自动保护回路中，压力继电器或热继电器一旦动作，即表示制冷系统有异常或制冷压缩机过荷，电路随即切断，并且不能自动复位，防止故障扩大。由于电路配置了两个交流接触器，它们的控制回路跨接在不同相的三相电源上，从而保证了在缺相情况下电动机不能起动，即使电动机在运行中发生缺相，也可以由热继电器进行保护。因此可以确保制冷压缩机电动机不发生单相运行以致烧毁的故障。图7-21和图7-22所示为冷藏箱的两种控制电路。

图中标出的1和2为温度继电器KT接线端子的标号，常温时为闭合触点，降温达到预定值触点断开。一般冷藏箱的冷藏温度为-5℃，出厂时已调定。从控制电路图中还可以看出，交流接触器KM控制回路由温度继电器KT、压力继电器KP、热继电器KR等常闭触点组成，整个回路处于闭合状态，当组合开关S接通电源后，制冷压缩机和风机立即随之起动，箱内温度逐渐下降，待达到温度继电器预调温度（-5℃）时，常闭触点断开，使控制回路切断，制冷压缩机和风机停转，制冷系统暂时处于不工作状态。箱内温度逐渐回升，当温度上升到温度继电器调定回差值（也称差值，这个差值可在3~5℃范围内调定）时，常闭触点复位，制冷压缩机和风机再次运转，使箱内温度再次下降。按以上程序往复循环，从而使箱内温度在一定的范围内维持恒定。

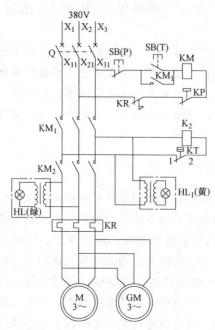

图7-21　冷藏箱控制电路（一）

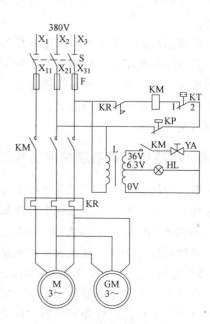

图7-22　冷藏箱控制电路（二）

　　考虑到控制电器附装于冷藏箱内部，受安装空间的局限，熔断器应采用体积较小的RL1型。由于开启式（或半封闭式）压缩机开、停时响声明显，所以没有装设电动机运行指示灯，只装一组变压式指示灯，以显示电源的通断。热继电器刚置于手动复位，动作后不能自动复位，以避免故障漫延。压力继电器KP也在同一控制回路中，当制冷系统内压力正常时，它的触点保持常闭状态，一旦发生异常（如风道堵塞或制冷系统内部堵塞等所引起的系统高、低压不正常），继电器常闭触点断开，使控制回路切断，制冷压缩机停转。

7-19　检查冷藏箱的故障常用哪些方法？

　　答：检查冷藏箱故障可用一看、二听、三摸的方法。

　　1. 看

　　1）看制冷系统各管路是否有断裂，各焊接处是否有渗漏，如有渗漏，必有油渍出现。

　　2）看压缩机吸、排气（高、低压）压力值是否正常。

3）看蒸发器和吸气管挂霜情况。如蒸发器只挂一部分霜或不结霜均属不正常现象。

4）注意冷藏室或冷冻室的降温速度，若降温速度比正常运转时显著减慢，则属不正常现象。

5）看压缩机曲轴箱内的润滑油是否处在油面指示器（或视油窗）所规定的水平线附近，小型压缩机的油面侧处于曲轴中心线附近。若有明显下降，则是缺油的表现。

2. 听

1）听压缩机运转时的各种噪声。全封闭机组出现"嗡嗡"的声音是电动机不能正常起动的过负荷声音，同时也可听到起动继电器内有"嗒嗒"的起动接点不能正常跳开的声音。"嘶嘶"声是压缩机内高压引出管断裂发出的高压气流声，"嗒嗒"声是压缩机内吊簧断裂后发出的撞击声。

开启式压缩机正常运转时，一般都会发出轻微但又均匀的"嚓嚓"的摩擦声，或阀片轻微的"嘀嘀"的敲击声。如出现"通通"声；是压缩机液击声，即有大量制冷剂湿蒸气或冷冻机油进入气缸。"吱吱"声是压缩机轴封器的干摩擦声。"嗒嗒"声是压缩机的内部金属撞击声，这响声说明内部运动部件有松动。"喷喷"声是压缩机飞轮键槽配合松动后的撞击声，"啪啪"声是传动带损坏后的拍击声。

2）听蒸发器里气体流动声。在压缩机工作的情况下打开箱门，侧耳细听蒸发器内的气流声，"嘶嘶嘶"并有流水似的声音是蒸发器内制冷剂循环的正常气流声。如没有流水声而只有气流声，则说明制冷剂已渗漏。蒸发器内没有流水声、气流声，说明过滤器或毛细管有堵塞。

3）听膨胀阀内制冷剂流动声。正常情况下是连续而轻微的"咝咝"声，反常的是连续而较响的"咝咝"声或断续而较响的"咝咝"声。

3. 摸

1）摸压缩机运行时的温度，压缩机正常运转时，温度不会升高太多，一般不超过70℃，若运行一段时间后，手摸感觉烫手，则压缩机温升太高，此时应停车检查原因。

2）压缩机正常运转5~10min后，摸冷凝器的温度，其上部温度较高，下部温度较低（或右边温度高，左边温度低，视冷凝器盘管形式而异），说明制冷剂在循环。若冷凝器不发热，则说明制冷剂渗漏了。若冷凝器发热数分钟后又冷下来，说明过滤器、毛细管有堵塞。对于风冷机组，可手感冷凝器有无热风吹出，无热风说明不正常。

3）摸过滤器表面的冷热程度，单级压缩机制冷系统的过滤器表面温度应比环境温度稍高些，手摸会有微热感。若出现显著低于环境温度的凝露现象，说明其中滤网的大部分网孔已阻塞，致使制冷剂流动不畅通，从而产生节流降温。

4）摸制冷系统的吸排气管冷热程度。开启式压缩机的制冷系统一般正常运转时吸气管应结霜或结露，否则就是不正常；排气管应是很热的，烫手，否则是不正常的。封闭压缩机制冷系统，一般吸气管不挂霜、不凝露，如挂霜和凝露则是不正常的。

5）长久搁置不用的冷冻设备，首先要确定它是否能运转，可盘动压缩机的飞轮或联轴器，看是否能旋转一圈，如盘不动，说明压缩机内部出了故障。若能盘动一圈，即可打开各阀门，装上压力表，开动压缩机，在运转中继续检查。

由于冷藏设备是各个部件的组合件，它们是彼此相互联系和相互影响的，因此通过上述检查后，如果查出一种反常现象，先不要急于做出判断。需找出两种或两种以上的反常现象，也可借助于仪表和其他方法来综合判断，才具有较高的准确性。这是因为一种反常现象很可能是多种故障所共有的。由于某种故障，两种或两种以上反常现象会同时出现，可以从中排除一些可疑的故障，从而作出较为准确的判断。

7-20　冷藏箱的日常维护应做哪些工作？

答：冷藏箱虽能自动工作，但仍应有专人管理维护，日常维护要点如下：

1）箱内蒸发器结霜过厚会影响蒸发器吸热效果。因此每周应用软性帚刷清霜2~3次。如箱内存放物品较少也可短暂开启箱门，利用外界热空气溶霜。清霜后应及时将霜水排除，勿使水管通入机室，浸潮机组和电控设备。

2）箱门应保持密闭，非属必要，不要随意开启。存取物品应做到动作迅速，尽量减少热空气入侵和"跑冷"，以减轻制冷机的负担，延长机组使用寿命。

3）保持机室清洁干燥，定期清除冷凝器翅片间的积垢（风冷机组），尤应注意开关触点和制冷压缩机接线柱不得受潮和浸水。在停机断电后应使用干棉纱擦拭。

4）制冷压缩机接线柱接线卡应随时检查，不得脱落。其他电控制设备也应定期检查有无开关触点烧损或连接线松等情况，并及时予以更换和拧紧。

5）冷藏箱在停用时水冷却机组应将冷凝器中积水排出（冬季更应该注意以防冻裂），封闭进出水口防止污物进入。

7-21　冷藏箱的常见故障及维修方法是什么？

答：冷藏箱常见故障现象、原因及排除方法见表7-9和表7-10。

表 7-9　冷藏箱故障现象、原因及排除方法

制冷压缩机不能启动	
可能引起的原因及检查方法	排除方法
电源中断或缺相	恢复电源
电控制设备连线松脱	逐点逐线检查并予紧固
空气断路器触头接触不严	修换空气断路器触头

（续）

制冷压缩机不能启动	
可能引起的原因及检查方法	排除方法
交流接触器磁力线圈断线或接线脱开（用万用表电阻挡检查磁力线圈是否断线或接线脱开）	如系交流接触器磁力线圈断线，须更换线圈，如属接线脱开则予恢复并拧紧
制冷压缩机电动机绕组烧断或匝间短路（用万用表低阻挡测量压缩机接线柱间的直流电阻，即电动机两相绕组的直流电阻值。正常值应为 11Ω 左右，且三接线柱间的数值基本相等。如不相等，电阻值较高或较低则电动机绕组可能已烧损或匝间短路）	更换制冷压缩机电动机
温度继电器失灵，常闭触点在柜内温度未达到预定温度前脱开	检修或更换温度继电器
压力继电器失灵，高低压在正常范围内，常闭触点即脱开	检修或更换压力继电器

空气断路器接通后又自行跳闸或柜体带电	
可能引起的原因及检查方法	排除方法
制冷压缩机接线柱或电动机绕组绝缘电阻下降或与机壳连通（用摇表检查压缩机接线柱和机壳间的绝缘电阻下降到 0.5MΩ 以下或与机壳连通）	用干燥棉纱擦拭接线柱如绝缘电阻仍不能上升则是接线柱内侧污染或电动机定子绕组槽绝缘击穿并与机壳连通，需更换接线柱或电动机
电器或敷线绝缘不良（拔去压缩机三个接线柱连线，用摇表逐段检查开关触头前后线路对金属柜体的绝缘电阻是否下降到 0.5MΩ 以下或与金属柜体连通并找出其绝缘不良或连通处）	脱开电器带电部分，对敷线与柜体的绝缘不良或连通点加强绝缘包扎保持干燥
制冷压缩机"抱轴"导致电动机电流增大（用钳形表测量电动机电流高于额定值很多）	应将制冷压缩机拆开重新调整装配

压缩机突然停止转动	
可能引起的原因及检查方法	排除方法
吸气压力（低压）过低或排气压力（高压）过高，造成压力继电器常闭触点断开。吸入压力过低的原因：制冷剂渗漏后形成液量不足；蒸发器结霜过厚；吸入阀未开足；过滤器堵塞；膨胀阀关的过小或冰堵、脏堵；膨胀阀感温包中充填剂泄漏。排出压力过高的原因：系统中有空气或水分；冷凝器断水，水量不足或水温过高，风冷冷凝风道堵塞；制冷剂充量过大；排气阀未开足，排气管道不畅通	消除故障原因
属于膨胀阀其他故障：顶针过长或过短；阀门打不开；节流孔堵塞	修理或更换膨胀
在运行过程中发生电源缺相或断水	修复电源或恢复供水

表 7-10 全封闭式冷藏箱常见故障检查

形象	发生故障的可能原因		检查内容	处理方法	备注
红指示灯不亮	输入无电压	熔丝熔断	检查熔丝	更换熔丝	必要时应请电工来检修红、绿指示灯。灯不亮时，应更换指示灯的熔丝
		插头、插座接触不良	插座有无松动	修理更换插座	
		输入控制线路故障	插座处有无电压	用电表检查	
	输入有电压	红指示灯泡未拧紧	灯泡有无松动	拧紧灯泡	
		红指示灯泡已损坏	拆下灯泡检查	更换灯泡	
绿指示灯不亮	压缩机组工作	绿指示灯泡未拧紧	灯泡有无松动	拧紧灯泡	
		绿指示灯泡已损坏	拆下灯泡检查	拧紧灯泡	
	压缩机组不工作	温控器旋钮没到工作位置	查看温控器	旋到工作位置	
		温控器连接插脚松开	拆下温度组合检查	插紧插脚	
		起动机电器插脚松开	拆下压缩机后罩检查		
压缩机运转不停	箱内温度高	蒸发器上结霜太厚	厚度是否超过 5mm	及时化霜	
		开门次数太多	—	尽量减少开门次数	
		箱门存物过多	是否影响冷气流通	取出部分食品	
		环境温度过高而温控温度太低	旋钮是否在"不停"处	温控位置要适当	
		风机不工作	查看风机工作状态	更换风机	
压缩机运转不停	箱温已达到	感温管脱离蒸发器	感温管是否贴实紧固	紧固感温管	—
		温控器失灵	—	更换温控器	请检修人员检修
噪声过大	冷冻食品储藏箱没有放平		4 只万向轮是否都着地	及时垫实	—
	压缩机、风机、冷凝器固定螺钉欠紧		10 只螺钉是否拧紧		—

7-22 低温箱有什么作用?

答：低温箱主要是指用机械制冷方式获取-40℃以下低温的冷冻箱。

目前低温箱在科学研究中，用于研究精密机械、制品、电子器件、食品等在低温条件下的变化；在生物医院中，用于血液、人体或动物体的脏器、器官、皮肤等活体组织以及病毒、细菌、孢子、花粉、原虫等的保存。

为了获取-40℃以下的低温，使用常规的单级压缩制冷循环是难以实现的，所以人们又经过不断的实践和总结而研究出两级压缩制冷循环系统和复叠式制冷系统。

如图 7-23 所示，两级压缩制冷系统虽然可以获得-40℃以下的低温，但由于蒸发压力过低，制冷剂特性的局限以及压缩机工作条件的限制，所以仅能获得-65~-30℃的低温。要想获得更低的温度，一般都采用复叠式制冷方式，如图 7-24所示。

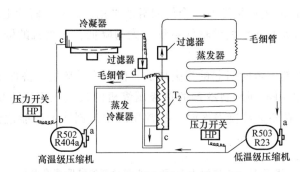

图 7-23　两级压缩超低温箱制冷系统

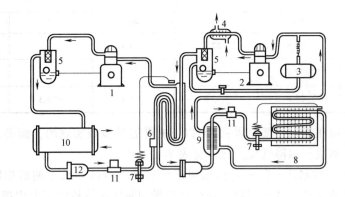

图 7-24　复叠式超低温冷冻箱制冷系统

1—R22 压缩机　2—R13 压缩机　3—膨胀容器　4—预冷器　5—分油器　6—蒸发冷凝
7—膨胀阀　8—蒸发器　9—回热器　10—冷凝器　11—电磁阀　12—过滤器

7-23　低温制冷机的工作原理是什么？

答：低温制冷机的工作原理有两种：一种是单级压缩制冷；一种是两级或复叠式制冷。

（1）单级压缩制冷系统　当应用合适的制冷剂时，其蒸发温度只能达到-35~-25℃。若需要获得更低的蒸发温度，单级压缩制冷机是无能为力的。其主要原因是压力比 p_k/p_0 的值太大而带来一系列问题。

单级压缩制冷机所能达到的蒸发温度 t_0 取决于蒸发压力 p_0，而 p_0 是取决于冷凝压力 p_k 及压力比 p_k/p_0。我们知道，冷凝压力 p_k 由冷凝温度所决定，冷凝温度又取决于环境介质（水或空气）的温度。环境介质的温度变化范围也有限，不可能取得很低。为此，在单级压缩中要获得低蒸发温度，其压力比就会很大，而压力比过大会产生下列问题：

1）压缩机排气温度过高，使润滑油的黏度急剧下降，影响压缩机的润滑。当排气温度与润滑油的闪点接近时，会使润滑油炭化，以致在阀片上产生结炭现象。

2）压缩比增大时压缩机的输气系数 λ 大为降低，压缩机的输气量及效率显著下降。

3）液体制冷剂节流时引起的损失增加，使制冷循环的经济性下降。

一般规定，采用氟利昂制冷剂的单级压缩机的最大压力比不应超过 10。当压力比等于 10 时，在不同冷凝温度时一些常用的中温制冷剂所能达到的最低蒸发温度见表 7-11。

表 7-11　压力比为 10 时一些制冷剂的最低蒸发温度　　　（单位：℃）

制冷剂	冷凝温度 t_k				
	30	35	40	45	50
NH$_3$	−30.5	−27.3	−24.4	—	—
R22	−37.2	−34.2	−31.5	—	—
R12	−36.8	−33.8	−31.1	−23.3	−25.4

因此，单级压缩制冷要获得−35℃以下的低温是很难实现的，而必须采用两级压缩方式予以解决，以降低压力比，见表 7-12。

（2）两级压缩制冷　将一台低压级压缩机和一台高压级压缩机串联起来，使制冷剂在其中依次进行两次压缩，这样可以做到每级压缩机的压力比都不过大，而总的压力比虽然很高，但被高、低压两级压缩机分担了，见表 7-13。

从表 7-13 可以看出，两级压缩制冷低压级与高压级的压力比分别远远小于单级压缩比。采用两级压缩，一般可制取−70 ~ −40℃的低温。若要获得更低的温度（−130 ~ −80℃），就必须采用复叠式制冷方式。

表 7-12　常用制冷剂蒸发温度下蒸发压力与冷凝温度下冷凝压力比

制冷剂	蒸发温度/℃	蒸发压力/kPa	冷凝温度/℃	冷凝压力/kPa	压力比
R12	−50	39.2	35	846.43	21.5
R12	−70	12.25	35	846.43	68.9
R22	−50	64.68	35	1367.1	21.1
R22	−70	20.48	35	1367.1	66.8

表 7-13 高、低压两级压缩机压力比

制冷剂	蒸发温度/℃	蒸发压力/kPa	中间压力/kPa	冷凝温度/℃	冷凝压力/kPa	低压级压力比	高压级压力比
R12	−50	39.2	182.28	35	846.43	4.65	4.67
R12	−70	12.25	101.92	35	846.43	8.9	8.32
R22	−50	64.68	300.86	35	1367.1	4.65	4.65
R22	−70	20.48	167.58	35	1367.1	8.15	8.22

7-24 什么叫两级压缩制冷设备？它是怎样循环的？

答：两级压缩制冷机用两台压缩机串联起来，制冷剂在系统中要进行两级压缩。一台压缩机称为低压级，另一台称高压级，每台压缩机的压缩比都在 10 以内。系统的总压力比是两台压缩机压力比的乘积。

两级压缩机主要是由低压级压缩机排出的过热蒸气进入高压级压缩机的吸气腔，再由高压级的压缩机排出进入冷凝器中冷凝为高压过冷液体，经过干燥过滤器、电磁阀后分为两路：一路通过膨胀阀进入中间冷凝器蒸发后，回入低压级与高压缩之间的中压管道中；另一路穿过中间冷凝蒸发器预冷后，经膨胀阀进入低温蒸发器，再回到低压级压缩机吸气腔。

7-25 为什么要采用复叠式压缩制冷设备？它的特点是什么？

答：复叠式制冷机是用两种或两种以上不同的制冷剂，由两个或两个以上单级（也可以是双级）制冷系统组合而成的。它适用于 −130 ~ −80℃ 的低温装置。

当制冷剂的蒸发温度低于 −70℃ 时，用氨制冷会受到凝固点的限制（氨的凝固点为 −77.7℃），且氨在 $t_0 = -70℃$ 时，蒸发压力 $p_0 = 10.92\text{kPa}$，饱和蒸气的质量体积 $V = 9\text{m}^3/\text{kg}$（比 $t_0 = -15℃$ 时的质量体积大 18 倍）。由于蒸发压力低，蒸发质量体积很大，输气系数降低，使运行的经济性大大变差。而且对于活塞式制冷压缩机，当使用这些中温制冷剂时，由于气阀结构的限制，当吸气压力降到 9.8 ~ 14.7kPa，即使增加压缩级数，也不能使蒸发温度再降低。因此，当蒸发温度低于 −70℃ 时，就需要采用低温制冷剂，并要用复叠式进行制冷。

复叠式制冷机是由两个制冷系统组成的，高压部分通常选用中温制冷剂（如 R12、R22、NH_3 等），低温部分选用低温制冷剂（如 R13、R14 等）。所谓低温制冷剂，是指它在大气压力下具有较低的蒸发温度，如 R13 和 R14 在大气压力下的沸点分别为 −81.5℃ 和 −128.0℃。但是这种低温制冷剂的临界温度低，如 R13 为 −28.8℃，R14 为 −45℃，故用一般冷却水，就不能冷凝成液态制冷剂。

复叠式制冷系统实际上是由两个单级制冷系统复叠而成，彼此管路互不相通，但高温蒸发器与低温部分的冷凝器复叠在一起的，称为换热器也称蒸发冷凝器，通

过它可以用高温部分高沸点制冷剂 R12 或 R22 的蒸发部分来冷凝低温部分低沸点制冷剂的冷凝部分。这样，低温部分的低沸点制冷剂的冷凝温度就可以维持在较低的水平，低温部分的冷凝压力也可随之降低。解决了低沸点制冷剂的冷凝压力过高的矛盾，低沸点制冷剂液体即可在蒸发器中汽化吸热取得低温。

复叠方式制冷降低了系统内外的压力差，使制造和选材相对容易一些，减少了气缸总容积，因而也降低了成本，减少了体积和功率消耗。

如采用 R22 作为高温部分制冷剂，R13 作为低温部分制冷剂时，其低温部分蒸发温度可达$-90 \sim -85℃$。

当然也可由 3 种制冷剂组成三元复叠式制冷系统，以 R14 作为第三元最低温部分，其最低蒸发温度可达$-130℃$左右。

7-26 复叠式制冷系统的低温部分压缩机应具有什么条件？

答：复叠式制冷装置的低温部分，由于蒸发温度较低，故经常在真空状态下工作。如 R13 在蒸发温度为$-90℃$时，蒸发压力大约为 62.72kPa，再加上蒸发器和吸气管道中的阻力，压缩机经常在真空下运转，因而选用的低温部分制冷系统压缩机要具备下列条件：

1）制冷压缩机要有较小的余隙容积和较高的容积系数。

2）制冷压缩机吸气阀的阻力要小，压力系数要高。

3）最好选用半封闭或全封闭式制冷压缩机，以避免空气从密封处渗入制冷系统。

4）必须是具有油泵强制润滑的润滑系统。油泵在吸气压力处于真空状态下工作时，应能正常输油并保持一定的油压，同时还希望制冷压缩机的油耗要尽可能小。

7-27 复叠式制冷系统的膨胀容器与单向阀起什么作用？

答：由于低温制冷剂在常温下的饱和压力过高（如 R13 制冷剂在 25℃时，其对应的饱和绝对压力为 3551.52kPa；R14 制冷剂在$-50℃$时，其对应的饱和绝对压力为 3282.02kPa），这在制冷系统中是难以承受的，膨胀容器作用就是防止复叠式制冷机停机后，系统内温度逐渐升高，低温工质会被汽化，使低温部分压力升高超过最大工作压力而损坏制冷设备。采用在低温系统中的吸气管或排气管接入一个膨胀容器的方式可以降低过高的压力。在制冷设备停用时，系统内大部分低温制冷剂就会进入膨胀容器而暂时贮存起来，使低温制冷剂处于不饱和蒸气状态。其压力相应降低很多，大大低于安全临界值，保证了制冷机的安全。此外，在制冷机开始工作时，由于高温部分的蒸发器温度还没降下来，膨胀容器还起到降低低温级制冷压缩机的高压排出压力，避免 R13 级的冷凝压力（p_k）过高超过安全临界值的作用。当冷凝压力达到接近安全值时，单向阀会因超压而打开，使大部分制冷剂蒸气进入膨胀容器。待高温部分的蒸发器降温后，膨胀容器内的高温制冷剂蒸气逐步通过毛细管进入系统中，弥补了制冷剂的数量。

7-28　复叠式制冷系统蒸发器内有冷冻润滑油如何解决？

答：在低温复叠式制冷系统中，为尽量减少进入系统的冷冻润滑油，系统设有分油效果良好的油分离器，但并不能避免有少部分冷冻润滑油进入蒸发器。这是因为低温系统采用的制冷剂 R13、R14 都不溶解于油，一旦冷冻润滑油进入蒸发器，不但容易造成油阻塞，影响吸热，并且很难循环回来，造成压缩机亏油。为解决这个问题，常常在 R13 或 R14 内加入 15%（质量分数）的 R12，因为 R12 最容易与油溶解，溶解后还可使油的黏度降低，而且这种混和无任何危险及副作用。

另外，由于冷冻润滑油是在低温下工作，因此应具有较低的凝固点和较低的含蜡量。为降低冷冻润滑油的凝固点，一般可在系统充灌制冷剂时添加戊烷，使冷冻润滑油在低温条件下保持一定的黏度。

7-29　两级压缩制冷设备维修时应注意哪些事项？

答：两级压缩制冷设备在维修时与一般制冷机区别不大，但由于其蒸发温度低于制冷剂在一个大气压下的饱和温度，相应的蒸发压力也低于外界大气压，所以吸气压力常常处于真空状态。需要注意的是从膨胀阀到压缩机的曲轴箱这一段低压侧不可有渗漏情况，如有渗漏则会使外界空气进入系统中，不但会使排气压力增加，而且容易吸入水蒸气。由于低温箱的温度相当低，而温度越低，氟利昂制冷剂与水的溶解性越差，越容易造成冰塞，所以低温制冷设备比一般制冷设备更怕水分，脱水和除潮就更加重要。此外，蒸发温度在−35℃以下的两级压缩，不应使用强制润滑型的压缩机，因为齿轮油泵与离心油泵都不适合在真空中作业。在真空压力下，上述两种泵都不易泵油，会使压缩机不能润滑而损坏。所以蒸发温度在−35℃以下时，应使用泼溅式或柱塞油泵式的压缩机为佳。最后，在膨胀阀的选用上要采用低温膨胀阀，不能用普通膨胀阀。其他在维修方面的各种情况均与普通制冷相同。

7-30　复叠式制冷系统常见的故障判断和检查方法是什么？

答：复叠式制冷系统常见的故障判断和检查方法见表 7-14。

表 7-14　复叠式制冷系统常见的故障判断和检查方法

故障现象	检查方法
压缩机还能运转，但制冷不符合正常工作特性	1) 分别在高温部分和低温部分制冷系统的吸、排气管上安装压力表 2) 在低压平衡筒 (高温部分) 和蒸发器 (低温部分) 安装上热电偶 3) 安装温度记录器或热电偶测量箱内温度 4) 接通电源，使冰箱内达到稳定温度，观察其温度和压力的变化 5) 将获得的温度和压力数据绘成曲线，分析制冷系统的工作状况

（续）

故障现象	检查方法
压缩机不能运转	1）检查压缩机接线端子电压 2）检查连接的导线有否松动 3）压缩机电动机绕组是否断路或对地短路 4）检查过载继电器是否有故障 5）检查温度继电器是否有故障 6）检查联动电器控制电路 7）检查压缩机起动继电器 8）检查起动电容和运转电容是否损坏
制冷剂充灌过多	1）高温部分制冷剂充注过多 ①高温压缩机入口处吸气管结霜 ②箱内温度达不到说明书规定的温度 ③高温压缩机有"呼哧呼哧"的声音 ④低温压缩机不能起动 2）低温部分制冷剂充灌过多 ①箱内温度降不到应有的温度 ②充灌量特别大时,低温起动恒温器通、断频繁 ③低温部分露在箱体外的吸气管和膨胀器连接管部位出现异常冰冻现象 ④压力、输入电流比正常值高
制冷系统泄漏	1）高温部分泄漏 ①高温压缩机排气管不热 ②低温制冷系统的排气压力、吸气压力上升 ③箱内温度达不到规定温度 ④低温压缩机开停频繁或不起动 ⑤低压侧泄漏时,数日内温度逐步上升。低温压缩机不停车 2）低温部分泄漏 ①箱内温度达不到要求或不制冷 ②低温压缩机运转时排气管及压缩机壳比环境温度低 ③高压侧压力低于正常值,压缩机运转电流也低于正常值 3）检查方法 ①寻找漏油的痕迹 ②检漏仪检漏 ③打开后观察压力变化
压缩机电动机损坏	1）查找损坏原因,注意电路是否接触不良,电容是否变质,检查冷冻润滑油是否变色 2）如果良好,可直接更换压缩机 3）如果油已变色,必须彻底清洗制冷系统并更换系统中的干燥器,排除故障后可更换损坏部分,不然换上的压缩机很快会损坏
压缩机机械故障	1）可剖开压缩机检查,更换部件,如阀体、气缸垫等 2）检查冷冻润滑油是否变色 ①如果油良好,可直接更换压缩机 ②如果油已变色,则必须彻底清洗制冷系统,并更换系统中的干燥器

（续）

故障现象	检查方法
油分离器损坏	1）有气体噪声 2）连接管路发热（特别是回油管） 3）当夹断回油管时，吸气压力发生变化 4）更换油分离器必须换油 5）温度降不下来，机器过热
高温部分压缩机运转而低温部分压缩机不起动	1）高温部分制冷剂充灌不足，制冷温度达不到使温度继电器吸合的温度 2）低温部分压缩机温度继电器或压缩机控制继电器接触不良 3）温度继电器故障 4）低温部分压缩机继电器故障 5）定时器可能处在化霜周期的位置 6）区别制冷剂不足和电器控制继电器故障的方法，是看吸气管路是否比环境温度低。吸气管低于0℃是电器控制继电器故障，否则是制冷剂不足
高温部分压缩机运转而低温压缩机起动不起来	1）高温部分压缩机在低电压下运转，所以低温部分压缩机起动不起来 2）低温部分系统内平衡压力过高（如高温环境等） 3）起动继电器故障
高压部分压缩机运转而低温压缩机断续运转	1）在最初降温期间时有发生，低温级压缩机受温度继电器控制而断续运转 2）因高温级系统制冷剂不足，温度继电器吸合不良 3）温度继电器故障
两个压缩机都运转而箱内温度达不到要求	1）高温效率低，致使低温级压缩机间断工作 2）温度控制器故障 3）温度继电器不起作用 4）低温级系统制冷剂不足 5）门封损坏
两个压缩机都运转，而箱温降不到指定温度	1）高温级系统效率低，引起低温级系统内压力过高或压缩机间断运转 2）毛细管部分阻塞，毛细管加热器或定时器故障 3）过滤器部分阻塞 4）低温级制冷系统故障 5）油分离器故障，过多的油沾污了毛细管 6）门封损坏 7）系统管路外壁结霜过多 8）箱内热物过多（超载） 9）压缩机效率低

7-31　复叠式制冷系统充入制冷剂时应注意哪些事项？

答：复叠式制冷系统是由高、低温部分各自构成一个完善的制冷系统。在制冷系统检修后重新充灌制冷剂的方法，高温部分充灌制冷剂的方法同一般单级压缩式制冷系统方法相同。下面着重介绍低温部分充灌制冷剂的方法。

1）气密性试验。压缩机维修后，清洗制冷系统，更换压缩机润滑油，然后进行气密性试验。气密性试验采用氮气和干燥空气，禁用氧和氢等易燃易爆气体及腐蚀性气体。一般低压侧的试验压力为 1078kPa（表压），高压侧的试验压力为 1960kPa（表压）。

2）抽真空。用适当的真空泵抽空 1h 以上，使系统内的真空度保持在 101.32kPa。

3）除水。充灌少量的 R12 并开通旁路干燥器，旁路干燥器所用的干燥剂应是新的。然后将旁路干燥器通过截止阀连接到压缩机排气管和冷凝器之间的工艺管上，另一端也同样通过截止阀连接到吸气侧的工艺管上。

然后充灌大约 30g 的 R12，起动低温级压缩机和旁路干燥器的冷凝器风扇，同时还要打开低温箱盖（不让低温箱降温），连续运转 7～8h。

4）停止运转并允许有 10min 以上时间的压力平衡。

5）取掉旁路干燥器，清除 R12 并安装一个新的系统用干燥器。

6）抽空。整个系统抽空到 95.992～98.658kPa 的真空度，最少抽空 2h。

7）按说明书或根据试验充灌制冷剂。充灌制冷剂首先充灌高温部分，充灌完后起动并运转高温部分，达到一定温度后再充灌低温部分。按说明书，注入量偏差应为 3～4g。

8）充灌戊烷。取用少量戊烷，切开一个小干燥器，将干燥剂装入戊烷瓶中，轻轻摇动，使之干燥后再装入一个有刻度的量瓶中，用三通管连接到吸气阀，把三通的灌注管放入有刻度容器的底部，打开阀吸入戊烷。

7-32 NH₃ 与 R502 饱和状态下的热力学性质如何？

答：NH₃ 与 R502 饱和状态下的热力学性质见表 7-15 和表 7-16。

表 7-15　NH₃ 饱和状态下的热力学性质

温度 t /℃	绝对压力 p/ 0.1MPa	比体积		密度		焓		汽化热	熵	
		液体	蒸气	液体	蒸气	液体	蒸气		液体	蒸气
		v'/ (L/kg)	v''/ (m³/kg)	ρ'/ (kg/L)	ρ''/ (kg/m³)	h'/ (kJ/kg)	h''/ (kJ/kg)	$(h''-h')$/ (kJ/kg)	s'/[kJ/ (kg·K)]	s''/[kJ/ (kg·K)]
−50	0.4085	1.4242	2.62526	0.7022	0.3809	276.05	1691.48	1415.44	1.0973	7.4402
−48	0.4592	1.4290	2.35228	0.6998	0.4251	285.24	1694.77	1409.53	1.1382	7.3986
−46	0.5151	1.4340	2.11331	0.6974	0.4732	293.85	1698.07	1404.22	1.1763	7.3582
−44	0.5764	1.4389	1.90243	0.6950	0.5256	302.63	1701.32	1398.68	1.2147	7.3185
−42	0.6436	1.4440	1.71627	0.6925	0.5827	311.35	1704.54	1393.19	1.2525	7.2798
−40	0.7171	1.4491	1.55124	0.6901	0.6446	320.24	1707.70	1387.46	1.2908	7.2415
−38	0.7973	1.4542	1.40491	0.6877	0.7118	329.05	1710.83	1381.78	1.3284	7.2046
−36	0.8847	1.4694	1.27462	0.6852	0.7845	338.04	1713.90	1375.87	1.3664	7.1681
−34	0.9797	1.4647	1.15863	0.6827	0.8631	346.94	1716.94	1370.00	1.4037	7.1324
−32	1.0828	1.4701	1.05514	0.6802	0.9477	355.77	1719.95	1364.18	1.4404	7.0974

（续）

温度 t /℃	绝对压力 p/ 0.1MPa	比体积		密度		焓		汽化热	熵	
		液体	蒸气	液体	蒸气	液体	蒸气		液体	蒸气
		v'/ (L/kg)	v''/ (m³/kg)	ρ'/ (kg/L)	ρ''/ (kg/m³)	h'/ (kJ/kg)	h''/ (kJ/kg)	$(h''-h')$/ (kJ/kg)	s'/[kJ/ (kg· K)]	s''/[kJ/ (kg· K)]
−30	1.1946	1.4755	0.96244	0.6770	1.0390	364.76	1722.89	1358.14	1.4775	7.0631
−28	1.3154	1.4810	0.87941	0.6752	1.1371	373.66	1725.80	1352.14	1.5139	7.0294
−26	1.4460	1.4865	0.80492	0.6727	1.2424	382.49	1728.67	1346.19	1.5496	6.9965
−24	1.5857	1.4921	0.73781	0.6702	1.3554	391.47	1731.48	1340.01	1.5858	6.9641
−22	1.7382	1.4978	0.67731	0.6676	1.4764	400.50	1734.24	1333.74	1.6217	6.9323
−20	1.9011	1.5036	0.62275	0.6651	1.6058	409.43	1736.95	1327.52	1.6571	6.9011
−18	2.0750	1.5094	0.57340	0.6625	1.7440	418.40	1739.62	1321.21	1.6923	6.8705
−16	2.2634	1.5154	0.52869	0.6599	1.8915	427.41	1742.22	1314.82	1.7273	6.8404
−14	2.4640	1.5214	0.48811	0.6573	2.0487	436.45	1744.78	1308.33	1.7622	6.8108
−12	2.6785	1.5275	0.45124	0.6547	2.2161	445.52	1747.28	1301.76	1.7970	6.7817
−10	2.9075	1.5337	0.41770	0.6520	2.3941	454.65	1749.72	1295.17	1.8313	6.7531
−8	3.1517	1.5398	0.38712	0.6494	2.5832	463.63	1752.11	1283.49	1.8655	6.7250
−6	3.4117	1.5463	0.35923	0.6467	2.7837	472.67	1754.45	1281.78	1.8993	6.6973
−4	3.6883	1.5527	0.33372	0.6440	2.9965	481.80	1756.72	1274.92	1.9332	6.6701
−2	3.9822	1.5593	0.31038	0.6413	3.2219	490.90	1758.94	1268.04	1.9667	6.6433
0	4.2941	1.5659	0.28899	0.6386	3.4604	500.02	1761.10	1261.08	2.0001	6.6169
2	4.6248	1.5727	0.26935	0.6359	3.7126	509.18	1763.19	1254.02	2.0333	6.5909
4	4.9750	1.5795	0.25132	0.6331	3.9790	518.33	1765.23	1246.90	2.0662	6.5652
6	5.3454	1.5865	0.23472	0.6303	4.2603	527.50	1767.20	1239.70	2.0990	6.5400
8	5.7370	1.5936	0.21944	0.6275	4.5570	536.68	1768.11	1232.43	2.1315	6.5151
10	6.1503	1.6008	0.20535	0.6247	4.8698	545.88	1770.96	1225.08	2.1639	6.4905
12	6.5864	1.6081	0.19233	0.6219	5.1993	555.10	1772.74	1217.63	2.1961	6.4663
14	7.0459	1.6155	0.18030	0.6190	5.5463	564.35	1774.45	1210.09	2.2282	6.4423
16	7.5298	1.6231	0.16917	0.6161	5.9111	573.60	1776.09	1202.49	2.2600	6.4187
18	8.0388	1.6308	0.15886	0.6132	6.2949	582.90	1777.66	1194.77	2.2918	6.3954
20	8.5737	1.6386	0.14930	0.6103	6.6981	592.19	1779.17	1186.97	2.3235	6.3723
22	9.1356	1.6466	0.14042	0.6073	7.1215	601.51	1780.60	1179.09	2.3547	6.3495
24	9.7252	1.6547	0.13217	0.6043	7.5659	610.85	1781.96	1171.12	2.3858	6.3270
26	10.3434	1.6630	0.12450	0.6013	8.0321	620.20	1783.25	1163.05	2.4169	6.3047
28	10.9911	1.6714	0.11736	0.5983	8.5211	629.60	1784.46	1154.86	2.4478	6.2826
30	11.6693	1.6800	0.11070	0.5952	9.0337	639.01	1785.59	1146.57	2.4786	6.2608
32	12.3788	1.6888	0.10449	0.5921	9.5707	648.46	1786.64	1138.18	2.5093	6.2392
34	13.1205	1.6978	0.09869	0.5890	10.1332	657.93	1787.61	1129.69	2.5398	6.2177
36	13.8955	1.7069	0.09327	0.5859	10.7220	667.42	1788.50	1121.08	2.5702	6.1965
38	14.7047	1.7162	0.08820	0.5827	11.3384	676.95	1789.31	1112.36	2.6004	6.1754
40	15.5489	1.7257	0.08345	0.5795	11.9832	686.51	1790.03	1103.52	2.6306	6.1545
42	16.4293	1.7355	0.07900	0.5762	12.6579	696.12	1790.66	1094.53	2.6607	6.1338
44	17.3467	1.7454	0.07483	0.5729	13.3634	705.76	1791.20	1085.44	2.6907	6.1132
46	18.3022	1.7556	0.07092	0.5696	14.1011	715.44	1791.64	1076.21	2.7206	6.0927
48	19.2968	1.7660	0.06724	0.5662	14.8722	725.15	1791.99	1066.84	2.7504	6.0723
50	20.3314	1.7767	0.06378	0.5628	15.6782	734.92	1792.25	1057.33	2.7801	6.0521

表 7-16　R502 饱和状态下的热力性质

温度 t /℃	绝对压力 p/ 0.1MPa	比体积		焓		汽化热	熵	
		液体	蒸气	液体	蒸气		液体	蒸气
		v′/ (L/kg)	v″/ (m³/kg)	h′/ (kJ/kg)	h″/ (kJ/kg)	(h″-h′)/ (kJ/kg)	s′/[kJ/ (kg·K)]	s″/[kJ/ (kg·K)]
−50	0.820	0.665	0.1953	448.68	623.77	175.09	0.7943	1.5789
−48	0.904	0.668	0.1784	450.60	624.70	174.10	0.8029	1.5762
−46	0.994	0.671	0.1632	452.54	625.64	173.10	0.8114	1.5735
−44	1.091	0.674	0.1495	454.48	626.57	172.09	0.8109	1.5709
−42	1.196	0.677	0.1372	456.44	627.50	171.06	0.8284	1.5684
−40	1.308	0.680	0.1262	458.40	628.42	170.02	0.8368	1.5661
−38	1.429	0.683	0.1162	460.38	629.35	168.97	0.8452	1.5638
−36	1.557	0.687	0.1071	462.37	630.27	167.90	0.8536	1.5616
−34	1.693	0.690	0.09895	464.37	631.19	166.82	0.8620	1.5595
−32	1.841	0.693	0.09152	466.38	632.10	165.72	0.8703	1.5575
−30	1.997	0.697	0.08476	468.40	633.01	164.61	0.8786	1.5556
−28	2.164	0.700	0.07861	470.43	633.92	163.49	0.8869	1.5537
−26	2.340	0.703	0.07300	472.47	634.82	162.35	0.8951	1.5520
−24	2.527	0.707	0.06787	474.53	635.72	161.19	0.9033	1.5503
−22	2.725	0.711	0.06318	476.59	636.62	160.03	0.9115	1.5487
−20	2.935	0.714	0.05888	478.66	637.50	158.84	0.9197	1.5471
−18	3.157	0.718	0.05493	480.75	638.40	157.65	0.9278	1.5457
−16	3.391	0.722	0.05131	482.84	639.27	156.43	0.9359	1.5443
−14	3.638	0.726	0.04797	484.94	640.15	155.21	0.9440	1.5429
−12	3.898	0.730	0.04490	487.06	641.02	153.96	0.9521	1.5416
−10	4.172	0.734	0.04206	489.19	641.90	152.71	0.9601	1.5404
−8	4.460	0.738	0.03944	491.33	642.76	151.43	0.9681	1.5392
−6	4.763	0.742	0.03702	493.48	643.62	150.14	0.9761	1.5381
−4	5.080	0.746	0.03477	495.64	644.77	148.83	0.9841	1.5371
−2	5.413	0.751	0.03269	497.81	645.32	147.51	0.9920	1.5360
0	5.762	0.755	0.03076	500.00	646.16	146.16	1.000	1.5351
2	6.126	0.760	0.02896	502.19	646.99	144.80	1.0079	1.5341
4	6.508	0.764	0.02729	504.40	647.82	143.42	1.0158	1.5333
6	6.907	0.769	0.02573	506.62	648.64	142.02	1.0237	1.5324
8	7.324	0.774	0.02428	508.86	649.46	140.60	1.0315	1.5316
10	7.758	0.779	0.02292	511.01	650.26	139.15	1.0394	1.5308
12	8.212	0.784	0.02165	513.37	651.06	137.69	1.0472	1.5301
14	8.684	0.790	0.02045	515.65	651.85	136.20	1.0550	1.5294
16	9.176	0.795	0.01935	517.94	652.63	134.69	1.0629	1.5287
18	9.688	0.801	0.01831	520.24	653.39	133.15	1.0707	1.5280
20	10.222	0.806	0.01733	522.56	654.15	131.59	1.0785	1.5273
22	10.777	0.812	0.01641	524.90	654.90	130.00	1.0862	1.5267
24	11.65	01819	0.01555	527.25	655.64	128.39	1.0940	1.5261
26	12.25	0.825	0.01474	529.62	656.36	126.74	1.1018	1.5255
28	12.87	0.831	0.01397	532.01	657.07	125.06	1.1096	1.5249

（续）

温度 t /℃	绝对压力 p/ 0.1MPa	比体积		焓		汽化热	熵	
		液体	蒸气	液体	蒸气		液体	蒸气
		$v'/$ (L/kg)	$v''/$ (m³/kg)	$h'/$ (kJ/kg)	$h''/$ (kJ/kg)	$(h''-h')/$ (kJ/kg)	$s'/$[kJ/ (kg·K)]	$s''/$[kJ/ (kg·K)]
30	13.21	0.838	0.01325	534.41	657.77	123.36	1.1174	1.5243
32	13.88	0.845	0.01256	536.83	658.44	121.61	1.1251	1.5237
34	14.57	0.852	0.01192	539.25	659.09	119.84	1.1329	1.5231
36	15.29	0.860	0.01131	541.72	659.74	118.02	1.1407	1.5224
38	16.03	0.868	0.01074	544.20	660.37	116.17	1.1485	1.5216
40	16.80	0.876	0.01019	546.70	660.98	114.28	1.1562	1.5212
42	17.60	0.884	0.00973	549.22	661.56	112.34	1.1640	1.5205
44	18.43	0.893	0.009183	551.76	662.11	110.35	1.1719	1.5198
46	19.28	0.903	0.008718	554.33	662.65	108.32	1.1797	1.5191
48	20.16	0.913	0.008277	556.93	663.17	106.24	1.1875	1.5184
50	21.08	0.923	0.007858	559.55	663.65	104.10	1.1954	1.5176

参 考 文 献

［1］ 杨申仲，等. 现代设备管理 ［M］. 北京：机械工业出版社，2012.

［2］ 装备制造业节能减排技术手册. 编辑委员会. 装备制造业节能减排技术手册：上册、下册 ［M］. 北京：机械工业出版社，2013.

［3］ 杨申仲，岳云飞，吴循真. 企业节能减排管理 ［M］. 2 版. 北京：机械工业出版社，2017.

［4］ 中国机械工程学会设备与维修工程分会. 设备管理与维修路线图 ［M］. 北京：中国科学技术出版社，2016.

［5］ 杨申仲，等. 节能减排工作成效 ［M］. 北京：机械工业出版社，2011.

［6］ 杨智. 论制冷设备管理 ［J］. 设备管理与维修，2013（S2）：16~17.